専門数学
への
懸け橋
高校生からわかる
ベクトル
解析
涌井 良幸
Yoshiyuki Wakui

ベレ出版

はじめに

高校数学と専門数学のギャップを埋めよう！

高校を卒業して理工系や医学系、社会科学系に進学すると、まずは、それぞれの世界で使われる「専門の数学」というものを学ぶことになる。しかし、大学に入って学ぶ専門の数学と高校数学の間のギャップは非常に大きく、深い。このため、多くの学生はそのギャップを埋めるのに大変な苦労をする。「学問に苦労はつきものだ」というかもしれないが、乗り超えられず、諦めてしまう人も少なくない。

専門の数学を学ぶときに苦労するのは、多くの場合、数学そのものの難しさではない。思い切っていってしまえば、本の記述のほうに真の原因があることが多いと感じる。つまり、説明が省略されていたり、解説が不十分であったり、抽象的な事柄に終始したり、論理に飛躍があったり……などである。

一昔前のように、一部のごく限られた人たちが専門の数学を学べばよいときは、そのような数学の専門書でも支障はなかったかもしれない。逆に、わかりにくいほど価値が高く見られたりしたものだ。しかし、数学の得手不得手にかかわらず、現代のように多くの人が数学を使い、高度な文化を支えている時代においては、従来のような専門書だけでは十分とはいえなくなったように思う。今までに出版された数多くの貴重な専門書を活かすには、いまこそ、

「高校数学と専門数学の懸け橋となる本」

が必要とされるのである。筆者は強く、そう思う。

本書は、高校の数学の教員であった著者がその経験をもとに、上記の主旨に沿うように編集を試みた「専門数学への懸け橋」となる入門書である。専門的な数学が難しいと感じたら、まず、本書でその基本教養を身につけていただきたい。また、可能ならば、高校在学中、あるいは大学での講義が始まる前に、本書で専門数学の基本教養を身につけておくと、その後の数学の勉強がすごくラクになると思う。それに、「専門の数学」というのは、実はそれ自身、大変面白いものである。その意味で、本書が数学に興味をもつ読者の役に立ち、利用していただければ幸いである。

なお最後になりますが、本書の企画の段階から最後までご指導くださったベレ出版の坂東一郎氏、編集工房シラクサの畑中隆氏の両氏に、この場をお借りして感謝の意を表させて頂きます。

2017 年 12 月

涌井 良幸

本書の使い方

● 時を置き、場所を変え

数学の勉強は、単なる知識の習得とは違い、考え方そのものを学習するものだ。そして、新たな考え方に慣れ、それを使えるようになるには相当な時間とエネルギーが必要となる。

この本でも、当然、できる限りていねいに、そしてわかりやすく説明を試みたつもりだが、そうはいっても、1回や2回の通読では理解が深まらないこともあると思う。そのような時は、すぐに諦めないでほしい。少し時間を置き、場所を変え、何回かチャレンジしてほしい。「読書百遍義自ずから見る」という通り、ベクトル解析の素晴らしい世界があなたにも見えてくるはずである。

そして、ひと通り理解できたら、その後は、節末の〈note〉に何回も目を通し、これらの公式を頭にとどめてほしい。この記憶があると、今後の学習の大きな助けとなるからだ。

● 基本的な考え方を優先

この本は「基本的な考え方」の理解を優先したため、数学の厳密さを多少欠く場合があることをお許し願いたい。また、本書はベクトルを微分・積分していく基本的な考え方と、その典型的な応用に絞った本である。したがって、本書によって基本が理解できたら、必要に応じてベクトル解析の専門書に挑戦してほしい。きっと、本書で学んだことで、すんなり、専門の世界に飛び込んでいけるはずである。

もくじ

第2章 いろいろな座標と図形のベクトル方程式

第3章 ベクトルを「微分・積分する」って？

第6章　勾配 grad、発散 div、回転 rot

第7章　「場の積分」を理解する

第8章　曲線の曲がり具合と捻れ具合

◎ギリシャ文字と数学の記号

ベクトル解析では英語のアルファベットの他にギリシャ文字がよく使われるので、一覧表を掲載した。また、本書で使われた数学の記号で高校までに学習していない記号については本文で説明してあるが、一覧表にまとめておいたので参考にしてほしい。

●ギリシャ文字

大文字	小文字	読み方
A	α	アルファ
B	β	ベータ
Γ	γ	ガンマ
Δ	δ	デルタ
E	ϵ	イプシロン
Z	ζ	ゼータ
H	η	エータ
Θ	θ	シータ
I	ι	イオタ
K	κ	カッパ
Λ	λ	ラムダ
M	μ	ミュー

大文字	小文字	読み方
N	ν	ニュー
Ξ	ξ	グザイ
O	o	オミクロン
Π	π	パイ
P	ρ	ロー
Σ	σ	シグマ
T	τ	タウ
Υ	υ	ウプシロン
Φ	ϕ	ファイ
X	χ	カイ
Ψ	ψ	プサイ
Ω	ω	オメガ

●本書で使われている数学の記号 （高校数学の範囲は除く）

記号	読み方	備考
grad	勾配、グラディエント	gradient の略
div	発散、ダイバージェンス	divergence の略
rot	回転、ローテーション	rotation の略

・	内積	ベクトルで使う（例）$\vec{a}\cdot\vec{b}$
$\times$	外積	ベクトルで使う（例）$\vec{a}\times\vec{b}$
$\dfrac{\partial f}{\partial x}$	ディ f　ディ x ラウンドディ f　ラウンドディ x	偏微分の記号
∇	ナブラ	$\nabla=\left(\dfrac{\partial}{\partial x},\ \dfrac{\partial}{\partial y}\right)$,　$\nabla=\left(\dfrac{\partial}{\partial x},\ \dfrac{\partial}{\partial y},\ \dfrac{\partial}{\partial z}\right)$
Δ	ラプラシアン	$\Delta=\nabla^2=\nabla\cdot\nabla=\dfrac{\partial^2}{\partial x^2}+\dfrac{\partial^2}{\partial y^2}$ $\Delta=\nabla^2=\nabla\cdot\nabla=\dfrac{\partial^2}{\partial x^2}+\dfrac{\partial^2}{\partial y^2}+\dfrac{\partial^2}{\partial z^2}$

（注）　内積は「・」、外積は「×」で表わされるので要注意。なお、内積は高校数学で学んでいる。

第0章

ベクトル解析を学ぶ前に

「ベクトル解析」という数学に入る前に、そもそもベクトル解析とはどういうものか、また、どんな分野でどんなことに役立っているのか、その概略を紹介しておこう。

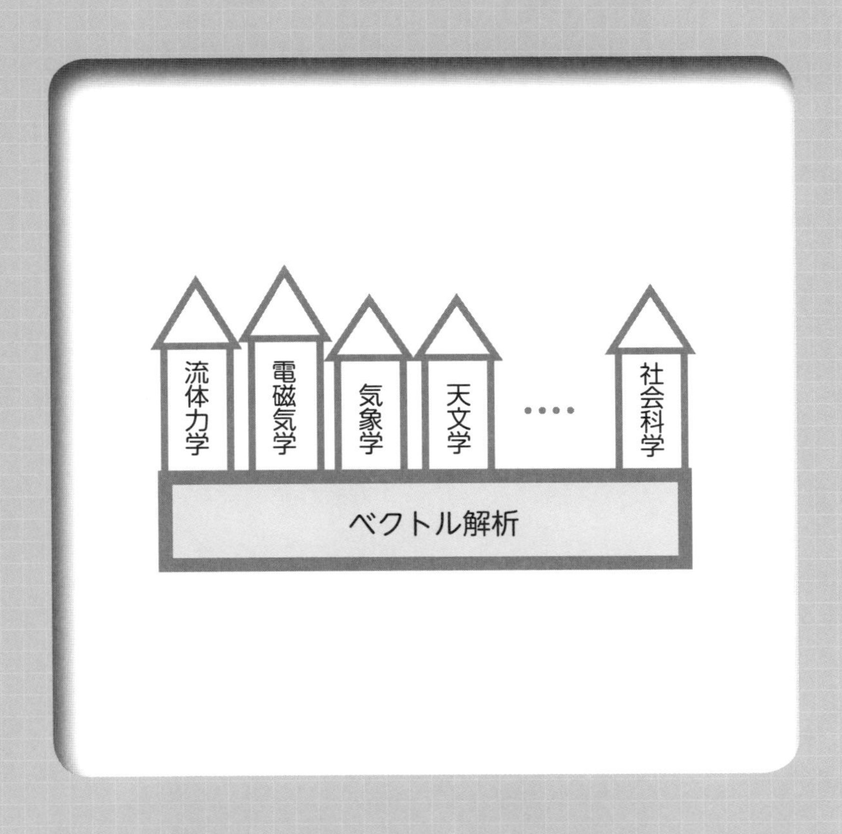

0-1 ベクトル解析には２つの意味がある！

●ベクトルを使って物事を解明する

「**ベクトル解析**」という言葉を聞くと、とても厳(いか)めしくて、難しい世界に感じる。なぜか。まず、ベクトルそのものは高校生のときに数学や物理で習ったはずだが、そもそもベクトルを苦手としていた人が多い。

そこに、さらに「解析」という難しげな言葉がプラスされるのだから、最初から「ベクトル解析」に抵抗感をもっても不思議ではない。

しかし、このベクトル解析は案外、理解するのに容易な数学のジャンルなのである。使われる言葉は耳慣れない言葉が多いが、高校までの数学でやってきたことが多いからだ。まず最初に、「ベクトル解析には２つの意味がある」ということを知っておこう。

ベクトル解析の１つ目の意味は、「ベクトルを使って物事を解明する」ということである。**これを「解析」と呼んでいる**。

たとえば、次の例で理解してほしい。図は斜面に置かれた物体が「静止している状態」である。なぜ静止していられるのか、その理由を考えてみよう。

そのために必要な道具こそ、「**ベクトル**」である。いきなり最重要のキ

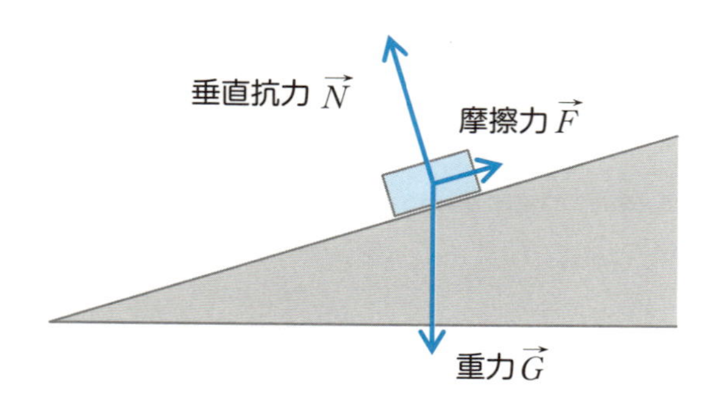

ーワードが登場したが、ところで、ベクトルとは何だったか？

ひとことでいうと、

ベクトルとは、「大きさと向き」という2つの量をもつもののことだ。時速30km（大きさ）で北東（向き）に向かう台風の場合、「速度と北東という」2つの量を同時にもっている。これがベクトルである。

ベクトルに対して、**「大きさ」しかもたないものが「スカラー」**である。つまり向きをもたないのだ。スカラーの例としては、300ページの本、500円のラーメン、200メートル競走、20アンペアの電流、2700gの赤ちゃん、30℃の温度など、これらには「向き」がないため、スカラーと呼ばれる。

前ページの図のベクトル$\vec{G}$は「重力」で、地球から物体に働く力のことであり、ベクトル$\vec{F}$は摩擦力、ベクトル$\vec{N}$は垂直抗力である。

いま、「この物体が動かない」ということは**「力がつりあっている」、つまりこの3つのベクトルを加えたものが零ベクトル**、ということだ、「だから物体は動かない」と解釈できる。この考え方こそ、ベクトルを使って問題を解析（物事を解明）するという意味である。

●ベクトルを微分・積分する

ベクトル解析には「2つの意味がある」といった。では、もう1つはなんだろうか。

ベクトル解析の2つ目の意味は、「ベクトルを微分・積分する」ということだ。そもそも、**数学では微分・積分のことを「解析学」と呼んでいる**。つまり、「ベクトルと微分・積分を結びつけた学問がベクトル解析」という意味である。

こういうと、「矢印（ベクトル）を微分・積分するなんて、全然わからない！」と違和感を覚えるに違いない。しかし、この考え方は次の例でわかるように、既に、高校で学んでいたのだ。

いま、座標平面上の動点Pが放物線上を移動し、時刻tにおける**位置ベクトル$\vec{r}$**が成分表示で次のように表わされているとする。

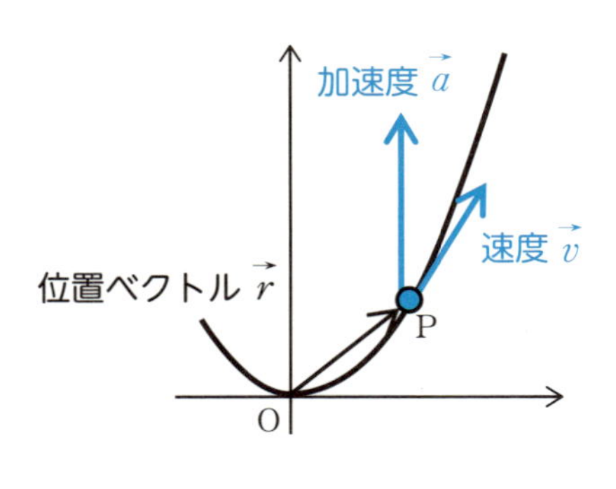

$$\vec{r}=(t,t^2)$$

もし、動点Pの**「速度ベクトル$\vec{v}$」を知りたければ、この「位置ベクトル$\vec{r}$の各成分」をtで微分してやればいい**。

$$\vec{v}=(t',(t^2)')=(1,\ 2t)$$

さらに、動点Pの**「加速度ベクトル$\vec{a}$」を知りたければ、この速度ベクトル$\vec{v}$の各成分」をtで微分してやればいい**。

$$\vec{a}=((1)',\ (2t)')=(0,\ 2)$$

このことから、$\vec{a}=(0,\ 2)$となり、加速度ベクトルは**定ベクトル**（成分がすべて定数のベクトル）であることがわかる。このような考え方が「ベクトルと微分・積分を結びつけたもの」という意味である。

電磁気学や流体力学などでは、扱う対象が連続量である。このため、ベクトルを連続的になめらかに変化する量とみなすことによって、ベクトルは微分・積分の対象になるのである。

本書でも、ベクトル解析というときには両方の意味で用いるが、どちらかというと、「ベクトルを微分・積分する」という方にウェイトを置くことが多くなる。

0-2 ベクトル解析はなんの役に立つの？

ベクトル解析の知識は、身の周りにある多くの製品の製造・開発に使われており、また、最先端の科学の研究にも欠かせない。「ベクトル解析なくして現代の文化的生活は成立しない」といっても過言ではない。そこで、いろいろな分野とベクトル解析の関係を見てみよう。

●電磁気学はベクトル解析だらけ

電磁気学というのは、名前の通り、電気と磁気に関する現象を扱う学問だ。身の周りのほとんどすべての電化製品は電磁気学の応用でできている。自動車もいまや電気自動車（EV）の時代に突入しようとしている。電磁気学に関係する分野をあげはじめたら、きりがない。

電磁気学の発展と応用は人類の文明史上にもっとも画期的な進歩をもたらした。

このように、我々の日常の世界と密接に結び付いた電磁気学。その最重要方程式は、次の**マックスウェルの方程式**である。これぞ、まさに、ベクトル解析の世界である。

$$\mathrm{rot}\,\vec{E} = -\frac{\partial \vec{B}}{\partial t} \qquad \mathrm{rot}\,\vec{H} = \vec{j} + \frac{\partial \vec{D}}{\partial t}$$

（ファラデーの法則）　（アンペールの法則）

$$\mathrm{div}\,\vec{B} = 0 \qquad \mathrm{div}\,\vec{D} = \rho$$

（単極磁荷の否定法則）　（クーロンの法則）

本書で学ぶ
rot（回転）や
div（発散）が
使われている。

このように、**矢印から始まった物理のベクトルは、やがて、微分・積分と融合してベクトル解析として開花した**。このベクトル解析なくして電磁気学は語れない。それほどベクトル解析は強力な道具なのである。

なお、マックスウェルの方程式をはじめ、シュレディンガー方程式など、このプロローグ（第0章）で紹介する難解な方程式については、基本的に本書で扱うことはしない。

本書はあくまでもベクトル解析の考え方を理解し、それらの方程式で使われている**grad（勾配）、rot（回転）、div（発散）、∇（ナブラ）、Δ（ラプラシアン、∇^2とも書く）などの記号の意味と使い方、計算方法などを身につける**ことをめざしているからである。個別のそれぞれの方程式については、それぞれの分野の専門書で学んでもらいたい。

●量子力学にも欠かせないベクトル解析

量子力学というのは、原子や電子といったミクロの粒子の運動を扱う分野である。身の周りのほとんどすべての電化製品は、根本を探っていけば量子力学の法則に基づいて動いている。

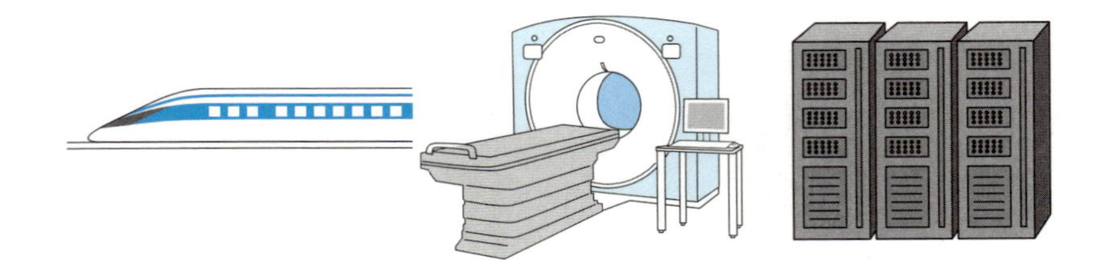

電子工学やハイテクノロジーの世界では量子力学が大活躍だ。光通信や医療などで使われるレーザー、リニアモーターカーに使われる超電磁誘導磁石、コンピュータ……。これら無数の分野で量子力学が使われている。

そして、量子力学の基本方程式は**シュレディンガー方程式**である。これはベクトル解析では次のように表現されている。この式の中に使われている∇^2という見慣れない記号はラプラシアンというが、これらについても本書で意味がわかるように説明をしていきたい。

$$-\frac{h^2}{2m}\nabla^2\psi + V\psi = E\psi$$

シュレディンガー方程式

本書で学ぶ
ラプラシアン∇^2が
使われている。

●流体力学はまさにベクトル解析の塊だ！

流体力学とは流体に働く力、流体の運動状態、流体がその中の物体に及ぼす力などを論じる分野である。この流体力学も電磁気学と同様に我々の日常生活に密着している。というのは、空気や水などの流体に関わる現象は生活そのものだからである。したがって、これらを理解しコントロールする技術は大変重要だ。

たとえば、流体力学の利用として、水力発電、火力発電、原子力発電、そして風力発電がある。これらは蒸気や風などの流体のエネルギーを機械的なエネルギーに変換させて発電しているものだ。

また、生活に身近な上下水道、都市ガスなどのパイプを使用した流体輸送も流体力学の応用である。工場などで使われている機械も流体力学の技術が利用されている。

さらに、鋳造や射出成形などでも流体力学が応用され、溶かした金属やプラスチックなど、型に流し込むことでいろいろな部品が製造されている。

近年では、自動車の形状開発はもちろん、ロケットや鉄道、リニアモーターカーなどにおいても高速化、騒音防止などに流体力学の技術が用いられている。

以上のような製品や設備などの設計を行なう場合、流体力学とそれを支えるベクトル解析の知識が必要とされる。たとえば、下記は水流などの非圧縮生流体の運動を記述した**ナヴィエ・ストークスの定理**と呼ばれるもので、これもベクトル解析の表現である。

$$\frac{D\vec{u}}{Dt} = \vec{K} - \frac{1}{\rho}\nabla p + \nu \nabla^2 \vec{u}$$

本書で学ぶナブラ∇やラプラシアン$\Delta(=\nabla^2)$が使われている。

ナヴィエ・ストークスの定理

●気象の分野でも

地球の大気で起こるいろいろな現象を研究するのが気象だ。図からもわかるように、地球表面では地表温度や地球の自転などによりいろいろな力が加わり、複雑な空気の流れや海流などが生じている。したがって、ベクトルで表現される現象が多く、ベクトル解析の活躍の場になっているのだ。

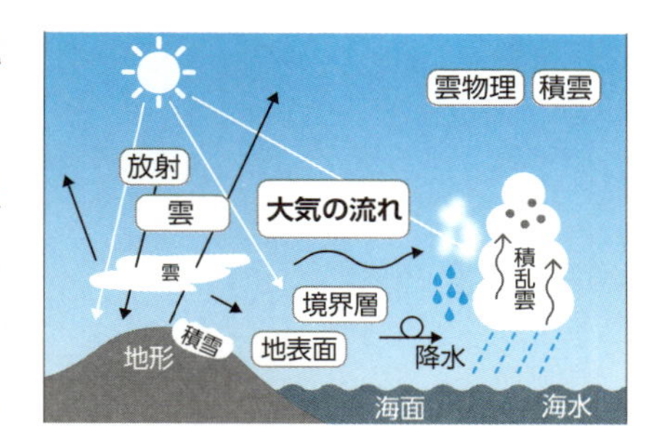

右図は風向と風速を模式化したものである。この場合、風速は長さではなく色で表わしている。

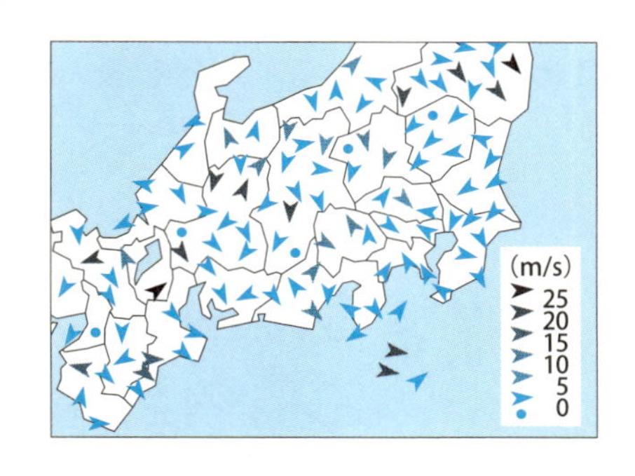

また、地震によって起きた土地の変動もまさしくベクトルである。

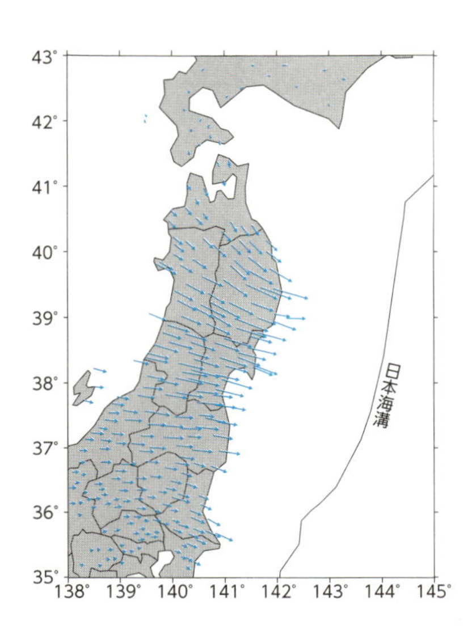

なお、**気圧や温度などは「大きさ」はあっても「向き」がないのでスカラーと呼ばれている**。これらスカラーをもとに気圧の変化率や温度の変化率などを考えれば、ベクトルの世界が生み出され、これもまた、ベクトル解析の世界になる。海水温を表わしたり、日本周辺の気圧を表わしたりするときに使われる。

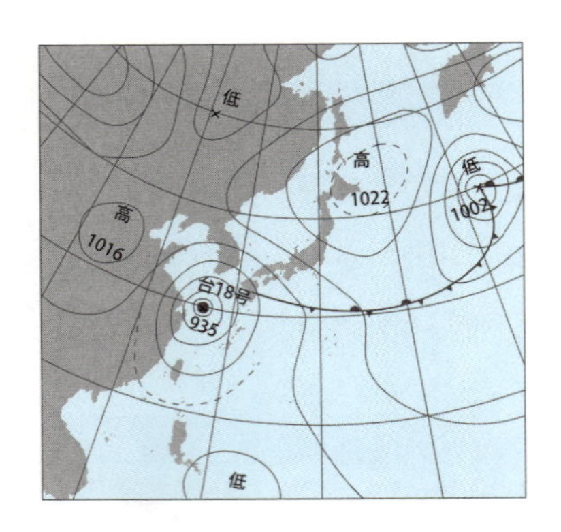

このように、**大気や地殻の状態を分析するにはベクトル解析の知識が必要**とされるのである。たとえば、下記は大気の運動を支配する基礎方程式の１つである。これは、まさしく、ベクトル解析の世界である。

$$\frac{d\vec{V}}{dt} = -\alpha\nabla p - 2\vec{\Omega}\times\vec{V} + \vec{g} + \vec{F}$$

大気の運動を支配する基礎方程式

本書で学ぶ勾配∇や外積が使われている。

● 天文学でもベクトル解析？

天文学は、天体や天文現象などの自然現象の観測や法則の発見などを行なう自然科学の１つである。

図はアンドロメダ銀河を描いたものだが、なんと美しい世界だろう。

天文学を学ぶには力学、電磁気学、流体力学などの物理学や微分・積分、ベクトル解析などのいろいろな数学が必要となる。

たとえば、万有引力の法則は高校で習ったはずだが、ベクトルで表現すると次のようになる。これもベクトル解析である。

$$\vec{F} = -\frac{GMm}{r^3}\vec{r}$$

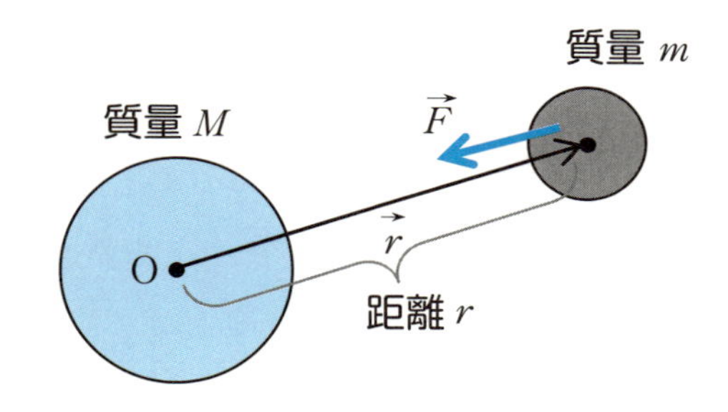

（注）高校の物理では万有引力の法則は次のように表記されている。$F = \frac{GMm}{r^2}$

●経済学でもベクトル解析？

経済学は、我々を取り巻く経済の仕組みや、様々な経済活動の仕組みを研究する学問、つまり、お金に関係する事柄を学ぶ学問である。このような事柄も、いったんベクトルのまな板にのせれば、すぐにベクトル解析を利用できる。

右図はある大学の経済学部で経済学を学ぶ人のために開設された講座内容である。経済学に限らず、社会科学、つまり、社会現象を扱う分野ではベクトル解析を含めいろいろな数学が利用されている。

●早めにベクトル解析を習得しておこう！

以上、ベクトル解析が使われている世界をいくつか紹介してきたが、理学や工学、社会科学、それに人工知能のプログラミングなど、いろいろな分野でベクトル解析は道具として使われている。人生の早い時期にベクトル解析の教養を深めておくことは、いろいろな可能性を広げることにつながる。そのため高校生からベクトル解析の勉強を始めても、決して早すぎはしない。

まずは、本書で扱うベクトル解析の基本だけでも勉強してみよう。興味をもってくれれば、ついでに「複素解析」「フーリエ解析」と、解析学の輪を徐々に広げていくと、さらにおもしろくなる。

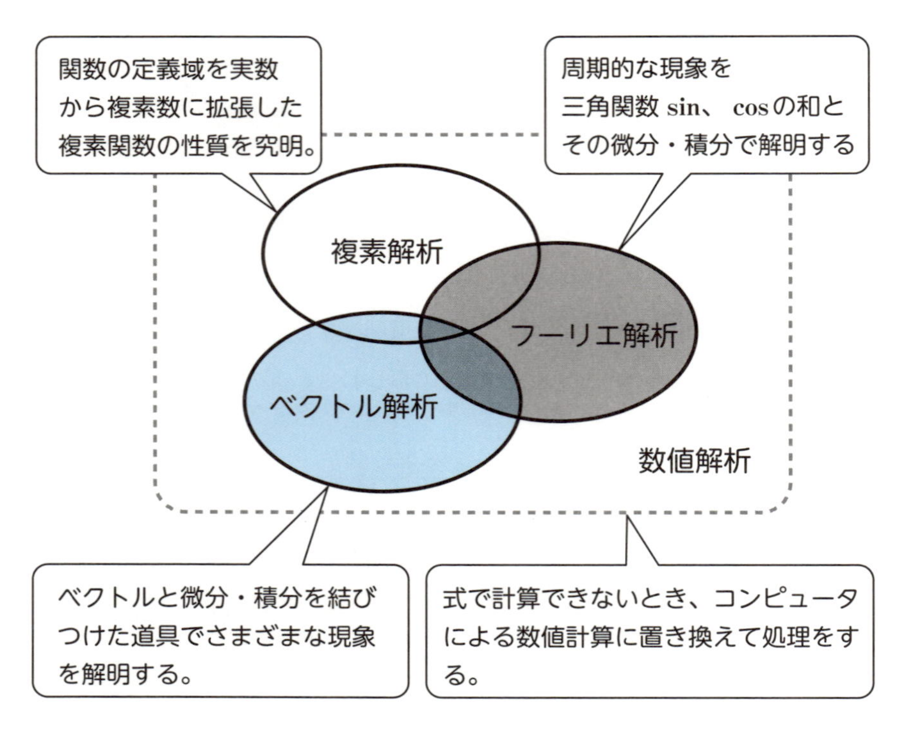

第1章

まずは、ベクトルの基本

高校数学で既にベクトルの基本を学んでいる。その意味では、この章の前半は「高校時代の復習」ということになる。

また、この章の後半は、高校数学では習っていない「新たなベクトル」の内容である。前半、後半ともにベクトル解析では欠かせない事柄である。その意味では、初心に返ったつもりで最初から順に読み進めてほしい。

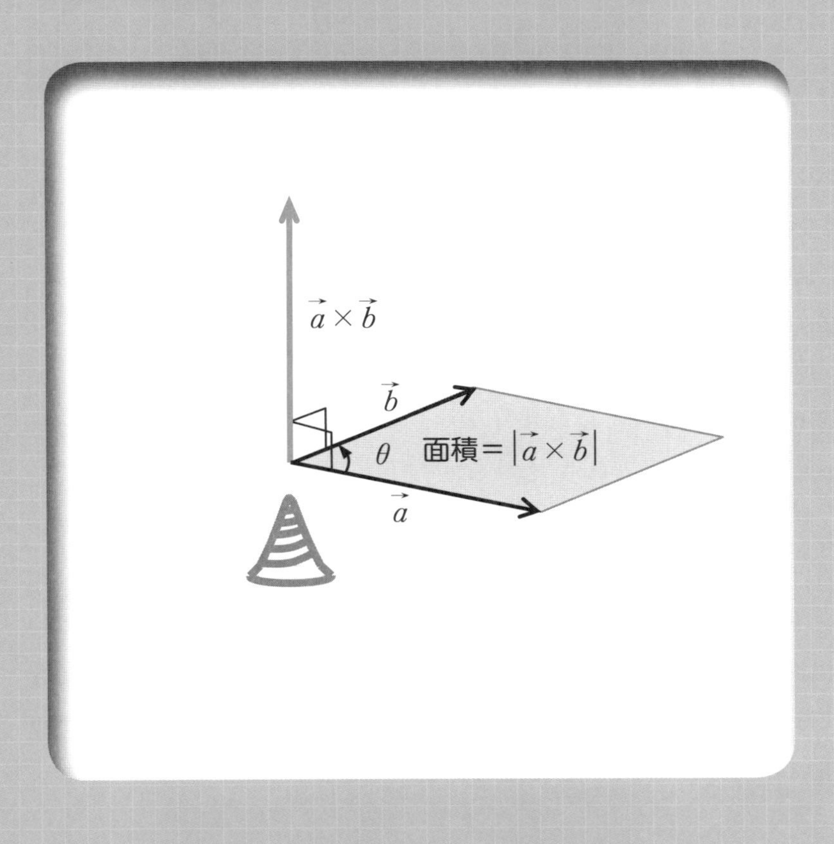

1-1 最初の一歩、ベクトルとスカラー

ベクトル（vector）は「大きさ」と「向き」をもつ量である。このベクトルに対してスカラー（scalar）は大きさだけをもつ量である。

●ベクトルの矢印表現

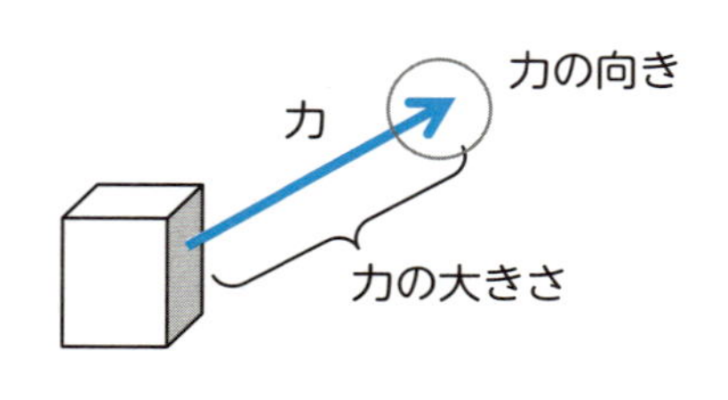

「大きさ」と「向き」をもつ「**ベクトル**」の例としては、物体に作用する力が考えられる。力は、どの向きにどのくらいの大きさなのかを問題にするからである。このようなベクトルを表示するには矢印を使うとわかりやすい。つまり、**矢印の長さでベクトルの大きさを表現し、矢印の向きでベクトルの向きを表現する**のである。

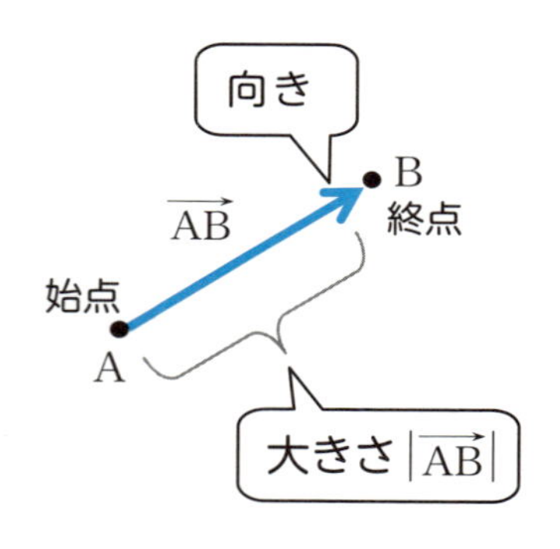

ベクトルを矢印で表現するとき、矢印の根本を「**始点（起点）**」、矢印の先端の部分を「**終点**」という。また、ベクトルに文字で名前をつけるにはいくつかの方法がある。その1つは、矢印の始点（起点）Aと終点Bの名前を用いて $\overrightarrow{AB}$ と表わす方法である。また、一文字の上に矢印をつけて $\vec{a}$ と表わす方法や、矢印をつけずに太文字で $\boldsymbol{a}$ と表わす方法もある。

（よく使われるベクトルの記号）　$\overrightarrow{AB}$　$\vec{a}$　$\boldsymbol{a}$

本書ではその場に応じてこれらの表現を使い分けることにするが、基本的には、高校の教科書のように「**文字の上に→をつけてベクトルを表わ**

す」ことにする。

なお、**ベクトルの大きさは絶対値**（absolute value）と呼ばれ、数の絶対値を表わす記号｜｜と同じ記号を使い、

$$|\overrightarrow{AB}| \quad |\vec{a}| \quad |\boldsymbol{a}|$$

などと表わす。

●ベクトルは「置かれた位置」に無関係

ベクトルは「大きさ」と「向き」の２つをもつ量である。このため、「大きさ」と「向き」が同じである２つのベクトル $\vec{a}$, $\vec{b}$ は、たとえ**ベクトルの置かれている位置が異なっていても「等しい」**ということになる。つまり、平行移動によって重なる２つのベクトルは等しいのである。このとき等号を使って　$\vec{a}=\vec{b}$　と書くことにする。

ただし、特殊なベクトルとして始点を基準の点Ｏ（原点オー）にとるベクトルがある。このとき、「大きさ」と「向き」が定まれば、このベクトルの終点Ｐはただ１つに決定する。また、点Ｐに対して基準の点Ｏを始点とし、点Ｐを終点とするベクトルはただ１つ決まる。

そこで、始点を基準の点Ｏにとると、点の位置をベクトルで表わすことができる。このように、点の位置を表わすベクトルをその点の「**位置ベクトル**」と呼ぶ。本書では基本的に、**位置ベクトルを小文字 $\boldsymbol{r}$ を使って $\vec{r}$ と書く**ことにする。

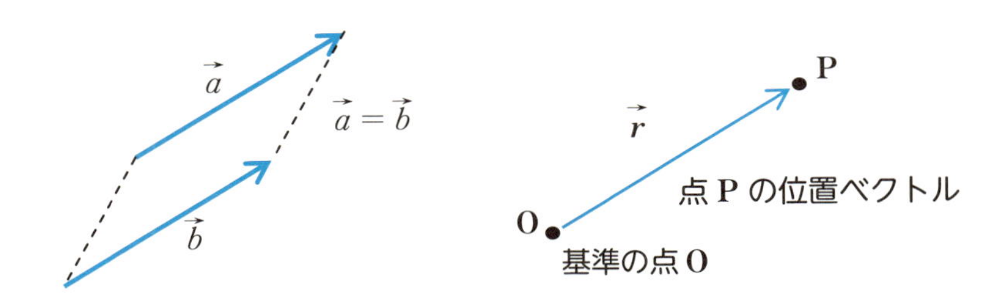

●スカラーとは「数値」のこと

「大きさ」と「向き」の2つの量をもつベクトルに対し、「大きさ」だけしかもたない量が「**スカラー**」だ。スカラーは1個の数値で表現され、正にも負にもなり得る量である。たとえば、プロローグでも述べたように、気温や体重などがスカラーだ。体重には大きさ（重さ）はあっても、向きはないからだ。

ベクトルが図形的には矢印で表現されるのに対して、スカラーは数直線上の1点に対応する。

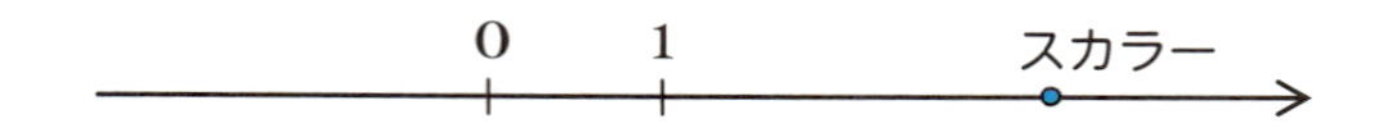

スカラーの語源はスケール（scale）で、目盛り、尺度、サイズなどの意味がある。スカラーに対し、ベクトルの語源はラテン語の vector で「運搬者」「運ぶもの」という意味である。

●「回転」から見たベクトルとスカラーの違い

ベクトルとスカラーは「向きをもつか、もたないか」ということだったが、別の見方も知っておくとよい。それは、回転した他の視点からある量を見たときに、その量の表現が変わるかどうかということである。

つまり、「**回転して見る位置を変えたとき、その量の表現が変われば、**

それはベクトルであり、表現が変わらなければスカラーである」という見方である。たとえば、ある物体に作用する力は下図のように回転して見る位置を変えたときに表現が変わるので、ベクトルである。しかし、温度はどこから見ても値が変わらないのでスカラーである。

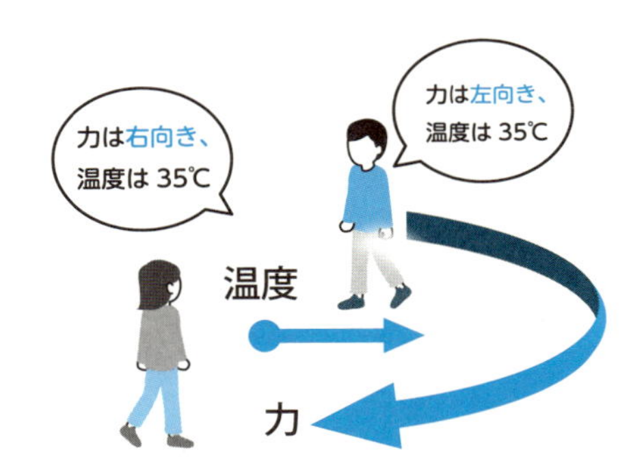

（注）座標軸を回転するとベクトルの成分は変わってしまう。このため、「成分表示したベクトルの個々の成分はスカラー」とは言いがたい。回転ではなく、平行移動して視点を変えた場合は、ベクトルもスカラーも表現は変わらない。

ベクトルとスカラー

ベクトルは「大きさ」と「向き」をもつ量。スカラーは大きさだけをもつ量。この見方だけでは、ベクトルか、スカラーかの判別に迷うときには「**ベクトルは回転によって表現が変わる。スカラーは変わらない**」という判断が役に立つ。

1-2 ベクトルの加法・減法とは

「大きさ」と「向き」をもつベクトルは矢印表示されるが、矢印で表示された「ベクトルの和や差」はどうなるのかを調べてみよう。

矢印で表示されたベクトルに対して、逆ベクトル、ベクトルの和、ベクトルの差、ベクトルのスカラー倍を次のように定義する。

●逆ベクトル

ベクトル$\vec{a}$に対して「大きさが同じで向きが逆」のベクトルを「$\vec{a}$の**逆ベクトル**」といい、$-\vec{a}$と書く。いわば、逆向きベクトルだ。

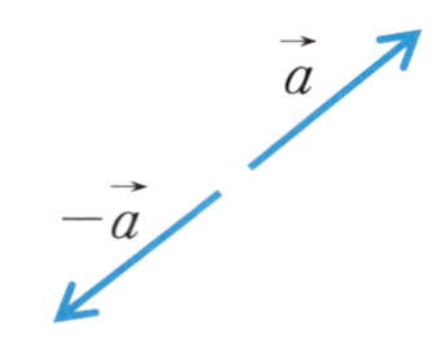

●ベクトルの和

下の左図のように、ベクトル$\vec{a}$の終点にベクトル$\vec{b}$の始点を重ねたとき、ベクトル$\vec{a}$の始点とベクトル$\vec{b}$の終点を結んでできるベクトルを2つの「**ベクトルの和**」といい、$\vec{a}+\vec{b}$と書く（三角形の方法）。

他にも、下の右図のように、2つのベクトルの始点を一致させたときの平行四辺形の対角線を利用した和の定義がある（平行四辺形の方法）。なお、和の定義より$\vec{a}+\vec{b}=\vec{b}+\vec{a}$が成立することがわかる。

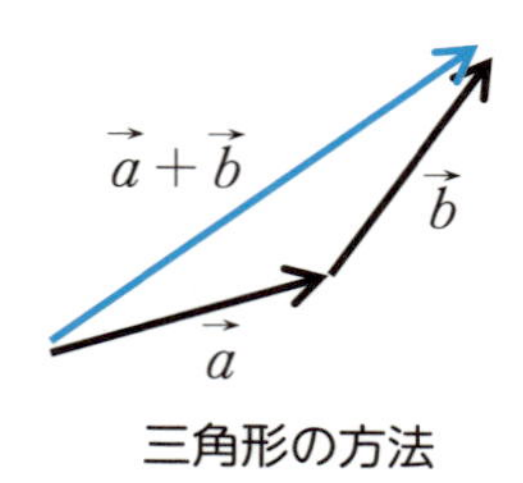

三角形の方法

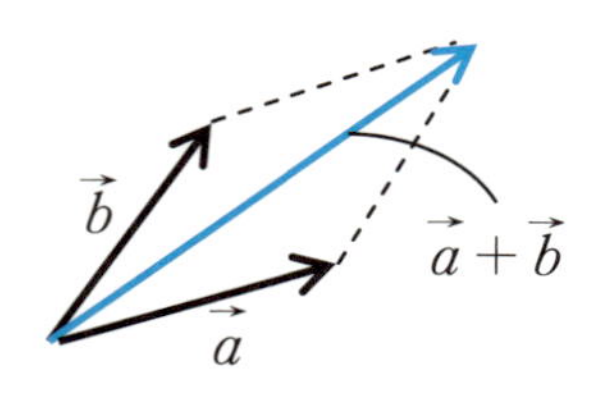

平行四辺形の方法

●ベクトルの差

2つのベクトル$\vec{a}$、$\vec{b}$に対して、ベクトル$\vec{a}+(-\vec{b})$をベクトル$\vec{a}$からベクトル$\vec{b}$を引いた「**ベクトルの差**」といい、$\vec{a}-\vec{b}$と書く。

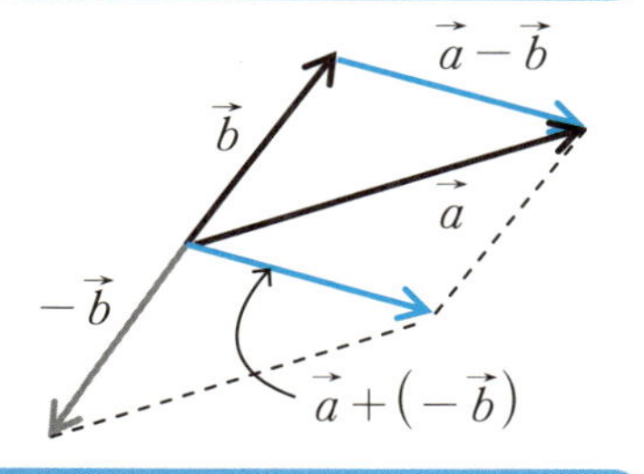

●零ベクトルと単位ベクトル

大きさが0のベクトルを「**零**(ゼロ)**ベクトル**」といい、$\vec{0}$と書く（「向き」は任意）。また、大きさが1のベクトルを「**単位ベクトル**」という。

$\vec{a}\neq\vec{0}$のとき、$\dfrac{\vec{a}}{|\vec{a}|}$は$\vec{a}$と同じ向きの単位ベクトルである。

●ベクトルのスカラー倍

ベクトル$\vec{a}$のk倍（スカラー倍）を下のように定義する。

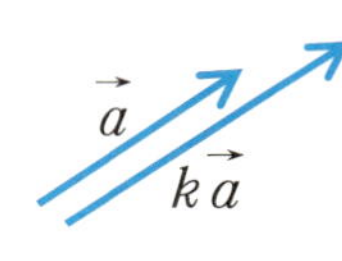

$$\begin{cases} k>0 \text{ のとき } \vec{a}\text{と同じ向きで大きさ } k \text{ 倍} \\ k=0 \text{ のとき零ベクトル} \\ k<0 \text{ のとき逆向きで大きさ } -k \text{ 倍} \end{cases}$$

なお、$\vec{a}=k\vec{b}\,(\vec{a}\neq\vec{0},\ \vec{b}\neq\vec{0},\ k\neq 0)$のとき、**ベクトル$\vec{a}$, $\vec{b}$は平行である**。

ベクトルの加法・減法

矢印で表現したとき、ベクトルのスカラー倍や和の定義はわかりやすいが、ベクトルの差は戸惑いがちなので、慣れておこう。

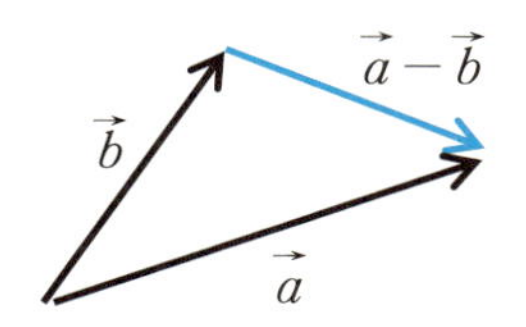

1-3 基本ベクトル表示と成分表示について

ベクトルを表現するには「矢印表示」の他にも、「基本ベクトル表示」と「成分表示」がある。その目的に応じて、表現方法をうまく使い分けると、問題の解決（計算など）がスムーズになる。

●「基本ベクトル」で示す方法

座標が設定された平面や空間で各軸の正の方向を向き、大きさが1であるベクトルを「**基本ベクトル**」という。

xy 座標平面の場合、基本ベクトルを図示すると下の左図のようになる。本書では、x 軸、y 軸に関する基本ベクトルにそれぞれ $\vec{i}$, $\vec{j}$ という名前を付けている。

また、xyz 座標空間の場合、基本ベクトルを図示すると右下の図のようになる。**本書では、x 軸、y 軸、z 軸に関する基本ベクトルにそれぞれ $\vec{i}$, $\vec{j}$, $\vec{k}$ という名前を付けている。**

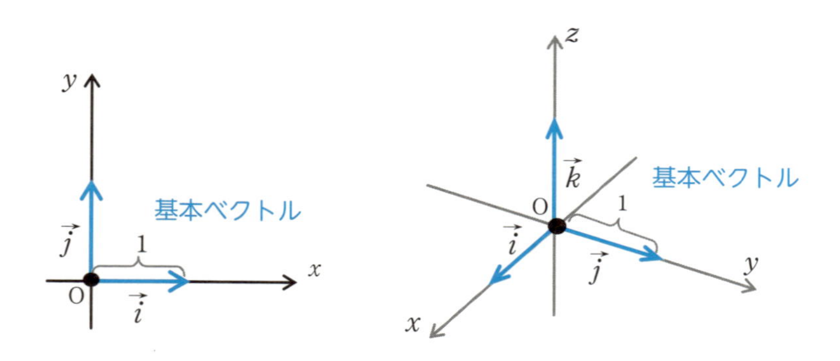

xy 座標平面の2つの基本ベクトル $\vec{i}$, $\vec{j}$ を用いれば、次ページの図（左）からわかるように、この平面上の任意のベクトル $\vec{a}$ は $\vec{i}$, $\vec{j}$ の実数倍の和の形にただ1通りに表わされる。

同様に、xyz 座標空間の 3 つの基本ベクトル $\vec{i}$, $\vec{j}$, $\vec{k}$ を用いれば、下の右図からわかるように、任意のベクトル $\vec{a}$ は $\vec{i}$, $\vec{j}$, $\vec{k}$ の実数倍の和の形にただ 1 通りに表わされる。

（平面の場合）　$\vec{a}=x\vec{i}+y\vec{j}$　……①

（空間の場合）　$\vec{a}=x\vec{i}+y\vec{j}+z\vec{k}$　……②

これら①、②のように、ベクトルを基本ベクトルの実数倍の和の形で表示する方法を「**基本ベクトル表示**」という。

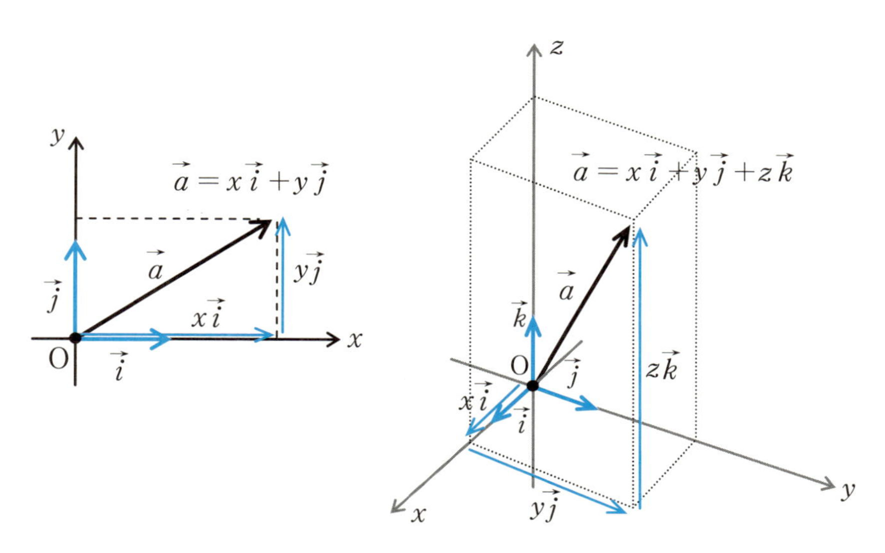

●「成分」で表示する方法

ベクトル $\vec{a}$ が①や②のように基本ベクトル表示されたとき、各基本ベクトルの係数を順に書きだしてカッコ（　）でくくったものをベクトル $\vec{a}$ の「**成分表示**」という。たとえば、基本ベクトル表示で $\vec{a}=x\vec{i}+y\vec{j}$ のとき、これを $\vec{a}=(x,\ y)$ と書く。また、$\vec{a}=x\vec{i}+y\vec{j}+z\vec{k}$ のとき、これを $\vec{a}=(x,\ y,\ z)$ と書く。

（基本ベクトル表示）	$\vec{a}=x\vec{i}+y\vec{j}$	$\vec{a}=x\vec{i}+y\vec{j}+z\vec{k}$
（成分表示）	$\vec{a}=(x,\ y)$	$\vec{a}=(x,\ y,\ z)$

●成分表示は始点を原点としたときの終点の座標と一致

図からわかるとおり、**ベクトルの成分表示はベクトルの始点を原点に移動したときの終点の座標と一致する**。ベクトルは大きさと向きに着目した量で、位置は考慮していないからである。したがって、平面において点$\mathrm{A}(a_x,\ a_y)$を始点とし、点$\mathrm{B}(b_x,\ b_y)$を終点とするベクトルは成分表示で、

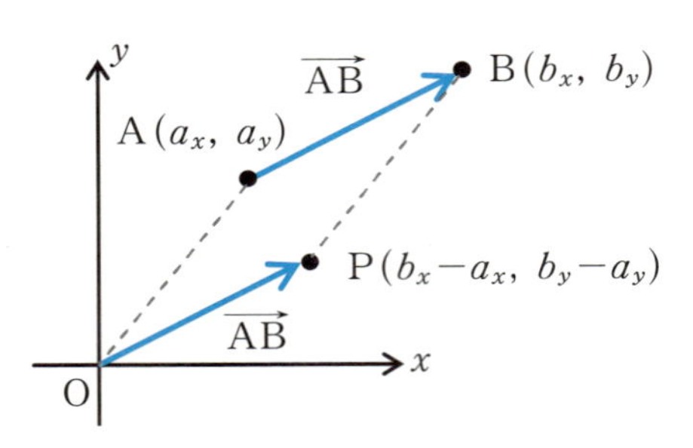

$$\overrightarrow{\mathrm{AB}}=(b_x-a_x,\ b_y-a_y)$$

となる。また、空間の場合は、次のようになる。

$$\overrightarrow{\mathrm{AB}}=(b_x-a_x,\ b_y-a_y,\ b_z-a_z)$$

●成分表示されたベクトルを計算する

2つのベクトル$(a_x,\ a_y)$, $(b_x,\ b_y)$に対して下記のようにベクトルの和、逆ベクトル、ベクトルの差、ベクトルのk倍などが計算できる。この計算法則はとても自然なので、覚えやすいだろう。

(1)　ベクトルの和　$(a_x,\ a_y)+(b_x,\ b_y)=(a_x+b_x,\ a_y+b_y)$

(2)　逆ベクトル　$-(a_x,\ a_y)=(-a_x,\ -a_y)$

(3)　ベクトルの差　$(a_x,\ a_y)-(b_x,\ b_y)=(a_x-b_x,\ a_y-b_y)$

(4)　ベクトルのk倍　$k(a_x,\ a_y)=(ka_x,\ ka_y)$

(5)　ベクトルの大きさ　$\vec{a}=(a_x,\ a_y)$のとき$|\vec{a}|=\sqrt{a_x^{\ 2}+a_y^{\ 2}}$

上記 (1) ～ (5) は要素が 2 つであることからもわかるとおり、平面の場合である。これが空間であればベクトルの成分表示は$(a_x,\ a_y,\ a_z)$のように z 成分が 1 つ増えるだけで、計算方法は少しも変わらない。

これらが便利なのは、**基本ベクトル表示、あるいは成分表示をすることで、ベクトルを計算によって処理（解析処理）できるようになる**ことである。たとえば、先の (1) ～ (5) が本当に成り立つかどうかを (1) について確認してみよう。

$$(a_x,\ a_y)+(b_x,\ b_y)=a_x\vec{i}+a_y\vec{j}+b_x\vec{i}+b_y\vec{j}$$
$$=(a_x+b_x)\vec{i}+(a_y+b_y)\vec{j}=(a_x+b_x,\ a_y+b_y) \quad \leftarrow \quad \vec{i},\ \vec{j}\text{でまとめた}$$

基本ベクトル表示と成分表示

「大きさ、向き」をもつ量「ベクトル」の表現方法には 3 つある。(2) や (3) を使うことで、計算処理がしやすくなる。

(1)　矢印表示

(2)　基本ベクトル表示

(3)　成分表示

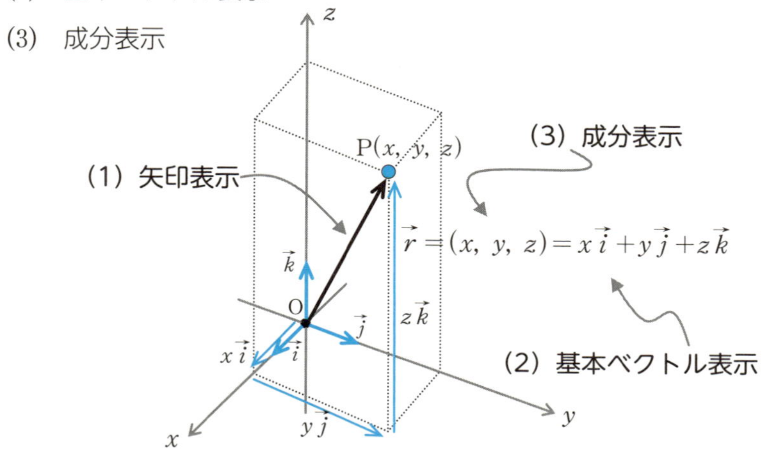

1-4 ベクトルの内積とは

ベクトル同士の掛け算である内積について調べてみることにしよう。

和、差、掛け算などの計算規則を数学では「**演算**」といい、計算規則はそれぞれの根拠に基づいてきめられている。ベクトルの掛け算も例外ではない。

●「仕事」とベクトル

物体に大きさfの力が働き、物体がその方向にlだけ移動したとする。その場合、物体がした仕事は$f \times l$となる。なぜならば、仕事の定義は、「力の大きさ」×「移動距離」だからである。

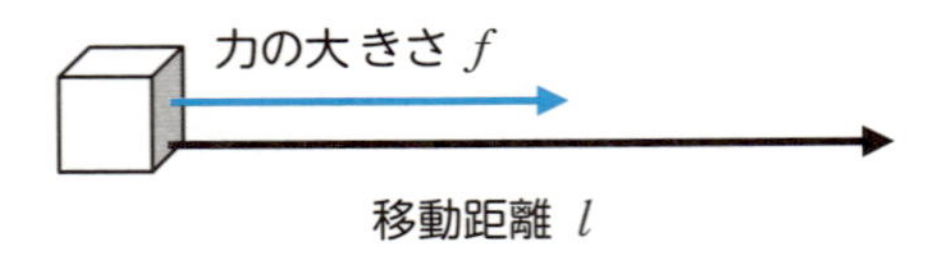

しかし、物体は必ずしも加えられた力の向きに移動するとは限らない。なぜなら、力の向きと移動の向きが異なることがあるからだ。そこで、物体に力$\vec{f}$を加えたとき、図のように点Aから点Bまで移動したとすれば、この$\overrightarrow{AB}$は位置の変化を表わすので「**変位ベクトル**」と呼ばれる。

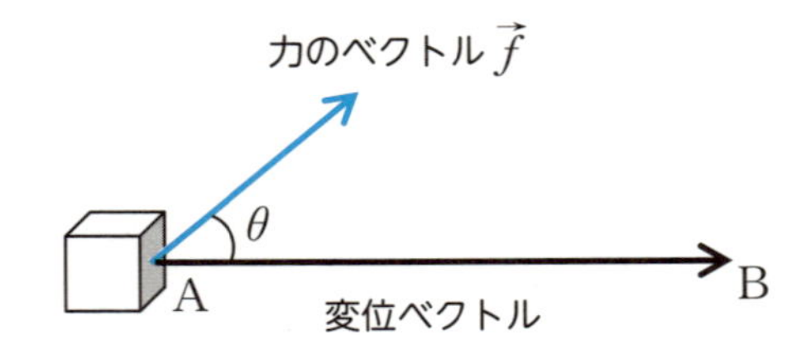

このとき、この物体のした仕事は、

力の移動方向への正射影 × 移動距離

$$=|\vec{f}|\cos\theta\times|\overrightarrow{AB}|=|\vec{f}||\overrightarrow{AB}|\cos\theta$$

（θ は2つのベクトル $\vec{f}$ と $\overrightarrow{AB}$ の始点を一致させたときにできる角で $0\leqq\theta\leqq\pi$）

となる。つまり、力のベクトル $\vec{f}$ と変位ベクトル $\overrightarrow{AB}$ の2つが与えられれば、物体に加えられる仕事は、

$$|\vec{f}||\overrightarrow{AB}|\cos\theta$$

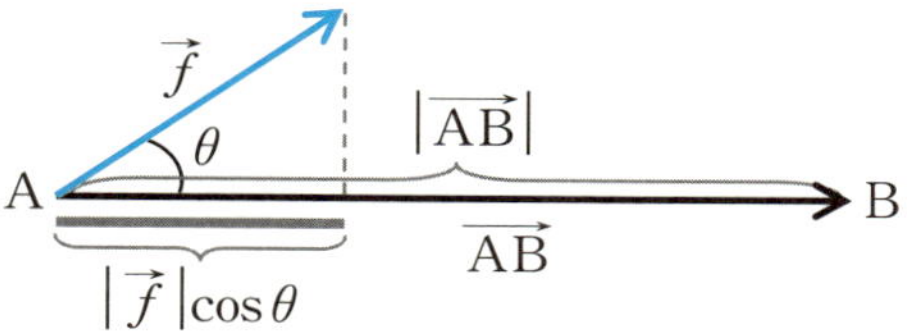

と書ける。これはベクトル同士の掛け算であり、「**内積**」という。

●内積の意味は？

2つのベクトル $\vec{a}$ と $\vec{b}$ のなす角を θ（始点を一致させたときにできる角で、$0\leqq\theta\leqq\pi$）とするとき、

$$|\vec{a}||\vec{b}|\cos\theta$$

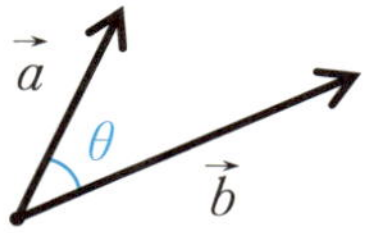

を $\vec{a}$ と $\vec{b}$ の「**内積**（inner product）」、

または、「**スカラー積**（scalar product）」

と呼び、$\vec{a}\cdot\vec{b}$ と書く。大事なので再度、掲載すれば、

（内積） $\vec{a}\cdot\vec{b}=|\vec{a}||\vec{b}|\cos\theta$ ……①

内積の①式を見ると、「一方のベクトルの大きさ（$|\vec{a}|$）を他方のベクトルに正射影（$\cos\theta$）したもの」と、「他方のベクトルの大きさ（$|\vec{b}|$）」の2つを掛けたもの、とわかる。内積の符号は $0\leqq\theta<\frac{\pi}{2}$ のとき正、$\frac{\pi}{2}<\theta\leqq\pi$ のとき負である。

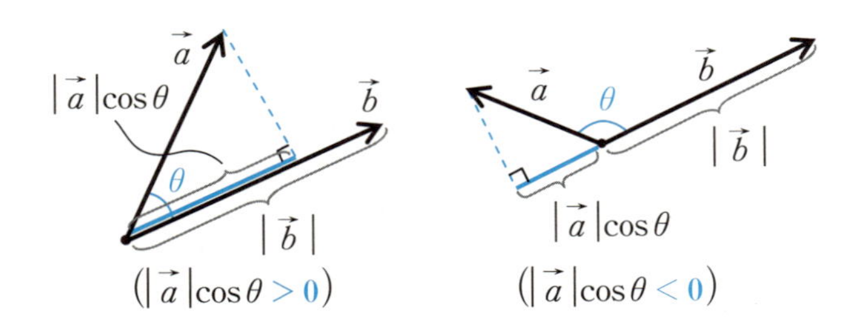

また、①式からわかるように、大きさが一定の2つのベクトルの内積は、なす角θが0のときに最大値をとり、πのとき最小値をとる（角θは本書では**弧度法**（こどほう）による。πラジアン＝180°）。

$\vec{a} \neq \vec{0}$, $\vec{b} \neq \vec{0}$ のとき

「$\vec{a} \perp \vec{b} \iff \vec{a} \cdot \vec{b} = 0$」

とくに、零ベクトルではない2つのベクトルが垂直のときは$\theta = \dfrac{\pi}{2}$なので、$\cos\theta = 0$となり、内積は0となる。逆も成り立つ。**「垂直のとき内積0」は、ベクトル解析でよく使われる重要な性質**である。

●内積を成分表示すると

2つのベクトル$\vec{a}$と$\vec{b}$を

$$\vec{a} = (a_x,\ a_y)、\vec{b} = (b_x,\ b_y)$$

と成分表示し、次の三角形OABに余弦定理をあてはめて整理すると、次式が導かれる。

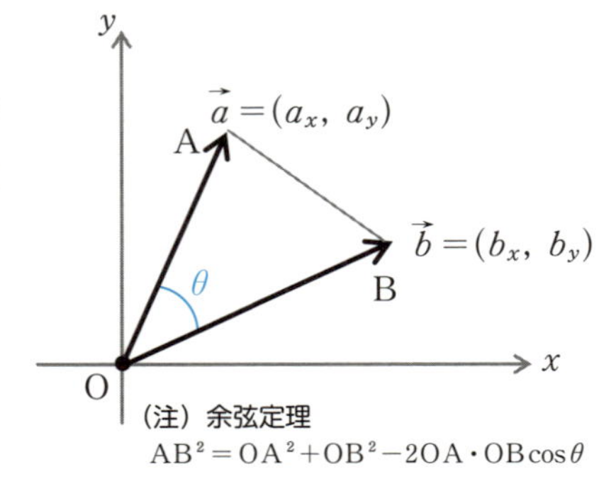

（注）余弦定理
$AB^2 = OA^2 + OB^2 - 2OA \cdot OB\cos\theta$

$$|\vec{a}||\vec{b}|\cos\theta = a_x b_x + a_y b_y$$

ここで、$\vec{a} \cdot \vec{b} = |\vec{a}||\vec{b}|\cos\theta$より、

$$\vec{a} \cdot \vec{b} = a_x b_x + a_y b_y$$

となる。

同様に、空間の2つのベクトル$\vec{a}=(a_x,\ a_y,\ a_z)$と$\vec{b}=(b_x,\ b_y,\ b_z)$に対しても、$\vec{a}\cdot\vec{b}=a_x b_x+a_y b_y+a_z b_z$が成立することがわかる。

Note ベクトルの内積

● 2つのベクトル$\vec{a}$と$\vec{b}$のなす角をθとするとき、

$$\vec{a}\cdot\vec{b}=|\vec{a}||\vec{b}|\cos\theta$$

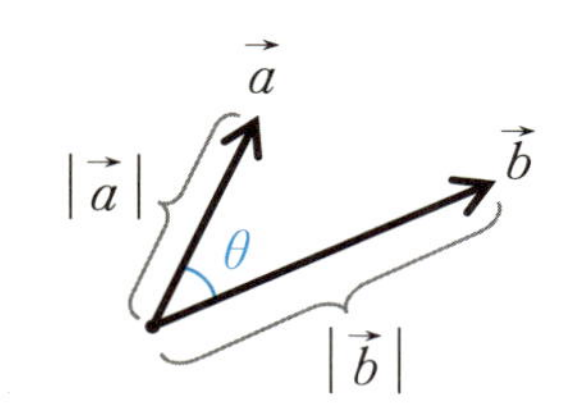

●内積の基本性質

$$\vec{a}\cdot\vec{b}=|\vec{a}|^2$$

$$\vec{a}\cdot\vec{b}=\vec{b}\cdot\vec{a}$$

$$\vec{a}\cdot(\vec{b}+\vec{c})=\vec{a}\cdot\vec{b}+\vec{a}\cdot\vec{c}$$

$\vec{a}\neq\vec{0},\ \vec{b}\neq\vec{0}$ のとき、「$\vec{a}\perp\vec{b}\ \Leftrightarrow\ \vec{a}\cdot\vec{b}=0$」

● 2つのベクトルを$\vec{a}=(a_x,\ a_y,\ a_z)$、$\vec{b}=(b_x,\ b_y,\ b_z)$とするとき、

$$\vec{a}\cdot\vec{b}=a_x b_x+a_y b_y+a_z b_z$$

ただし、平面のベクトルでは、

$$\vec{a}\cdot\vec{b}=a_x b_x+a_y b_y$$

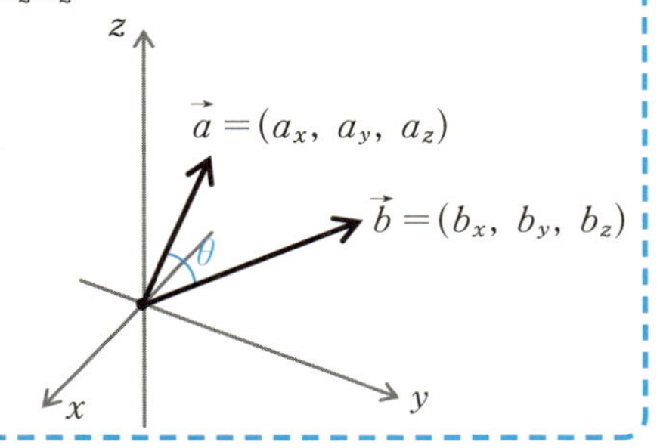

1-5 ベクトルの外積とは

ベクトル同士の掛け算である「内積」は掛けた結果はベクトルではなく、スカラーであった。内積に対し、ベクトル同士の掛け算の結果がやはりベクトルになる「外積」を調べてみよう。

●力のモーメントと外積

力のモーメントというと、「あっ、物理か」と思う人がいるが、ちょっとお付き合い願いたい。図のように、点Oで支えられた物体があり、その上の点Pに力$\vec{f}$が作用した状態を想定してみよう。ここで、$\overrightarrow{OP}=\vec{r}$とし、$\vec{f}$と$\vec{r}$のなす角を$\theta$とする。このとき、この物体を点Oの周りに回そうとする働きは、点Oと点Pの距離に、力$\vec{f}$のOPに垂直な成分の大きさを掛け合わせたもので表わされる。つまり、

$$|\vec{r}||\vec{f}|\times\sin\theta$$

となる。これは、この物体を点Oの周りに回そうとする働きで、これを**力のモーメント**という。

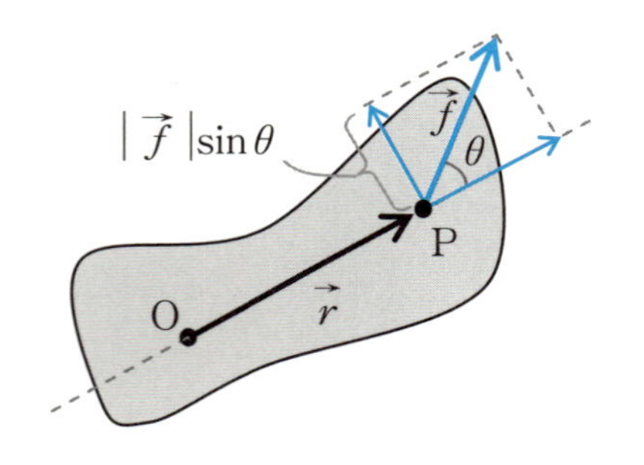

ただし、この場合、力$\vec{f}$の向きによっては点Oを中心に物体をどちら向きに回転するかの違いが生じる。そこで、ベクトル$\vec{f}$とベクトル$\vec{r}$に対し、その大きさが$|\vec{r}||\vec{f}|\sin\theta$で、その向きを考慮した量、つまり、ベクトルを考えてみることにする。

●「外積」とはどのようなものか？

2つのベクトル$\vec{a}$、ベクトル$\vec{b}$に対し、次の大きさと向きをもったベク

トルを考える。まず、その大きさは$\vec{a}$、$\vec{b}$を二辺とする平行四辺形の面積$|\vec{a}||\vec{b}| \times \sin\theta$とする。なぜこの式が平行四辺形の面積になるかというと、

$|\vec{a}|$が平行四辺形の底辺
$|\vec{b}|\sin\theta$は平行四辺形の高さh

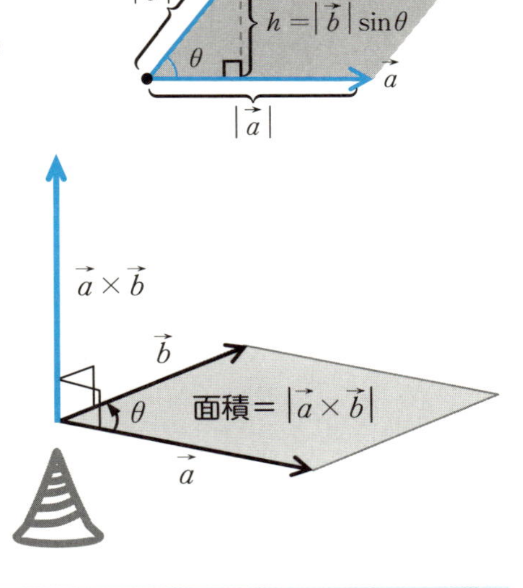

に相当するからだ。

また、その向きは、この平行四辺形に垂直で、$\vec{a}$から$\vec{b}$の方に右ねじを回すとき、ネジの進む向きと同じとする。このベクトルを$\vec{a}$、$\vec{b}$の**外積**（outer product）、または**ベクトル積**（vector product）といい、

（外積） $\vec{a} \times \vec{b}$

で表わす。**外積の「外」とは掛け合わせる2つのベクトルでつくられる平面に垂直、つまり、「平面の外に出る」という説がある。また、内積に対して外積という説**もある。

ところで、3次元空間に設定した座標系には、右手系と左手系がある。右手系とは、x軸、y軸、z軸がそれぞれ右手の親指、人指し指、中指に対応する座標系である（本書は右手系を利用）。これに対して左手系とはx軸、y軸、z軸がそれぞれ左手の親指、人差し指、中指に対応する座標系である。外積$\vec{c} = \vec{a} \times \vec{b}$における$\vec{a}$、$\vec{b}$、$\vec{c}$は右手座標系の関係にあるといえる。

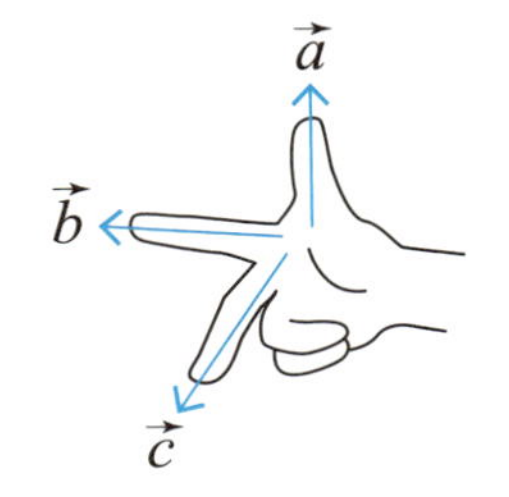

●外積の性質を考える

外積では、次の計算法則がある。

(1) $\vec{a} /\!/ \vec{b}$のとき　$\vec{a}\times\vec{b}=\vec{0}$　とくに　$\vec{a}\times\vec{a}=\vec{0}$

(2) $\vec{a}\perp\vec{b}$のとき　$|\vec{a}\times\vec{b}|=|\vec{a}|\times|\vec{b}|$

(3) $\vec{a}\times\vec{b}=-\vec{b}\times\vec{a}$　（交換法則は成立しない）

(4) 分配法則　$\vec{a}\times(\vec{b}+\vec{c})=\vec{a}\times\vec{b}+\vec{a}\times\vec{c}$

$(\vec{b}+\vec{c})\times\vec{a}=\vec{b}\times\vec{a}+\vec{c}\times\vec{a}$

(5) $(m\vec{a})\times\vec{b}=m(\vec{a}\times\vec{b})=\vec{a}\times(m\vec{b})$　（ただし、mはスカラー）

上記の性質は、すべて外積の定義から導かれる。たとえば、(1)については、平行な2つのベクトルのなす角θは0なので、$\sin 0=0$より$\vec{a}\times\vec{b}=\vec{0}$となる。(2)については、垂直な2つのベクトルのなす角θは$\frac{\pi}{2}$なので$\sin\frac{\pi}{2}=1$より$|\vec{a}\times\vec{b}|=|\vec{a}||\vec{b}|\sin\frac{\pi}{2}=|\vec{a}||\vec{b}|$となる。(3)については、回転の向きがお互いに逆になるので、$\vec{a}\times\vec{b}=-\vec{b}\times\vec{a}$となる。

(4)、(5)については3次元の立体図形を用いて証明されるが、かなり複雑なので本書での証明は省略する。ただ、これらの成立理由は別の観点からのものを掲載しておいた（節末の〈もう一歩進んで〉）。

●基本ベクトル同士の外積は？

x、y、z軸方向の基本ベクトルをそれぞれ$\vec{i}$、$\vec{j}$、$\vec{k}$とするとき、これらの外積に関して次のことが成立する。

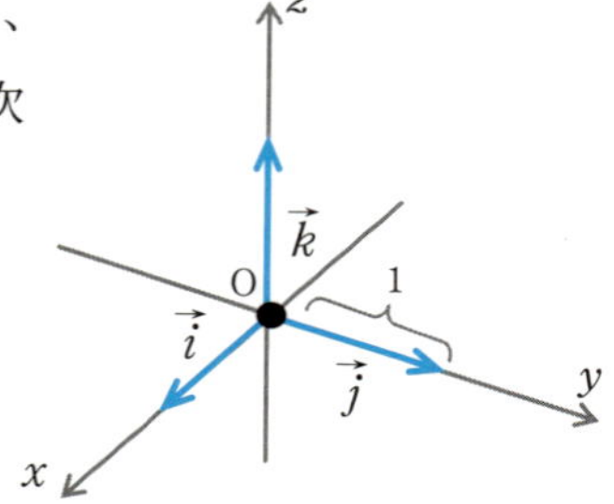

（基本ベクトル同士の外積の性質）

①$\vec{i}\times\vec{j}=\vec{k}$　②$\vec{j}\times\vec{i}=-\vec{k}$

③$\vec{j}\times\vec{k}=\vec{i}$　④$\vec{k}\times\vec{j}=-\vec{i}$

⑤ $\vec{k}\times\vec{i}=\vec{j}$　　⑥ $\vec{i}\times\vec{k}=-\vec{j}$

⑦ $\vec{i}\times\vec{i}=\vec{j}\times\vec{j}=\vec{k}\times\vec{k}=\vec{0}$

これは、基本ベクトルは大きさが1で、互いに垂直であるためである。

●外積を成分表示してみる

2つのベクトル$\vec{a}=(a_x,\ a_y,\ a_z)$と$\vec{b}=(b_x,\ b_y,\ b_z)$に対して、この外積$\vec{a}\times\vec{b}$は成分表示でどうなるのかを調べてみよう。

$\vec{a}$と$\vec{b}$を基本ベクトル表示すると、次のようになる。

$$\vec{a}=a_x\vec{i}+a_y\vec{j}+a_z\vec{k}\qquad\qquad \vec{b}=b_x\vec{i}+b_y\vec{j}+b_z\vec{k}$$

外積の計算では分配法則が成り立った（前ページの(4)）。そこで、「**基本ベクトル同士の外積の性質**」（$\vec{i}\times\vec{j}=\vec{k}$など7種類）を利用すると、

$$
\begin{aligned}
\vec{a}\times\vec{b}&=(a_x\vec{i}+a_y\vec{j}+a_z\vec{k})\times(b_x\vec{i}+b_y\vec{j}+b_z\vec{k})\\
&=a_x\vec{i}\times b_x\vec{i}+a_x\vec{i}\times b_y\vec{j}+a_x\vec{i}\times b_z\vec{k}\\
&\quad+a_y\vec{j}\times b_x\vec{i}+a_y\vec{j}\times b_y\vec{j}+a_y\vec{j}\times b_z\vec{k}\\
&\quad+a_z\vec{k}\times b_x\vec{i}+a_z\vec{k}\times b_y\vec{j}+a_z\vec{k}\times b_z\vec{k}\\
&=(a_yb_z-a_zb_y)\vec{i}+(a_zb_x-a_xb_z)\vec{j}+(a_xb_y-a_yb_x)\vec{k}\\
&=(a_yb_z-a_zb_y,\ a_zb_x-a_xb_z,\ a_xb_y-a_yb_x)
\end{aligned}
$$

したがって、外積$\vec{a}\times\vec{b}$の成分表示は次のようになる。

（外積の成分表示） $\vec{a}\times\vec{b}=(a_yb_z-a_zb_y,\ a_zb_x-a_xb_z,\ a_xb_y-a_yb_x)$

次ページのように図式化するとシンプルな構造が見えてきて、覚えやすい。

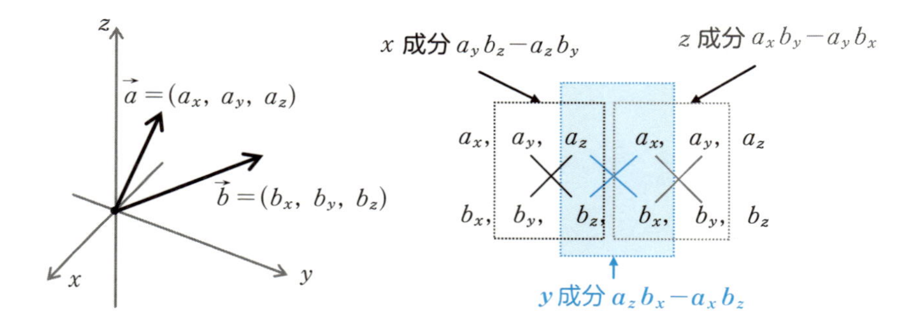

問 1　$\vec{a}=(1,\ 2,\ 3)$、$\vec{b}=(-2,\ 3,\ -5)$ のとき $\vec{a}\times\vec{b}$ を求めてみよう。

（解）

x 成分 $a_y b_z - a_z b_y$　　z 成分 $a_x b_y - a_y b_x$

1,　2,　3,　1,　2,　3

−2,　3,　−5,　−2,　3,　−5

y 成分 $a_z b_x - a_x b_z$

上図を使うと

$$\begin{aligned}\vec{a}\times\vec{b}&=(a_y b_z - a_z b_y,\ a_z b_x - a_x b_z,\ a_x b_y - a_y b_x)\\&=(2\times(-5)-3\times3,\ 3\times(-2)-1\times(-5),\ 1\times3-2\times(-2))\\&=(-10-9,\ -6+5,\ 3+4)\\&=(-19,\ -1,\ 7)\end{aligned}$$

案外簡単に問題が解けた。参考までに後述の§1−11（1 章 11 節の意。以後同じ）の行列式を使うと、外積の成分表示は次のように表示できる。

$$\vec{a}\times\vec{b}=(a_y b_z - a_z b_y,\ a_z b_x - a_x b_z,\ a_x b_y - a_y b_x)$$

$$=\left(\begin{vmatrix}a_y & a_z\\ b_y & b_z\end{vmatrix},\ \begin{vmatrix}a_z & a_x\\ b_z & b_x\end{vmatrix},\ \begin{vmatrix}a_x & a_y\\ b_x & b_y\end{vmatrix}\right)=\begin{vmatrix}\vec{i} & \vec{j} & \vec{k}\\ a_x & a_y & a_z\\ b_x & b_y & b_z\end{vmatrix}$$

問2 2つのベクトル$\vec{a}=(1,\ -3,\ 5)$、$\vec{b}=(-2,\ 4,\ 7)$の両方に垂直なベクトルを求めてみよう。

(解) 2つのベクトル$\vec{a}$と$\vec{b}$に対して、外積$\vec{a}\times\vec{b}$とは「$\vec{a}$と$\vec{b}$の両方に垂直なベクトル」のことだから、外積$\vec{a}\times\vec{b}$を求めればよい。前ページの図を使って、

$$\begin{aligned}\vec{a}\times\vec{b}&=(a_y b_z-a_z b_y,\ a_z b_x-a_x b_z,\ a_x b_y-a_y b_x)\\&=(-3\times7-5\times4,\ 5\times(-2)-1\times7,\ 1\times4-(-3)\times(-2))\\&=(-41,\ -17,\ -2)\end{aligned}$$

2つのベクトル$\vec{a}$と$\vec{b}$に垂直なベクトルは$\vec{a}\times\vec{b}$だけではない。これをk倍したベクトルも$\vec{a}$と$\vec{b}$に垂直である。よって、求めるベクトルは

$k(41,\ 17,\ 2)$　　ただし、kは0でない実数。

問3 空間の3つのベクトル$\vec{a}$、$\vec{b}$、$\vec{c}$を3辺とする平行六面体の体積をVとすれば、$V=|\vec{a}\cdot(\vec{b}\times\vec{c})|$と書けることを示せ。

(解) $\vec{a}$と$\vec{b}\times\vec{c}$のなす角をθとすれば、この平行六面体の高さhは$h=||a|\cos\theta|$と書ける。$|\vec{b}\times\vec{c}|$はこの平行六面体の底面積と考えられるので、$V=|\vec{b}\times\vec{c}|\times||\vec{a}|\cos\theta|=||\vec{b}\times\vec{c}|\times|\vec{a}|\cos\theta|=|\vec{a}\cdot(\vec{b}\times\vec{c})|$ ……内積の定義より

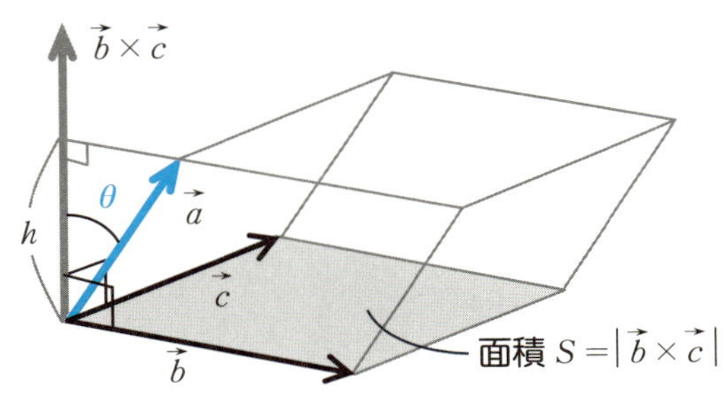

Note ベクトルの外積

●空間の2つのベクトル$\vec{a}$と$\vec{b}$に対して、これらの外積$\vec{a}\times\vec{b}$を次のように定義する。

$\vec{a}\times\vec{b}$はベクトルで、その大きさは$\vec{a}$、$\vec{b}$を二辺とする平行四辺形の面積に等しく、その向きは、この平行四辺形に垂直で、$\vec{a}$から$\vec{b}$の方に右ねじを回すとき（回転角は小さい方をとる）、ネジの進む向きと同じとする。

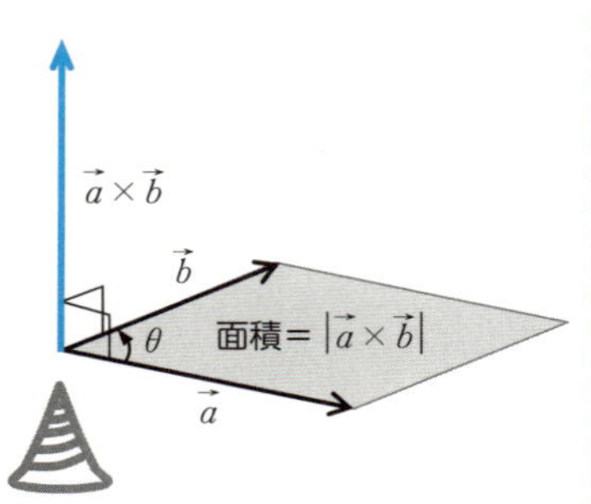

● $\vec{a}=(a_x,\ a_y,\ a_z)$と$\vec{b}=(b_x,\ b_y,\ b_z)$　のとき、

$$\vec{a}\times\vec{b}=(a_yb_z-a_zb_y,\ a_zb_x-a_xb_z,\ a_xb_y-a_yb_x)$$

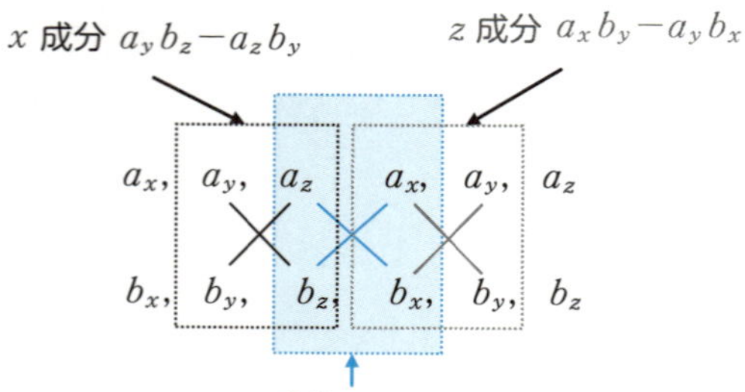

● 外積$\vec{a}\times\vec{b}$には次の性質がある。

$\vec{a}\times(\vec{b}+\vec{c})=\vec{a}\times\vec{b}+\vec{a}\times\vec{c}$　　$(\vec{b}+\vec{c})\times\vec{a}=\vec{b}\times\vec{a}+\vec{c}\times\vec{a}$

$(m\vec{a})\times\vec{b}=m(\vec{a}\times\vec{b})=\vec{a}\times(m\vec{b})$　ただし、mはスカラー

$\vec{a}\parallel\vec{b}$のとき　$\vec{a}\times\vec{b}=\vec{0}$　とくに　$\vec{a}\times\vec{a}=\vec{0}$

$\vec{a}\perp\vec{b}$のとき　$|\vec{a}\times\vec{b}|=|\vec{a}||\vec{b}|$

$\vec{a}\times\vec{b}=-\vec{b}\times\vec{a}$

もう一歩進んで 外積の成分表示による定義

この節の冒頭では、力のモーメントを想定し、外積を図形的に定義し、これをもとに成分表示などの式を導いた。ここでは、外積を成分表示で定義し、これをもとに外積の性質を導いてみることにする。

2つのベクトル$\vec{a}=(a_x, a_y, a_z)$と$\vec{b}=(b_x, b_y, b_z)$に対してベクトル$(a_y b_z-a_z b_y, a_z b_x-a_x b_z, a_x b_y-a_y b_x)$を$\vec{a}$と$\vec{b}$の**外積**（outer product）、といい$\vec{a}\times\vec{b}$と表わす。つまり、

$$\vec{a}\times\vec{b}=(a_y b_z-a_z b_y,\ a_z b_x-a_x b_z,\ a_x b_y-a_y b_x) \quad \cdots\cdots①$$

このとき、外積については、計算により次のことがわかる。

●分配法則の成立

$$\begin{aligned}
&\vec{a}\times(\vec{b}+\vec{c})\\
&=(a_y(b_z+c_z)-a_z(b_y+c_y),\ a_z(b_x+c_x)-a_x(b_z+c_z),\\
&\qquad\qquad (a_x(b_y+c_y)-a_y(b_x+c_x))\\
&=(a_y b_z-a_z b_y,\ a_z b_x-a_x b_z,\ a_x b_y-a_y b_x)\\
&\qquad\qquad +(a_y c_z-a_z c_y,\ a_z c_x-a_x c_z,\ a_x c_y-a_y c_x)\\
&=\vec{a}\times\vec{b}+\vec{a}\times\vec{c}
\end{aligned}$$

●ベクトル$\vec{a}\times\vec{b}$は$\vec{a}=(a_x, a_y, a_z)$と$\vec{b}=(b_x, b_y, b_z)$の両方に垂直

その理由は、$\vec{a}\times\vec{b}=(a_y b_z-a_z b_y, a_z b_x-a_x b_z, a_x b_y-a_y b_x)$より$\vec{a}$と$\vec{a}\times\vec{b}$の内積は

$$\begin{aligned}
\vec{a}\cdot(\vec{a}\times\vec{b})&=a_x(a_y b_z-a_z b_y)+a_y(a_z b_x-a_x b_z)+a_z(a_x b_y-a_y b_x)\\
&=a_x a_y b_z-a_x a_z b_y+a_y a_z b_x-a_y a_x b_z+a_z a_x b_y-a_z a_y b_x\\
&=0
\end{aligned}$$

となり、内積が0だから、$\vec{a}$と$\vec{a}\times\vec{b}$は垂直である。

●$\vec{a}\times\vec{b}$の大きさは$\vec{a}$と$\vec{b}$の張る平行四辺形の面積に等しい

$$|\vec{a}\times\vec{b}|=\sqrt{(a_y b_z-a_z b_y)^2+(a_z b_x-a_x b_z)^2+(a_x b_y-a_y b_x)^2}$$

$$=\sqrt{(a_x{}^2+a_y{}^2+a_z{}^2)(b_x{}^2+b_y{}^2+b_z{}^2)-(a_x b_x+a_y b_y+a_z b_z)^2}$$

$$=\sqrt{|\vec{a}|^2|\vec{b}|^2-(\vec{a}\cdot\vec{b})^2}=\sqrt{|\vec{a}|^2|\vec{b}|^2-|\vec{a}|^2|\vec{b}|^2\cos^2\theta}$$

（$\vec{a}\cdot\vec{b}=|\vec{a}||\vec{b}|\cos\theta$より）

$$=\sqrt{|\vec{a}|^2|\vec{b}|^2(1-\cos^2\theta)}=\sqrt{|\vec{a}|^2|\vec{b}|^2\sin^2\theta}=|\vec{a}||\vec{b}|\sin\theta$$

1-6 ベクトルの1次独立、1次従属とは

ベクトルの場合、任意のベクトルがあるベクトルのスカラー倍の和の形に表わされるかどうかは大事なことである。このことを扱った1次独立、1次従属について調べてみよう。

空間に3個のベクトルがあるとき、その中のどの1つも他の2つのベクトルの「スカラー倍の和」(これを「**1次結合**」という)の形に書けないとき、これら3個のベクトルは**1次独立**であるという。そうでないとき、つまり、あるベクトルが他の2つのベクトルのスカラー倍の和の形に書けるとき、3個のベクトルは**1次従属**であるという。

●ベクトルの基底

上記のことを言い換えて説明すると、$\vec{0}$でない3つの空間ベクトル$\vec{a}$、$\vec{b}$、$\vec{c}$が同時に同一平面上になければ、これら3つのベクトルは1次独立になる。

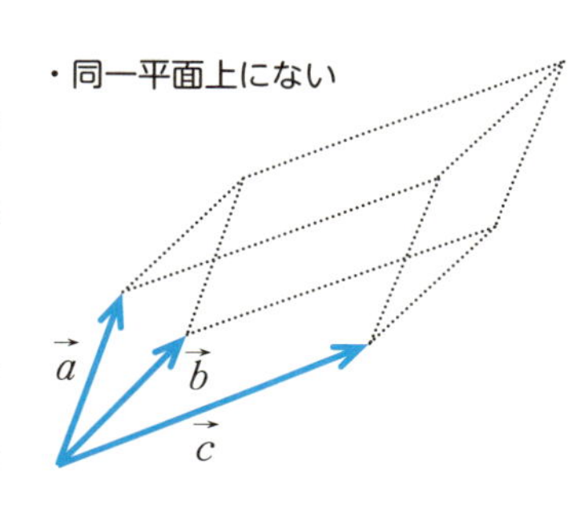

逆に、3つのベクトル$\vec{a}$、$\vec{b}$、$\vec{c}$が同一平面上にある場合、それらは1次従属になる。なぜなら、このとき、$\vec{b}=m\vec{a}+n\vec{c}$などと書けるからである。

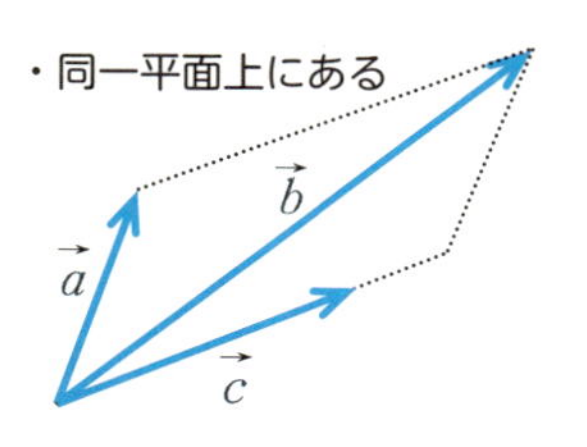

空間に1次独立な3つのベクトル$\vec{a}$、$\vec{b}$、$\vec{c}$があるとき、空間の任意のベクトルは$\vec{a}$、$\vec{b}$、$\vec{c}$の1次結合としてただ1通りに書くことができる。このとき、3つのベクトル$\vec{a}$、$\vec{b}$、$\vec{c}$はこの空間の**基底**であるという。**空間における3つの基本ベクトル$\vec{i}$、$\vec{j}$、$\vec{k}$は、基底**

としてよく使われる。

（注）空間の 3 つのベクトル $\vec{a}$、$\vec{b}$、$\vec{c}$ のうち、少なくとも 1 つが零ベクトルであれば、それらは 1 次従属になる。たとえば、$\vec{a}=\vec{0}$ としてみよう。このとき、$\vec{a}=0\times\vec{b}+0\times\vec{c}$ となり、$\vec{a}$ が $\vec{b}$、$\vec{c}$ の 1 次結合で書けてしまうからである。同様に平面の 2 つのベクトル $\vec{a}$、$\vec{b}$ のうち少なくとも 1 つが零ベクトルであれば、これらは 1 次従属になる。

1 次独立、1 次従属と基底

●平面において、互いに平行ではない 2 つのベクトル $\vec{a}$、$\vec{b}$ は 1 次独立で、これらは平面のベクトルの「基底」となる。とくに、基本ベクトル $\vec{i}$, $\vec{j}$ はよく使われる基底である。

●空間において、$\vec{0}$ でない 3 つのベクトル $\vec{a}$、$\vec{b}$、$\vec{c}$ が同一平面上になければ、これらのベクトルは 1 次独立である。このとき、ベクトル $\vec{a}$、$\vec{b}$、$\vec{c}$ は空間のベクトルの「基底」となる。とくに、基本ベクトル $\vec{i}$, $\vec{j}$, $\vec{k}$ はよく使われる基底である。

1-7 軸とのなす角に着目した方向余弦とは

空間のベクトル$\vec{a}$を表現するのに、ベクトル$\vec{a}$がx、y、zの3つの軸とのなす角α、β、γを用いたらどうなるのか調べてみよう。ただし、$0 \leqq \alpha \leqq \pi$、$0 \leqq \beta \leqq \pi$、$0 \leqq \gamma \leqq \pi$とする。

ベクトル$\vec{a}$を成分表示で$\vec{a}=(a_x, a_y, a_z)$とし$\vec{i}$、$\vec{j}$、$\vec{k}$を基本ベクトルとする（下図）。このとき、$\cos\alpha$、$\cos\beta$、$\cos\gamma$は何を意味しているのだろうか。

● $\cos\alpha$、$\cos\beta$、$\cos\gamma$を求めてみよう

$\vec{a}=(a_x, a_y, a_z)$と$\vec{i}$の内積を計算すると次のようになる。

$$\vec{a}\cdot\vec{i}=|\vec{a}|\times|\vec{i}|\cos\alpha$$

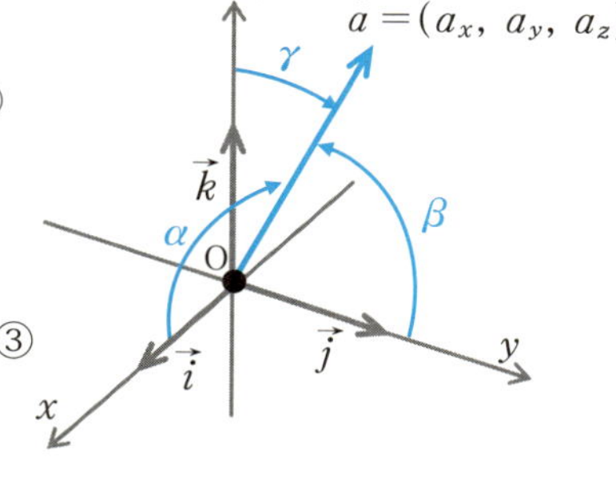

ゆえに、$\cos\alpha=\dfrac{\vec{a}\cdot\vec{i}}{|\vec{a}||\vec{i}|}=\dfrac{a_x}{|\vec{a}|}$ …①

同様にして、

$\cos\beta=\dfrac{a_y}{|\vec{a}|}$ …②、$\cos\gamma=\dfrac{a_z}{|\vec{a}|}$ …③

を得る。

したがって、$\cos\alpha$、$\cos\beta$、$\cos\gamma$の値は、$\vec{a}$の各成分を大きさで割ったものである。この①、②、③より

$$\cos^2\alpha+\cos^2\beta+\cos^2\gamma=\frac{a_x^2+a_y^2+a_z^2}{|\vec{a}|^2}=\frac{|\vec{a}|^2}{|\vec{a}|^2}=1 \quad \cdots\cdots ④$$

● 方向余弦とは

上記の①、②、③より、

$$\vec{a}=(a_x,\ a_y,\ a_z)$$
$$=(|\vec{a}|\cos\alpha,\ |\vec{a}|\cos\beta,\ |\vec{a}|\cos\gamma)=|\vec{a}|(\cos\alpha,\ \cos\beta,\ \cos\gamma) \quad \cdots\cdots⑤$$

④と⑤より、ベクトル$(\cos\alpha,\ \cos\beta,\ \cos\gamma)$はベクトル$\vec{a}$と向きが同じ単位ベクトルであることがわかる。そこで、$\cos\alpha$、$\cos\beta$、$\cos\gamma$をベクトル$\vec{a}$の方向を表わすcos（余弦）の値という意味で**方向余弦**と呼ぶことにする。

〔例〕

$\vec{a}=(1,\ 2,\ 3)$の方向余弦は$|\vec{a}|=\sqrt{1^2+2^2+3^2}=\sqrt{14}$より

$$\cos\alpha=\frac{a_x}{|\vec{a}|}=\frac{1}{\sqrt{14}}、\cos\beta=\frac{a_y}{|\vec{a}|}=\frac{2}{\sqrt{14}}、\cos\gamma=\frac{a_z}{|\vec{a}|}=\frac{3}{\sqrt{14}}$$

Note 方向余弦

ベクトル$\vec{a}=(a_x,\ a_y,\ a_z)$が$x$軸、$y$軸、$z$軸となす角を$\alpha$、$\beta$、$\gamma$とするとき、$\cos\alpha$、$\cos\beta$、$\cos\gamma$をこのベクトルの**方向余弦**という。
方向余弦を成分とするベクトル

$$(\cos\alpha,\ \cos\beta,\ \cos\gamma)$$
$$=\left(\frac{a_x}{|\vec{a}|},\ \frac{a_y}{|\vec{a}|},\ \frac{a_z}{|\vec{a}|}\right)$$

はベクトル$\vec{a}$に平行で、
大きさは1である。

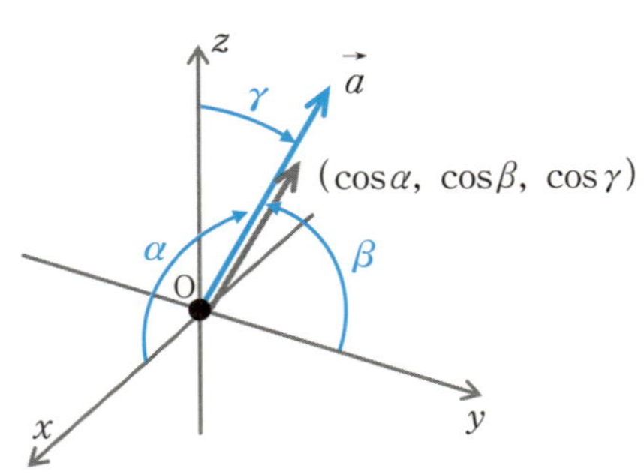

1-8 正射影された平面の面積は

座標空間に面積Sの平面があり、この単位法線ベクトル*注)を$\vec{n}$とする。また、z軸に平行な光をあてこの平面をxy平面に正射影してできる図形の面積をS_{xy}とする。このときSとS_{xy}と$\vec{n}$の関係を調べてみよう。

（注）線や面に垂直なベクトルを法線ベクトル、その大きさが1のものを単位法線ベクトルと呼ぶ。

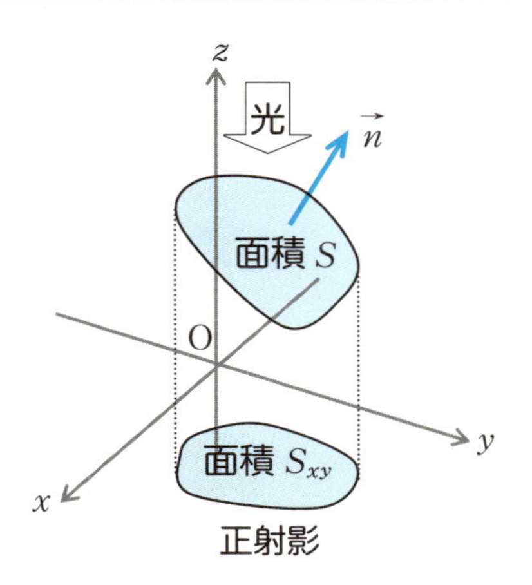

空間にある平面として、面積がSである三角形ABC（下図）を考えてみる。ただし、A$(a, 0, 0)$、B$(0, b, 0)$、C$(0, 0, c)$とし、$a>0$、$b>0$、$c>0$とする。

この三角形ABCをxy平面、yz平面、zx平面へ正射影してできる三角形OAB、OBC、OCAの面積をそれぞれS_{xy}、S_{yz}、S_{zx}とする。また、三角形ABCの単位法線ベクトルを$\vec{n}$とする。このとき、$\vec{n}$に平行で、大きさが面積Sであるベクトルは$S\vec{n}$と書ける。このベクトル$S\vec{n}$は面積ベクトルと呼ばれている。なお、ここでは、$\vec{n}$の向きは$\overrightarrow{AB}$と$\overrightarrow{AC}$の外積$\overrightarrow{AB}\times\overrightarrow{AC}$と同じとする。

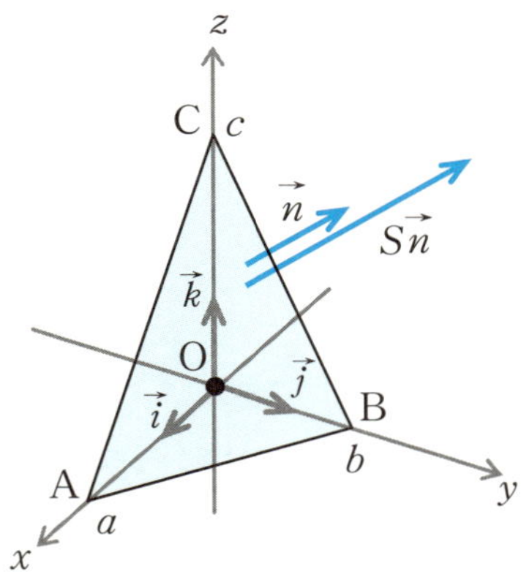

●方向余弦を掛けたものが正射影の面積

三角形ABCの面積Sと、xy平面に正射影された面積S_{xy}との関係を調べるために、面積ベクトル$S\vec{n}$と$\overrightarrow{AB}\times\overrightarrow{AC}$に着目してみよう。このとき、$\overrightarrow{AB}\times\overrightarrow{AC}$の大きさはAB、ACを2辺とする平行四辺形の面積に等しいので、次の関係が成立する。

$$2S\vec{n}=\overrightarrow{AB}\times\overrightarrow{AC} \quad \cdots\cdots①$$

ここで、$\overrightarrow{AB}=\overrightarrow{OB}-\overrightarrow{OA}=b\vec{j}-a\vec{i}$、

$\overrightarrow{AC}=\overrightarrow{OC}-\overrightarrow{OA}=c\vec{k}-a\vec{i}$より、

$$\begin{aligned}\overrightarrow{AB}\times\overrightarrow{AC}&=(b\vec{j}-a\vec{i})\times(c\vec{k}-a\vec{i})\\&=bc\vec{j}\times\vec{k}-ba\vec{j}\times\vec{i}-ac\vec{i}\times\vec{k}+a^2\vec{i}\times\vec{i}\\&=bc\vec{i}+ab\vec{k}+ca\vec{j}=(bc,\ ca,\ ab)\end{aligned}$$

また、$\vec{n}$がx軸、y軸、z軸となす角をα、β、γとすると、前節より

$\vec{n}=(\cos\alpha,\ \cos\beta,\ \cos\gamma)$

ゆえに、①より　$2S(\cos\alpha,\ \cos\beta,\ \cos\gamma)=(bc,\ cs,\ ab)$

よって、z成分に着目すると、

$$S\cos\gamma=\frac{1}{2}ab=S_{xy} \quad \text{ゆえに、}S_{xy}=S\cos\gamma$$

となる。これが三角形ABCの面積Sとxy平面に正射影した面積S_{xy}の関係である。このことは三角形に限らず一般の平面図形にも当てはまる。

正射影された平面の面積

面積Sの平面図形の**法線ベクトル**(線や面に垂直なベクトル)がx軸、y軸、z軸となす角をα、β、γとするとき、この平面図形をxy、yz、zx平面に正射影してできる図形の面積はそれぞれ$S\cos\gamma$, $S\cos\alpha$, $S\cos\beta$となる。

（注）$\cos\alpha$, $\cos\beta$, $\cos\gamma$ が負の場合は -1 倍する。

1-9 スカラー場、ベクトル場とは

天気図を見ると、いろいろな場所や時間での気温や気圧、風向と風力を知ることができる。このとき、天気図は「気温」や「気圧」などのスカラーや、「風向と風力」などのベクトルが貼り付いた「場」を表わしていると考えられる。この「場」について調べてみよう。

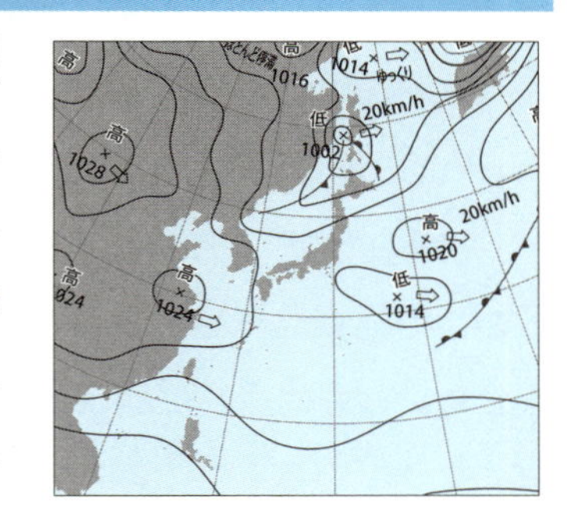

ある量が平面や空間における位置や時間の関数として表わされるとき、これらの平面や空間を、この量の「**場**」(field) と呼ぶことにする。この量がスカラーであるとき**スカラー場**、ベクトルであれば**ベクトル場**と呼ぶ。よって、**天気図における気温場や気圧場はスカラー場であり、風向場・風力場はベクトル場**ということになる。

●温度や気圧を表わすスカラー場

スカラー場を式で表現すると、

$f(x, y)$ …… 平面の場合

$f(x, y, z)$ …… 空間の場合

のようになる。スカラー場の場合には等位曲線、等位面が考えられる。これはスカラー値が同じ値になる点の集合であり、$f(x, y)=k$を満たす点 (x, y)の集合は等位曲線、$f(x, y, z)=k$ を満たす点 (x, y, z)の集合は等位面となる。天気図

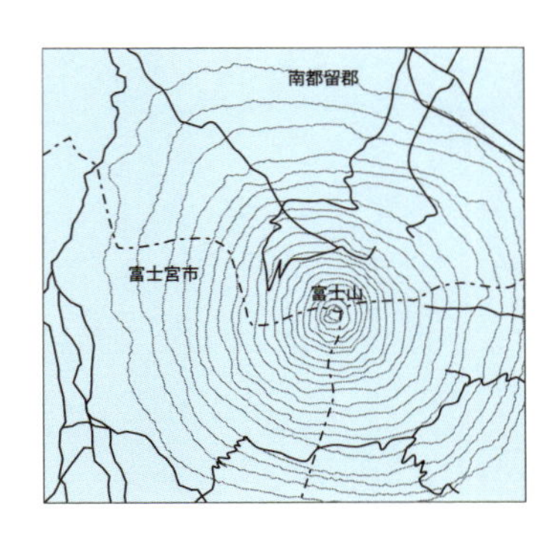

の等圧線や地図の等高線は等位曲線の例である。

●力と向きを示すベクトル場

ベクトル場を式で表現すると次のようになる。

（平面の場合）　$\vec{A}(x,\ y)=(A_x(x,\ y),\ A_y(x,\ y))$

（空間の場合）　$\vec{A}(x,\ y,\ z)=(A_x(x,\ y,\ z),\ A_y(x,\ y,\ z),\ A_z(x,\ y,\ z))$

ここで注意したいのは、ベクトル$\vec{A}$のどの成分も、ともに点の位置$(x,\ y)$や$(x,\ y,\ z)$の関数になっていることである。このため、「**位置が決まればベクトルの各成分が決まり、ベクトル$\vec{A}$が決まる**」ことになる。

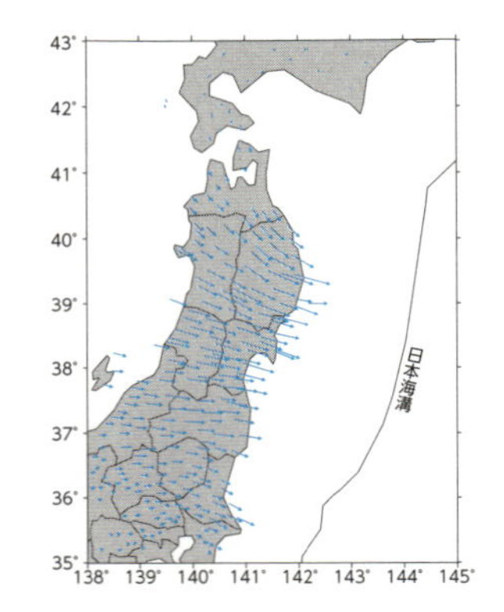

スカラー場、ベクトル場の違いは

- 平面や空間の各点でスカラー量が与えられているとき、これをスカラー場という。（例：気温などの気温場、気圧などの気圧場）
- 平面や空間の各点でベクトル量が与えられているとき、これをベクトル場という。（例：風向場、風力場、電場、磁場、重力場）

1-10 行列とその計算は

ベクトルの成分表示は、数を横1行、または、縦1列に並べたものである。そこで、1行とか1列とかにこだわらず、数を長方形状に並べて表にしたものを考える。これを「行列」（matrix）という。

$$\begin{pmatrix} 3 & 9 & 4 \\ -2 & 0 & -5 \\ 5 & -7 & 3 \\ 1 & 8 & 6 \end{pmatrix}$$

「行列」では横の並びを「行」、縦の並びを「列」という。行数が m で列数が n である行列を $\boldsymbol{m \times n}$ **行列**という。また、行列の i 番目の行を第 i 行ベクトル、j 番目の列を第 j 列ベクトルといい、i 行 j 列にある成分を $\boldsymbol{ij}$ **成分**という。具体例で示すと次のようになる。

例　2×3行列

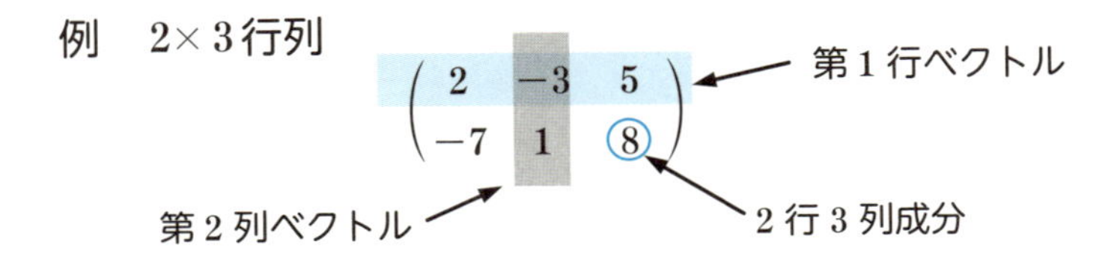

なお、行列に名前を付けるときにはアルファベットの大文字を使い、その成分は小文字を使うことが多い。たとえば、行列 A の ij 成分であれば a_{ij} などと書き、$A=(a_{ij})$ などと表わす。

●行列の計算規則は具体例で理解する

行列について、加法、減法、乗法、スカラー倍を次のように定義する。

（イ）　**k 倍**：行列の k（実数）倍は各成分を k 倍

（ロ）　**加法**：対応する成分同士の和

（ハ）　**減法**：対応する成分同士の差

（ニ）　**乗法**：$m \times n$ 行列 A と $n \times l$ 行列 B の積 AB は、$m \times l$ 行列とな

り、その ij 成分は行列 A の第 i 行ベクトルと行列 B の第 j 列ベクトルの内積とする。

（ニ）はややこしく見えるが、具体例を見ればすぐにわかる。

[具体例]

（イ） k 倍の例 $3\begin{pmatrix} a & b & c \\ d & e & f \end{pmatrix} = \begin{pmatrix} 3a & 3b & 3c \\ 3d & 3e & 3f \end{pmatrix}$

（ロ） 加法の例 $\begin{pmatrix} a & b & c \\ d & e & f \end{pmatrix} + \begin{pmatrix} p & q & r \\ s & t & u \end{pmatrix} = \begin{pmatrix} a+p & b+q & c+r \\ d+s & e+t & f+u \end{pmatrix}$ *注)

（注） 和に関しては交換法則が成り立つ。

（ハ） 減法の例 $\begin{pmatrix} a & b & c \\ d & e & f \end{pmatrix} - \begin{pmatrix} p & q & r \\ s & t & u \end{pmatrix} = \begin{pmatrix} a-p & b-q & c-r \\ d-s & e-t & f-u \end{pmatrix}$

（ニ） 乗法の例 $\begin{pmatrix} a & b & c \\ d & e & f \end{pmatrix} \begin{pmatrix} p & q \\ r & s \\ t & u \end{pmatrix} = \begin{pmatrix} ap+br+ct & aq+bs+cu \\ dp+er+ft & dq+es+fu \end{pmatrix}$

上記（ニ）の掛け算を AB（左辺）$=C$（右辺）と書けば、C の 1×2 成分は A の第1行ベクトル $(a \quad b \quad c)$ と B の第2列ベクトル $\begin{pmatrix} q \\ s \\ u \end{pmatrix}$ の内積（対応する成分同士の積の和）、つまり、$aq+bs+cu$ となる。

$$\begin{pmatrix} a & b & c \\ d & e & f \end{pmatrix} \begin{pmatrix} p & q \\ r & s \\ t & u \end{pmatrix} = \begin{pmatrix} ap+br+ct & aq+bs+cu \\ dp+er+ft & dq+es+fu \end{pmatrix}$$

ここで、注意したいのは、**A の列数と B の行数が等しいことである。これが等しくないと、行列の積 AB が計算できない**。

また、積 AB と積 BA が計算できたとしても、それらは必ずしも等しくない。つまり、**行列の積に関しては交換法則が成り立たない**、のである。ただし、乗法に関する分配法則、結合法則は成り立つ。つまり、

$A(B+C)=AB+AC$、$(A+B)C=AC+BC$、$(AB)C=A(BC)$

●特別に名前のついた行列

- **零行列**（ぜろ）：すべての成分が0である行列を「**零行列**」といい、Oと書く。これは数の世界の0に相当する。

例　$O=\begin{pmatrix}0&0&0\\0&0&0\end{pmatrix}$

- **正方行列**：行の数、列の数が等しい行列を「**正方行列**」という。
- **単位行列**：ii成分($i=1, 2, 3, \cdots$)が1、他の成分が0である正方行列を「**単位行列**」といい、**Eと書く。これは数の世界の1に相当する。**

例　$E=\begin{pmatrix}1&0\\0&1\end{pmatrix}$

- **逆行列**：正方行列Aと単位行列Eに対して$AX=XA=E$を満たす行列XをAの「**逆行列**」といい、A^{-1}と書く。

例　$A=\begin{pmatrix}a&b\\c&d\end{pmatrix}$　のとき$A^{-1}=\dfrac{1}{ad-bc}\begin{pmatrix}d&-b\\-c&a\end{pmatrix}$

- **転置行列**：行列$A=(a_{ij})$に対して、その行と列を入れ替えてできる行列をAの「**転置行列**」(traspased matrix) といい、${}^tA$と書く。Aが$m\times n$行列ならば、${}^tA$は$n\times m$行列となる。例を見ておこう。

例　$A=\begin{pmatrix}2&-3&5\\-7&1&8\end{pmatrix}$　のとき　${}^tA=\begin{pmatrix}2&-7\\-3&1\\5&8\end{pmatrix}$

- **対称行列**：正方行列$A=(a_{ij})$で、その転置行列${}^tA$がAと等しい行列を「**対称行列**」という。つまり、$a_{ij}=a_{ji}$である行列をいう。

例　$A=\begin{pmatrix}3&5\\5&2\end{pmatrix}$　$B=\begin{pmatrix}1&4&5\\4&2&6\\5&6&3\end{pmatrix}$

この節の最後に、いくつかの行列を使った計算例を見ておこう。

〔例〕

(1)　$A=\begin{pmatrix}1 & 0\\1 & 0\end{pmatrix}$、$B=\begin{pmatrix}0 & 0\\1 & 0\end{pmatrix}$　のとき

$$AB=\begin{pmatrix}1 & 0\\1 & 0\end{pmatrix}\begin{pmatrix}0 & 0\\1 & 0\end{pmatrix}=\begin{pmatrix}0 & 0\\0 & 0\end{pmatrix}、BA=\begin{pmatrix}0 & 0\\1 & 0\end{pmatrix}\begin{pmatrix}1 & 0\\1 & 0\end{pmatrix}=\begin{pmatrix}0 & 0\\1 & 0\end{pmatrix}$$

上の例を見てもわかるように、次のことがいえる。

「**$AB=O$　でも　$A=O$　または　$B=O$　とは限らない**」

なお、「$A\neq O$、$B\neq O$、$AB=O$」である行列 A、B を「**零因子**」という。

(2)　連立方程式$\begin{cases}ax+by=s\\cx+dy=t\end{cases}$は行列を使うと、$\begin{pmatrix}a & b\\c & d\end{pmatrix}\begin{pmatrix}x\\y\end{pmatrix}=\begin{pmatrix}s\\t\end{pmatrix}$と書ける。

これは、$A=\begin{pmatrix}a & b\\c & d\end{pmatrix}$、$X=\begin{pmatrix}x\\y\end{pmatrix}$、$B=\begin{pmatrix}s\\t\end{pmatrix}$と置けば $AX=B$ と書けるので、**行列を使えば連立方程式は1次方程式**とみなせる。

(3)　2つのベクトル$\vec{a}=(a_x,\ a_y,\ a_z)$と$\vec{b}=(b_x,\ b_y,\ b_z)$の内積は、一方を行ベクトル、他方を列ベクトルとみなせば次のように書ける。

$$\vec{a}\cdot\vec{b}=(a_x\ \ a_y\ \ a_z)\begin{pmatrix}b_x\\b_y\\b_z\end{pmatrix}=a_xb_x+a_yb_y+a_zb_z$$

行列

●数を長方形状に並べ、表にしたものを「**行列**」という。行数が m で列数が n であれば、この行列を $m \times n$ **行列**という。行列に名前を付けるときには、通常アルファベットの大文字を使う。行列 A の i 行 j 列の成分を a_{ij} などと書く。

$$A=\begin{pmatrix} a_{11} & a_{12} & a_{13} \\ a_{21} & a_{22} & a_{23} \\ a_{31} & a_{32} & a_{33} \end{pmatrix}$$

列　行

●行列の加法、減法は対応する成分同士の加法、減法だが、行列の積 AB は A の第 i 行ベクトルと B の第 j 列ベクトルの内積を ij 成分にもつ行列である。たとえば、次のような行列があるとき、

$$\begin{pmatrix} a_{11} & a_{12} & a_{13} \\ a_{21} & a_{22} & a_{23} \\ a_{31} & a_{32} & a_{33} \end{pmatrix}\begin{pmatrix} b_{11} & b_{12} & b_{13} & b_{14} \\ b_{21} & b_{22} & b_{23} & b_{24} \\ b_{31} & b_{32} & b_{33} & b_{34} \end{pmatrix}=\begin{pmatrix} c_{11} & c_{12} & c_{13} & c_{14} \\ c_{21} & c_{22} & c_{23} & c_{24} \\ c_{31} & c_{32} & c_{33} & c_{34} \end{pmatrix}$$

$c_{23}=(a_{21}\quad a_{22}\quad a_{23})\begin{pmatrix} b_{13} \\ b_{23} \\ b_{33} \end{pmatrix}=a_{21}b_{13}+a_{22}b_{23}+a_{23}b_{33}$ などとなる。

● 正方行列 A と単位行列 E に対して、$AX=XA=E$　を満たす行列 X を A の「**逆行列**」といい、A^{-1} と書く。

(例)　$A=\begin{pmatrix} a & b \\ c & d \end{pmatrix}$ のとき、$A^{-1}=\dfrac{1}{ad-bc}\begin{pmatrix} d & -b \\ -c & a \end{pmatrix}$

行列 A が逆行列 A^{-1} をもつとき、$AB=C$ に対し左から A^{-1} を掛けることにより B を求めることができる。

$A^{-1}AB=A^{-1}C$ より　$B=A^{-1}C$

なお、逆行列をもつ行列を「**正則行列**」という。

1-11 行列式とその計算は

行列は数を長方形状にならべたものだが、長方形状に並べたものに値をもたせたものが「行列式」（determinant）である。行列式はベクトル解析の理論を考える上で欠かせない道具である。

$$\begin{vmatrix} 1 & 2 \\ 3 & 4 \end{vmatrix} = -2$$

行列式は n 次の正方行列に対して定義されるものである。

● 2×2行列の行列式 $|A|$

2×2行列 $A = \begin{pmatrix} a_{11} & a_{12} \\ a_{21} & a_{22} \end{pmatrix}$ に対して、**$a_{11}a_{22} - a_{12}a_{21}$ を行列 A の行列式といい、$|A|$ と書く**。つまり、$|A| = \begin{vmatrix} a_{11} & a_{12} \\ a_{21} & a_{22} \end{vmatrix} = a_{11}a_{22} - a_{12}a_{21}$

● 3×3行列の行列式 $|A|$ とサラスの方法

3×3行列　$A = \begin{pmatrix} a_{11} & a_{12} & a_{13} \\ a_{21} & a_{22} & a_{23} \\ a_{31} & a_{32} & a_{33} \end{pmatrix}$　に対して、

$$a_{11}a_{22}a_{33} + a_{12}a_{23}a_{31} + a_{13}a_{21}a_{32} - a_{13}a_{22}a_{31} - a_{11}a_{23}a_{32} - a_{12}a_{21}a_{33}$$

を行列 A の行列式といい、$|A|$ と書く。つまり、

$$|A| = \begin{vmatrix} a_{11} & a_{12} & a_{13} \\ a_{21} & a_{22} & a_{23} \\ a_{31} & a_{32} & a_{33} \end{vmatrix}$$

$$= a_{11}a_{22}a_{33} + a_{12}a_{23}a_{31} + a_{13}a_{21}a_{32} - a_{13}a_{22}a_{31} - a_{11}a_{23}a_{32} - a_{12}a_{21}a_{33}$$

この3次の行列式には「**サラスの方法**」という次の覚え方がある。

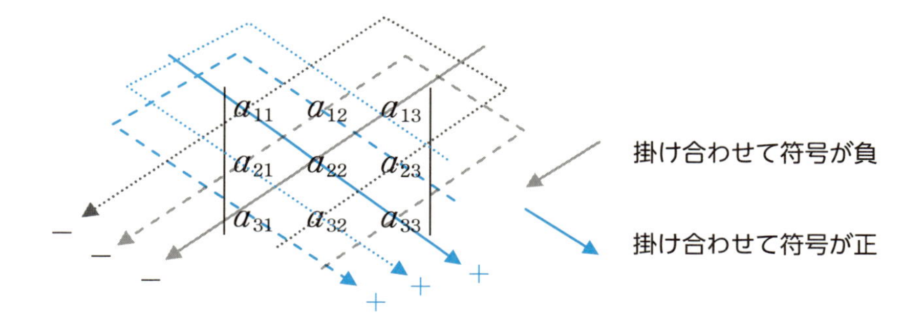

なお、3次の行列式と2次の行列式には次の関係がある。

$$
\begin{vmatrix} a_{11} & a_{12} & a_{13} \\ a_{21} & a_{22} & a_{23} \\ a_{31} & a_{32} & a_{33} \end{vmatrix}
$$

$$
=(-1)^{1+1}a_{11}\begin{vmatrix} a_{22} & a_{23} \\ a_{32} & a_{33} \end{vmatrix}+(-1)^{1+2}a_{12}\begin{vmatrix} a_{21} & a_{23} \\ a_{31} & a_{33} \end{vmatrix}+(-1)^{1+3}a_{13}\begin{vmatrix} a_{21} & a_{22} \\ a_{31} & a_{32} \end{vmatrix}
$$

$$
=a_{11}\begin{vmatrix} a_{22} & a_{23} \\ a_{32} & a_{33} \end{vmatrix}-a_{12}\begin{vmatrix} a_{21} & a_{23} \\ a_{31} & a_{33} \end{vmatrix}+a_{13}\begin{vmatrix} a_{21} & a_{22} \\ a_{31} & a_{32} \end{vmatrix}
$$

この関係は n 次の行列式と $n-1$ 次の行列式の関係に一般化できる。このため、**n 次の行列式は最終的に2次の行列式の計算に帰着できる**。ベクトル解析で扱うベクトルは主に3次元空間のベクトルなので、通常は3次の行列式まで計算できれば十分である。

（注） 1次の行列式 $|a_n|$ は a_n そのものなので、「n 次の行列式は1次の行列式に帰着する」とも言い換えることができる。

〔例〕

(1) $\begin{vmatrix} 1 & 2 \\ 3 & 4 \end{vmatrix}=1\times4-2\times3=4-6=-2$

(2) $\begin{vmatrix} 1 & 2 & 3 \\ 4 & 5 & 6 \\ 7 & 8 & 9 \end{vmatrix}=1\times5\times9+2\times6\times7+3\times4\times8$

$-3\times5\times7-1\times6\times8-2\times4\times9=45+84+96-105-48-72=0$

(3)　行列式の1行目の成分にベクトルを記せばベクトルの外積は次のように形式的に行列式で表現できる。

$$\begin{vmatrix} \vec{i} & \vec{j} & \vec{k} \\ a_x & a_y & a_z \\ b_x & b_y & b_z \end{vmatrix} = \begin{vmatrix} a_y & a_z \\ b_y & b_z \end{vmatrix} \vec{i} - \begin{vmatrix} a_x & a_z \\ b_x & b_z \end{vmatrix} \vec{j} + \begin{vmatrix} a_x & a_y \\ b_x & b_y \end{vmatrix} \vec{k}$$

…ベクトルの外積の表現

行列式

● 2次の行列式

$$\begin{vmatrix} a_{11} & a_{12} \\ a_{21} & a_{22} \end{vmatrix} = a_{11}a_{22} - a_{12}a_{21}$$

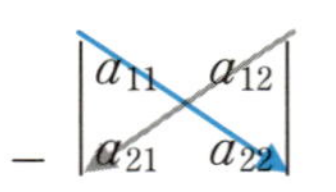

● 3次の行列式

$$\begin{vmatrix} a_{11} & a_{12} & a_{13} \\ a_{21} & a_{22} & a_{23} \\ a_{31} & a_{32} & a_{33} \end{vmatrix} =$$

$$a_{11}a_{22}a_{33} + a_{12}a_{23}a_{31} + a_{13}a_{21}a_{32} - a_{13}a_{22}a_{31} - a_{11}a_{23}a_{32} - a_{12}a_{21}a_{33}$$

実際に計算するにはサラスの方法（右図）が便利。

なお、次の関係式もベクトル解析ではよく使われる。

$$\begin{vmatrix} a_{11} & a_{12} & a_{13} \\ a_{21} & a_{22} & a_{23} \\ a_{31} & a_{32} & a_{33} \end{vmatrix} = a_{11} \begin{vmatrix} a_{22} & a_{23} \\ a_{32} & a_{33} \end{vmatrix} - a_{12} \begin{vmatrix} a_{21} & a_{23} \\ a_{31} & a_{33} \end{vmatrix} + a_{13} \begin{vmatrix} a_{21} & a_{22} \\ a_{31} & a_{32} \end{vmatrix}$$

↑負

ここで、右辺の真ん中の項の係数が「**負**」であることは要注意。

第2章

いろいろな座標と図形のベクトル方程式

タイルの張られた天井にハエが止まっているのを見て、デカルト(仏：1596～1650)は、「座標」の考え方を思いついたとされている。つまり、横方向に4番目、縦方向に6番目のタイルの位置に止まっているハエの位置は、2つの数の組(4,6)で表現できることに気づいたのである。これが中学や高校で学ぶ xy 直交座標である。

数を用いて点の位置を表現することにより、図形の性質や関数の性質が計算（解析）によって解明できるようになり、数学は飛躍的な発展を遂げることになる。この座標の考え方は直交座標に限らない。

ここでは、いろいろな座標の考え方と、そこで、図形がどのような方程式で表わされるかを学んでおくことにしよう。

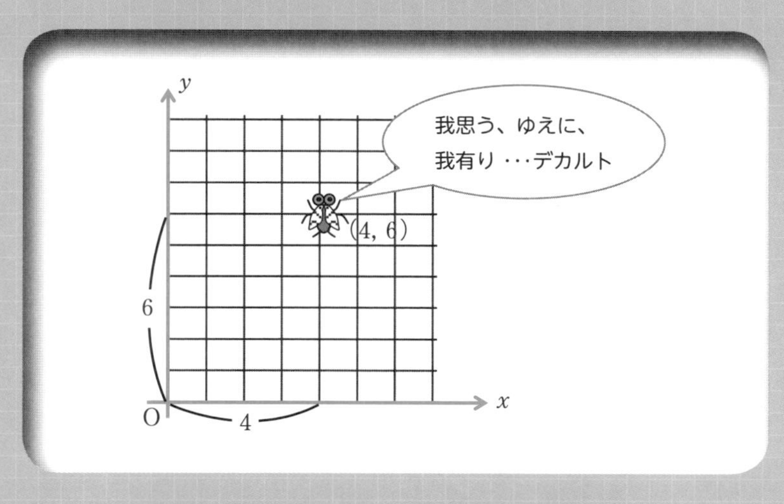

2-1 直交座標で点の位置を表わす

平面や空間では、基準の点（原点）と、そこで直交する数直線を導入すれば、任意の点の位置が順序のついた数の組（直交座標）で表現できる。

平面においては、下の左図のように、原点Oとそこで直交する2本の数直線を x 軸、y 軸とすれば、この平面上の任意の点Pは2つの数の順序のついた組(a, b)で表現できる。空間においても、下の右図のように、原点Oとそこで直交する3本の数直線を x 軸、y 軸、z 軸とすれば、この空間にある任意の点Pは3つの数の順序のついた組(a, b, c)で表わせる。(a, b)、(a, b, c)のような順序のついた数の組を点Pの**座標**という。

点の位置がこのように数の組で表現されると、平面や空間における図形の性質や点の運動などが計算で解明できるようになる。これは数学の強力な武器である。なお、空間の直交座標が苦手な人は、x 軸、y 軸、z 軸を細い棒でつくり、それらを直交させた3次元直交座標軸を天井からぶら下げて鑑賞するとよいだろう。

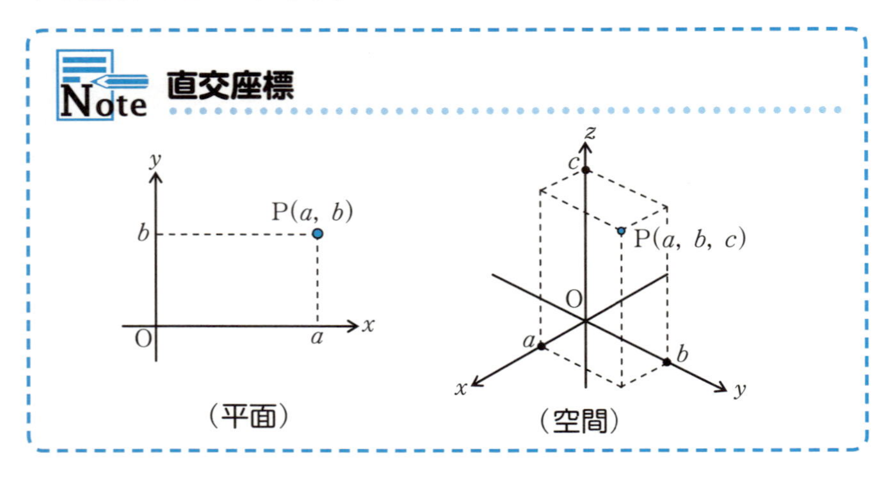

2-2 極座標で点の位置を表わす

空間における点の位置を表わすには、直交座標の他にも極座標、円柱座標などの方法がある。ここでは、①原点からの距離r、②回転角θ、③回転角φの合計3つで表わす極座標の方法を調べてみよう。

●極座標と球座標

xyz直交座標空間に点P(x, y, z)があるとき、点Pからxy平面に垂線を下ろしその足をHとする。ここで、$\mathrm{OP} = r$、$\angle z\mathrm{OP} = \theta$、$\angle x\mathrm{OH} = \varphi$とすれば$(r, \theta, \varphi)$によって点Pの位置を表現できる。そこで、$(r, \theta, \varphi)$を点Pの「**極座標**」という。また、空間の極座標のことを「**球座標**」ともいう。

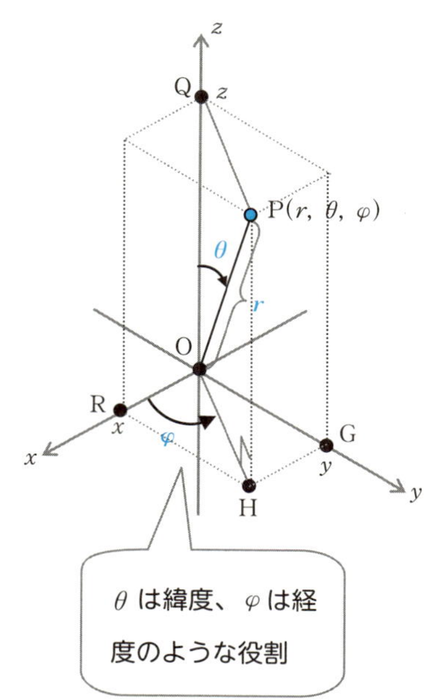

点Pの直交座標(x, y, z)と極座標(r, θ, φ)の間には、次の関係がある。

$$x = \mathrm{OR} = \mathrm{OH}\cos\varphi = \mathrm{QP}\cos\varphi = r\sin\theta\cos\varphi$$

$$y = \mathrm{OG} = \mathrm{RH} = \mathrm{OH}\sin\varphi = \mathrm{QP}\sin\varphi = r\sin\theta\sin\varphi$$

$$z = \mathrm{OQ} = r\cos\theta$$

これらを整理すると、

$$\begin{cases} x = r\sin\theta\cos\varphi \\ y = r\sin\theta\sin\varphi \qquad \cdots\cdots ① \\ z = r\cos\theta \end{cases}$$

ここで、rについては$0 \leqq r < \infty$、また、θとφについては$0 \leqq \theta \leqq \pi$、$0 \leqq \varphi < 2\pi$とする。

なお、**xy平面に限定すれば、θは不要で、点P(x, y)の極座標は(r, φ)となる**。このとき、次のようになる。

$$\begin{cases} x = r\cos\varphi \\ y = r\sin\varphi \end{cases}$$

〔例〕 原点Oを中心とし、半径がaである球面S上の点P(x, y, z)の位置ベクトル$\vec{r}$はパラメータu、vを用いて次のように書ける。

$$\vec{r} = \vec{r}(u, v)$$
$$= (a\sin u\cos v,\ a\sin u\sin v,\ a\cos u)$$

ただし、$0 \leqq u \leqq \pi$、$0 \leqq v < 2\pi$

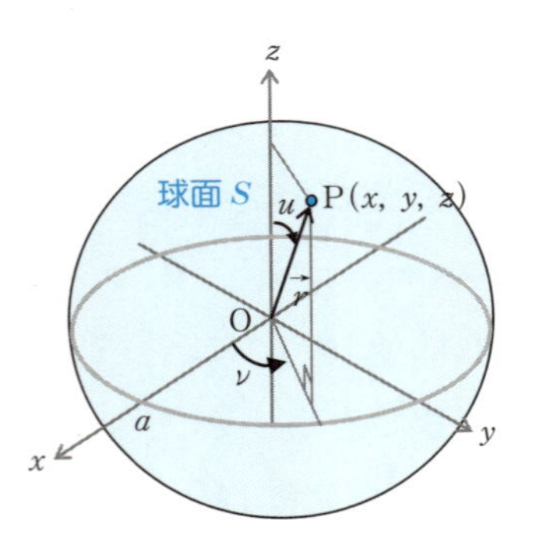

これは、①において、

$r=a$ 、$\theta = u$、$\varphi = v$

として得たものである。このように、

極座標に関する方程式を極方程式という。

Note 極座標

平面
$$\begin{cases} x = r\cos\varphi \\ y = r\sin\varphi \end{cases}$$

空間
$$\begin{cases} x = r\sin\theta\cos\varphi \\ y = r\sin\theta\sin\varphi \\ z = r\cos\theta \end{cases}$$

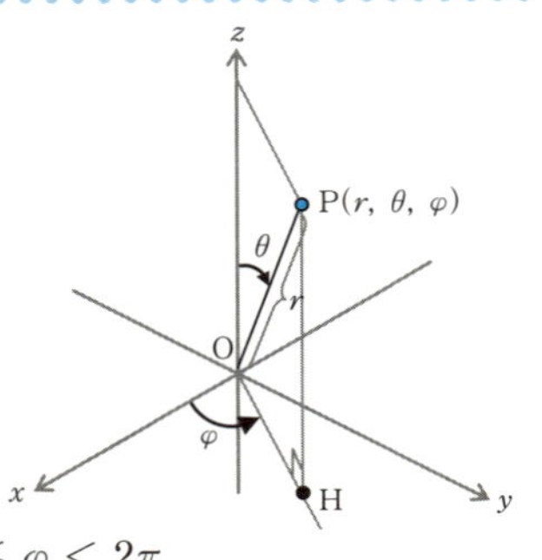

ただし、$0 \leqq r < \infty$、$0 \leqq \theta \leqq \pi$、$0 \leqq \varphi < 2\pi$

2-3 円柱座標で点の位置を表わす

直交座標と極座標を合わせたものとして円柱座標がある。これは①x軸からの回転角θ、②原点からの距離r、③xy平面からの距離zの3組（r, θ, z）で点の位置を表わす方法である。

xyz直交座標の空間に点P(x, y, z)があるとき、点Pからxy平面に垂線を下ろし、その足をHとする。ここで、OH $= r$、$\angle x$OH $= \theta$とすれば、(r, θ, z)によって点Pの位置を表現できる。このとき、(r, θ, z)を点Pの**円柱座標**という。xyz直交座標(x, y, z)と円柱座標(r, θ, z)の間には次の関係がある。

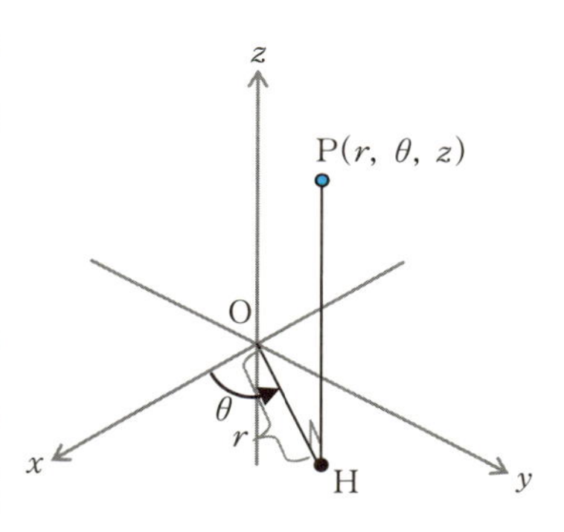

$$x = r\cos\theta、\ y = r\sin\theta、\ z = z \qquad (0 \leqq r < \infty、\ 0 \leqq \theta < 2\pi)、$$

円柱座標において、$r=$ 一定にすると、円柱座標が表わす点はz軸を軸とする半径rの円柱面となる（これが円柱座標と呼ばれる理由）。このとき、円柱面上の任意の点はθとzのみで表現できる。

円柱座標

xyz直交座標空間において、xy平面上では極座標（前項参照）を用い、z方向についてはzをそのまま用いたのが円柱座標(r, θ, z)である。rが一定であればθとzの2つで表現できる。

2-4 ベクトル方程式は“縛り”を表現

「ベクトル方程式」というと、すごく難しそうに感じる。しかし、考え方はx、y、zに関する方程式とまったく同じである。

「平面上の点P」というとき、当然、「点Pは平面上にある」という縛りが生じる。したがって、その点Pの位置ベクトル$\vec{r}$にも縛りが生じる。**この縛りを式で表現したものがベクトル方程式**である。

〔例〕 空間の点Aを通り、ベクトル$\vec{n}$に垂直な平面α上の点Pは、この平面上のどこにあっても$\overrightarrow{AP}\perp\vec{n}$である（$\vec{n}$は法線ベクトル）。ここで、点Aの位置ベクトルを$\vec{a}$とすると、$\overrightarrow{AP}=\vec{r}-\vec{a}$なので、

$\overrightarrow{AP}\perp\vec{n}$ ……① は、$(\vec{r}-\vec{a})\perp\vec{n}$と書ける。

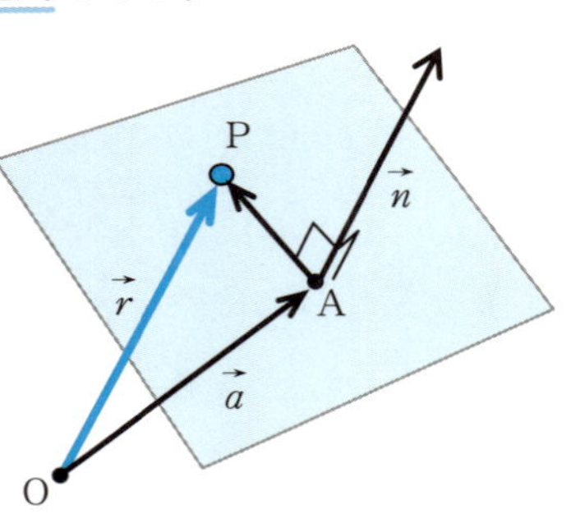

これを内積で表現すると、$(\vec{r}-\vec{a})\cdot\vec{n}=0$ ……②

これが平面αの「**ベクトル方程式**」である。

（注）PがAと一致するときは$\overrightarrow{AP}=\vec{0}$となり①は成立しないが②は成立する。

ベクトル方程式

図形F上の点Pの位置ベクトル$\vec{r}$が満たすべき条件式を**図形Fのベクトル方程式**という。

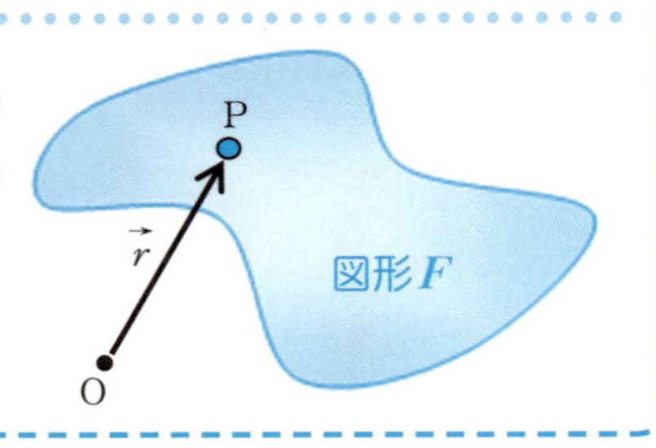

2-5 ベクトル方程式と x、y、z の方程式の翻訳

平面上（空間上）のベクトル方程式も、x、y、zに関する方程式も、同じ図形を表現している。どうすれば、相互に翻訳できるのか。

空間上の点$P(x, y, z)$の位置ベクトル$\vec{r}$は、成分表示で(x, y, z)と書ける。したがって、**ベクトル方程式を成分表示すればx、y、zに関する方程式が得られる**。もし空間ではなく、平面ならばx、yに関する方程式となる。

〔例〕 空間の点Aを通り、ベクトル$\vec{n}$に垂直な平面αのベクトル方程式は、前節より$(\vec{r}-\vec{a})\cdot\vec{n}=0$である。よって、$\vec{r}$、$\vec{a}$、$\vec{n}$をそれぞれ、

$$\vec{r}=(x, y, z)、\vec{a}=(a_x, a_y, a_z)、\vec{n}=(n_x, n_y, n_z)$$

と成分表示し、そのベクトル方程式$(\vec{r}-\vec{a})\cdot\vec{n}=0$を書き換えると、

$$\vec{r}-\vec{a}=(x-a_x, y-a_y, z-a_z)、\vec{n}=(n_x, n_y, n_z)より$$

次の式を得る。

$$n_x(x-a_x)+n_y(y-a_y)+n_z(z-a_z)=0$$

これがx、y、zに関する平面αの方程式である。

ベクトル方程式と x、y、z に関する方程式

図形Fのベクトル方程式を成分表示すれば、空間ならばx、y、zに関する方程式が、平面ならばx、yに関する方程式が得られる。

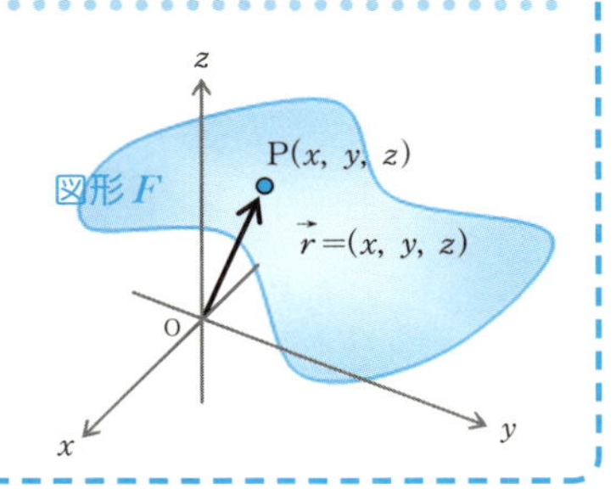

2-6 パラメータをなぜ媒介変数というのか

ベクトル解析では、パラメータという言葉がいろいろな場面で頻繁に顔を出す。いったいこれは何を意味する言葉なのか。

平面上の動点Pの位置ベクトル$\vec{r}$が時刻tの関数として$\vec{r}(t)$と表わされているとする。たとえば$\vec{r}(t)=(t+1,\ t^2)$のように。このとき時刻tは変数（variable）なのに、これを敢えて**パラメータ**と呼ぶことが多い。これは何の役割を果たしているのだろうか。

●「媒介変数」は何をしている？

パラメータは日本語では「**媒介変数**」とか「**助変数**」と訳されている。したがって、パラメータは「変数」であることに変わりはない。ただし、「媒介」とか「助」という言葉が冠されていることからもわかるように、**パラメータは特殊な役割を担った変数**ということになる。

それでは、パラメータはどんな役割を担っているのか。それを上で示した例、つまり動点Pの位置ベクトル$\vec{r}(t)=(t+1,\ t^2)$で調べてみよう。

平面上の動点Pの座標を$(x,\ y)$とすると、$\vec{r}(t)=(t+1,\ t^2)$なので、

$$x=t+1$$

$$y=t^2$$

という関係が成立する。たとえば、$t=3$のとき、$x=3+1=4$、$y=3^2=9$となり、xとyの関係（$x=4$のとき$y=9$）が決まる。このようにtはもちろん変数なのだが、**tの値を仲立ち（媒介）として「xとyの関係が決まる」ため、tを媒介変数という**のである。

なお、パラメータという言葉は、使われる分野によって、意味が大きく

異なるので、要注意である。たとえば、統計学では確率分布の特徴を表わす平均値や分散などの母数をパラメータと呼んでいる。

〔例1〕 平面上の点Aを通り、ベクトル$\vec{m}$に平行な直線のベクトル方程式はパラメータtを用いて次のように書ける。

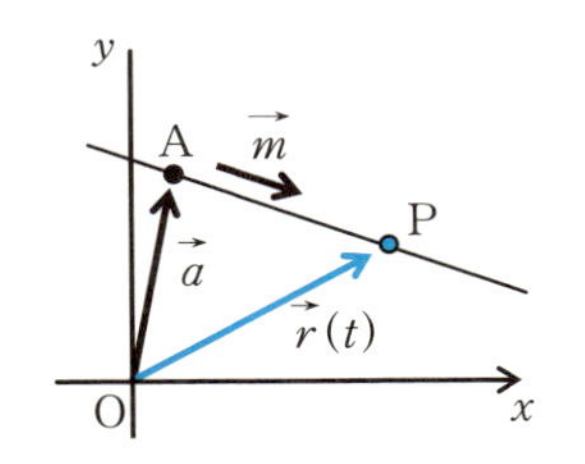

$$\vec{r}=\vec{r}(t)=\vec{a}+t\vec{m}$$

$$(-\infty<t<\infty)$$

ただし、この直線上の任意の点Pと点Aの位置ベクトルをそれぞれ$\vec{r}$, $\vec{a}$とする。

〔例2〕 平面上の点4点O(0, 0)、A(3, 0)、B(3, 2)、C(0, 2)を四隅とする長方形の内部と、その辺上の点Pの位置ベクトル$\vec{r}$は、基本ベクトル$\vec{i}$と$\vec{j}$とパラメータs、tを用いて次のように書ける。

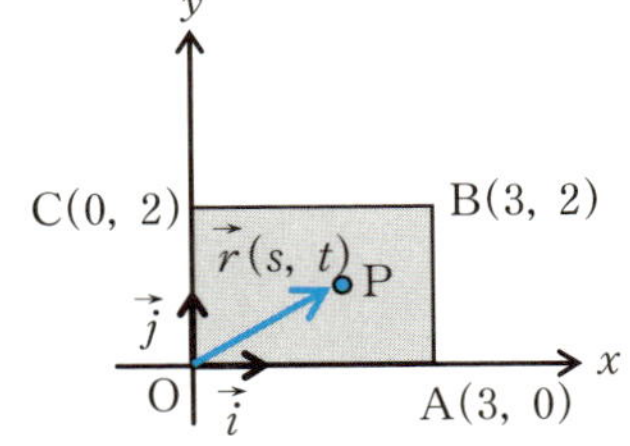

$$\vec{r}=\vec{r}(s,\ t)=s\vec{i}+t\vec{j}$$

$$(0\leqq s\leqq 3,\ 0\leqq t\leqq 2)$$

この例2のように、パラメータが2つ以上になることもある。

Note パラメータ（parameter）

ベクトル解析の分野では、変数tを仲立ちにして、いろいろな変数の関係が決まる。このとき変数tをパラメータ（媒介変数）という。tはxとyの仲人役とも考えられる。

2-7 平面をベクトル方程式で表わす

平面のベクトル方程式とは、平面上の点Pの位置ベクトル$\vec{r}$によって、その平面の特徴を表現したものである。したがって、その決定条件によって、その平面を表わすベクトル方程式がいろいろと考えられる。

図形とは、「ある条件を満たす点の集まり」のことである。したがって、平面もどのような条件が与えられたかで方程式の表現が変わる。

●同一直線上にない、異なる3点を通る平面

異なる3点をA、B、Cとし、それぞれの位置ベクトルを$\vec{a}$、$\vec{b}$、$\vec{c}$とする。また、この3点を通る平面上の点Pの位置ベクトルを$\vec{r}$とする。

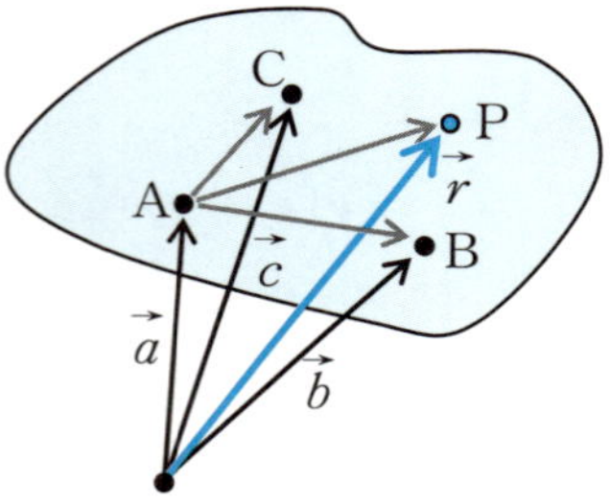

4点A、B、C、Pは同一平面上にあり、ベクトル$\overrightarrow{AC}$、$\overrightarrow{AB}$は1次独立だから（§1−6参照）、$\overrightarrow{AP}$は実数s、tを用いて

$$\overrightarrow{AP}=t\overrightarrow{AB}+s\overrightarrow{AC}$$

と書ける。また、

$$\overrightarrow{AP}=\vec{r}-\vec{a}、\overrightarrow{AB}=\vec{b}-\vec{a}、\overrightarrow{AC}=\vec{c}-\vec{a}$$

より、この式を位置ベクトルで表現すると、次のようになる。

$$\vec{r}-\vec{a}=t(\vec{b}-\vec{a})+s(\vec{c}-\vec{a}) \quad (s、t\text{は実数}) \quad \cdots\cdots①$$

これが3点A、B、Cを通る**平面のベクトル方程式**である。

●点Qを通り、ベクトル$\vec{n}$に垂直な平面

平面上にある点P、点Qの位置ベクトルをそれぞれ$\vec{r}$、$\vec{q}$とする。こ

のとき、点Pがこの平面上のどこにあっても、

$$\overrightarrow{QP} \perp \vec{n}$$

となる（$\vec{n}$はこの平面に垂直な法線ベクトル）。したがって、

$$\overrightarrow{QP} \cdot \vec{n} = 0$$

これを位置ベクトルで表現すると、$\overrightarrow{QP} = \vec{r} - \vec{q}$なので、

$$(\vec{r} - \vec{q}) \cdot \vec{n} = 0 \quad \cdots\cdots②$$

これが、点Qを通りベクトル$\vec{n}$に垂直な平面のベクトル方程式である。

Note 平面のベクトル方程式

● 3点A、B、Cを通る平面

$$\vec{r} - \vec{a} = t(\vec{b} - \vec{a}) + s(\vec{c} - \vec{a}) \quad \cdots\cdots③$$

（s、tは実数）

これは、

$$\vec{r} = u\vec{a} + t\vec{b} + s\vec{c} \quad \cdots\cdots④$$

$$(u + t + s = 1)$$

と表現することができる。

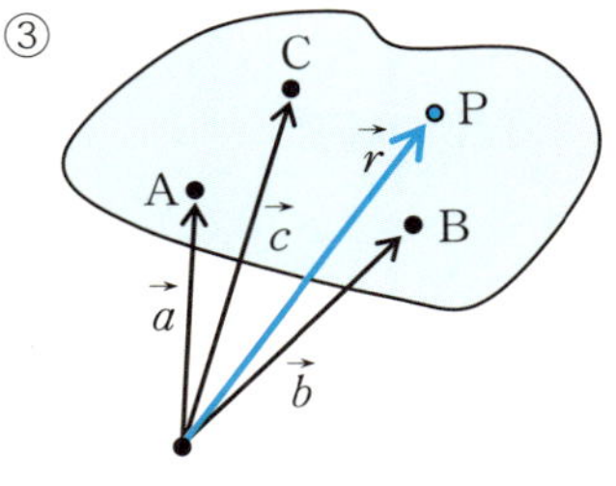

● 点Qを通りベクトル$\vec{n}$に垂直な平面

$$(\vec{r} - \vec{q}) \cdot \vec{n} = 0 \quad \cdots\cdots⑤$$

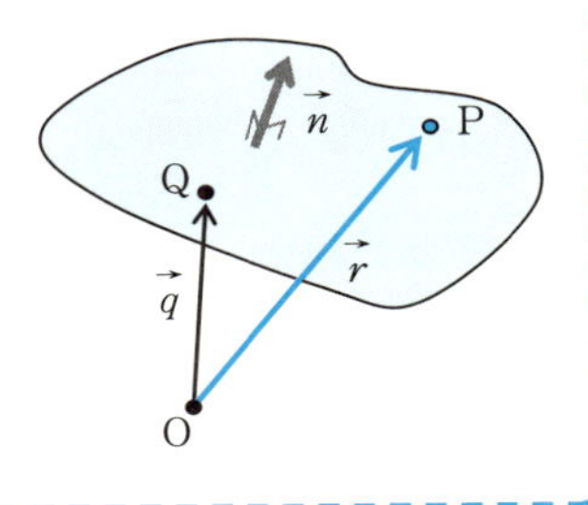

（注）③、④、⑤のいずれの場合も、$\vec{r} = (x, y, z)$などとベクトルを成分表示すれば、x、y、zに関する1次方程式となる。

2-8 直線をベクトル方程式で表わす

平面の特徴を表わすベクトル方程式がいろいろあったように、直線もその特徴のとらえ方によって、さまざまなベクトル方程式が考えられる。ここでは直線のベクトル方程式を2つの特徴に着目して調べてみる。

●点Qを通り$\vec{m}$に平行な直線lのベクトル方程式

直線l上の任意の点Pの位置ベクトルを$\vec{r}$、点Qの位置ベクトルを$\vec{q}$とすると、$\overrightarrow{QP} /\!/ \vec{m}$となる。これは平面でも空間でも成立する。したがって、tを実数として

$$\vec{r}-\vec{q}=t\vec{m} \quad \cdots\cdots ①$$

となる。これが**直線lのベクトル方程式**である。①を成分表示してみよう。

(1)　平面の場合

$$\vec{r}=(x,\ y)、\vec{q}=(a,\ b)、\vec{m}=(m_x,\ m_y)$$

として①を成分表示し、パラメータtを消去すると、

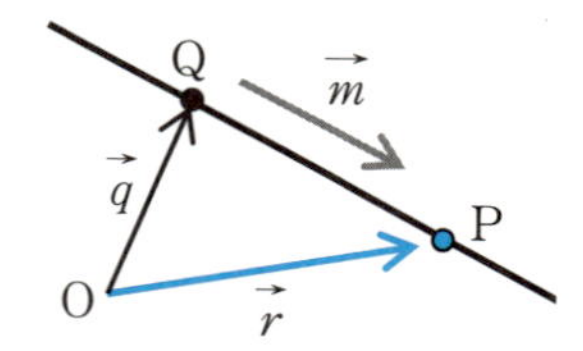

$$\frac{x-a}{m_x}=\frac{y-b}{m_y}$$

（これは$x,\ y$の1次方程式）

(2)　空間の場合

$\vec{r}=(x,\ y,\ z)$、$\vec{q}=(a,\ b,\ c)$、$\vec{m}=(m_x,\ m_y,\ m_z)$として①を成分表示すると、

$$\frac{x-a}{m_x}=\frac{y-b}{m_y}=\frac{z-c}{m_z} \quad （これは x,\ y,\ z の3元連立1次方程式）$$

となる。ここで、左側の等号、右側の等号はそれぞれ平面を表わす。

●点 Q を通り $\vec{n}$ に垂直な直線 l のベクトル方程式

残念ながら、空間においては、図を見てもわかるように、この条件だけでは直線が確定しない。したがって平面の場合にベクトル方程式を求めてみよう。

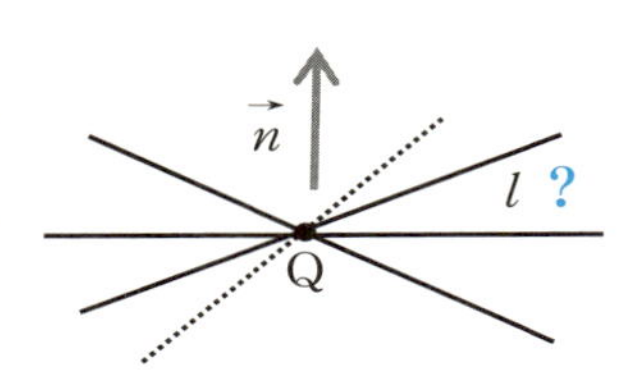

直線 l 上の任意の点 P の位置ベクトルを $\vec{r}$、点 Q の位置ベクトルを $\vec{q}$、法線ベクトルを $\vec{n}$ とすると、$\overrightarrow{QP} \perp \vec{n}$ である。よって、

$$(\vec{r}-\vec{q}) \perp \vec{n}$$

となる。これを内積で表現すると、

$$(\vec{r}-\vec{q}) \cdot \vec{n} = 0 \quad \cdots\cdots ②$$

これが、Q を通り $\vec{n}$ に垂直な直線 l のベクトル方程式である。

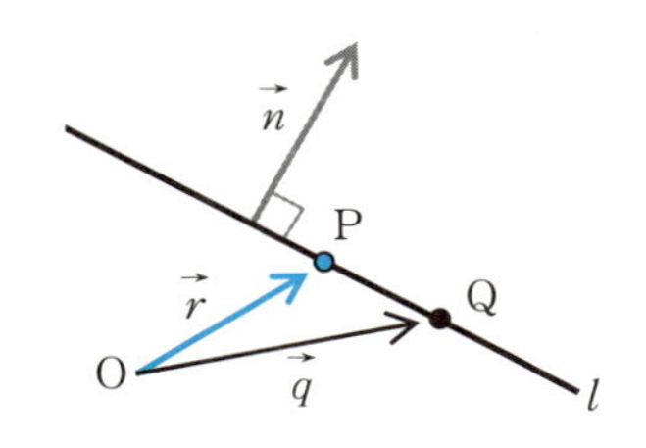

Note 直線のベクトル方程式

●点 Q を通り $\vec{m}$ に平行な直線：$\vec{r}-\vec{q}=t\vec{m}$ ……①

●点 Q を通り $\vec{n}$ に垂直な直線：$(\vec{r}-\vec{q}) \cdot \vec{n} = 0$ ……②

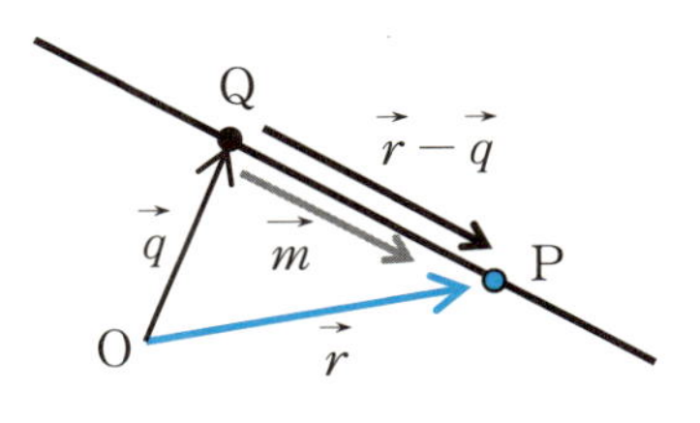

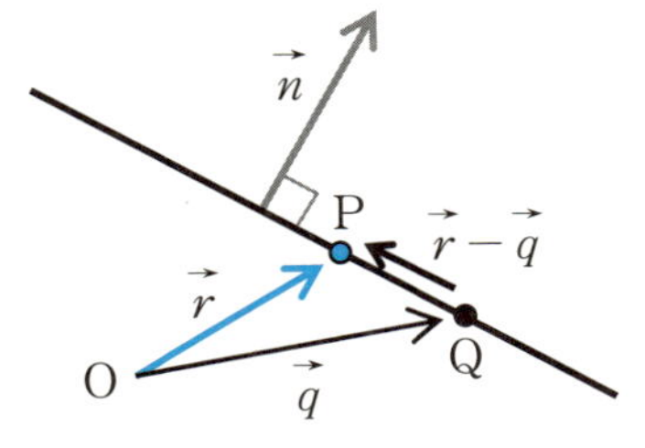

（注）②は平面の場合に限る。空間では②は点 Q を通り $\vec{n}$ に垂直な平面の方程式になる。

2-9 法線ベクトルを使いこなす

曲線や曲面に垂直なベクトルは法線ベクトルと呼ばれ、本書では頻繁に使われる。この法線ベクトルについて調べておこう。

曲線や曲面の法線ベクトルとは、①曲線の場合は接線に垂直なベクトル、②曲面の場合は接平面に垂直なベクトルのことをいい、ベクトル解析では非常に重要な道具である。そこで、まずは次の2つの場合の「**法線ベクトル$\vec{n}$**」を調べておこう。

●平面における「直線の法線ベクトル」

平面上の点Qを通り、$\vec{n}$に垂直な直線のベクトル方程式は、

$$(\vec{r}-\vec{q})\cdot\vec{n}=0 \quad \cdots\cdots①$$

である（§2−8参照）。

したがって、$\vec{r}=(x,\ y)$、$\vec{q}=(q_x,\ q_y)$、$\vec{n}=(a,\ b)$とすると、①は、

$$a(x-q_x)+b(y-q_y)=0$$

となり、整理すると　$ax+by+c=0$　となる（cは定数）。この直線の法線ベクトルが$\vec{n}=(a,\ b)$であることにより、次のことがいえる。

「**直線 $ax+by+c=0$ と、ベクトル$\vec{n}=(a,\ b)$ は垂直である**」

●空間における「平面の法線ベクトル」

空間において、点Qを通り、$\vec{n}$に垂直な平面のベクトル方程式は次の式で表現される（§2−7参照）。

$$(\vec{r}-\vec{q})\cdot\vec{n}=0 \quad \cdots\cdots②$$

したがって、$\vec{r}=(x,\ y,\ z)$、$\vec{q}=(q_x,\ q_y,\ q_z)$、$\vec{n}=(a,\ b,\ c)$とすると、②は

$$a(x-q_x)+b(y-q_y)+c(z-q_z)=0$$

となり、整理すると $ax+by+cz+d=0$ となる。ただし、d は定数で、$d=-(aq_x+bq_y+cq_z)$ である。この平面の法線ベクトルが $\vec{n}=(a,\ b,\ c)$ であることより、次のことがいえる。

「**平面 $ax+by+cz+d=0$ と、ベクトル $\vec{n}=(a,\ b,\ c)$ は垂直である**」

なお、空間における直線の法線ベクトルは1通りとは限らない。直線に垂直な平面上のすべてのベクトルが、法線ベクトルとなるからである。

〔例〕

(1)　直線 $2x+3y+5=0$ とベクトル $\vec{n}=(2,\ 3)$ は垂直である。

(2)　平面 $x+2y-3z+4=0$ とベクトル $\vec{n}=(1,\ 2,\ -3)$ は垂直である。

直線と平面の法線ベクトル

●平面において

$\vec{n}=(a,\ b)$ は 直線 $ax+by+c=0$ の法線ベクトルである。

●空間において

$\vec{n}=(a,\ b,\ c)$ は 平面 $ax+by+cz+d=0$ の法線ベクトルである。

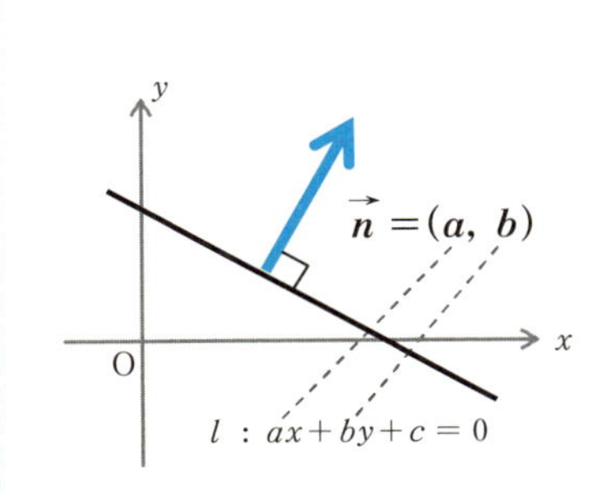

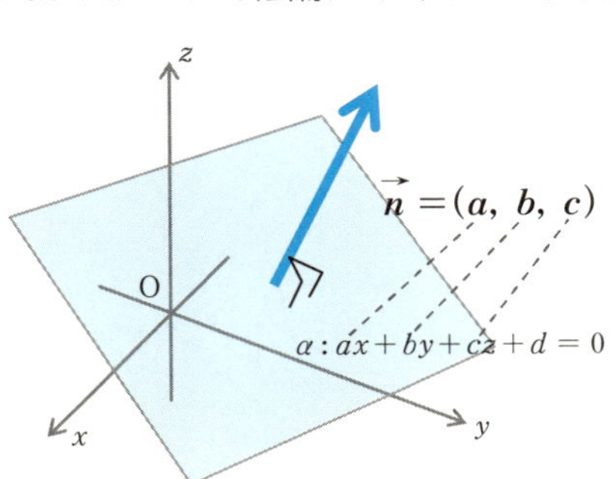

2-10 円・球面をベクトル方程式で表わす

円や球面の座標に関する方程式は $(x-s)^2+(y-t)^2=a^2$ や $(x-s)^2+(y-t)^2+(z-u)^2=a^2$ などの2次方程式で表わされる。では、ベクトル方程式の場合はどうなるのだろうか。

中心Cの位置ベクトルを$\vec{c}$、円や球面の半径をaとすると、円でも球面でも、その上の任意の点Pは、

$$|\overrightarrow{\mathrm{CP}}|=a \quad \cdots\cdots ①$$

を満たす。なぜならば、いずれの図形でも、図形上の点Pと中心Cとの距離は一定aだからである（下図）。

①において、点Pの位置ベクトルを$\vec{r}$とすると、$|\overrightarrow{\mathrm{CP}}|=|\vec{r}-\vec{c}|$より$|\vec{r}-\vec{c}|=a$を得る。これが円や球面の**ベクトル方程式**である。

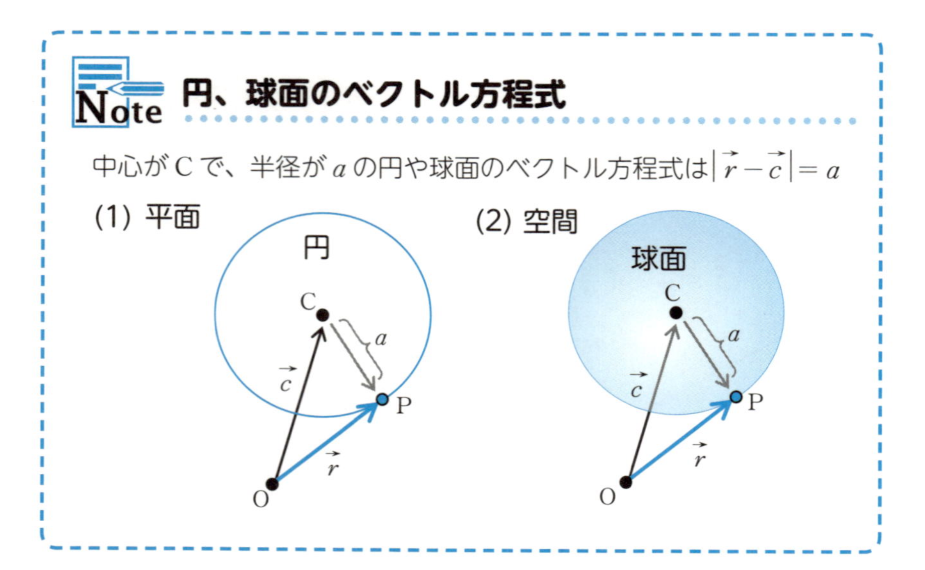

曲線・曲面をパラメータ表示する

前節で「円と球面のベクトル方程式」について紹介したが、一般の曲線や曲面はベクトルでどのように表現されるのだろうか。

図形を表わすベクトル方程式というのは、その図形上の点Pの位置ベクトル$\vec{r}$が図形上にあることから満たすべき条件をベクトル$\vec{r}$を用いて表現したものであった。ここでは、パラメータを使い、図形上の点Pの位置ベクトル$\vec{r}$を表現する方法を調べてみよう。

●曲線を1つのパラメータで表現

xy平面上で原点を中心とした半径aの円はパラメータtを用いて、

$$\vec{r}=\vec{r}(t)=(x(t),\ y(t))=(a\cos t,\ a\sin t)$$

ただし、$0 \leqq t < 2\pi$

と表現できる。

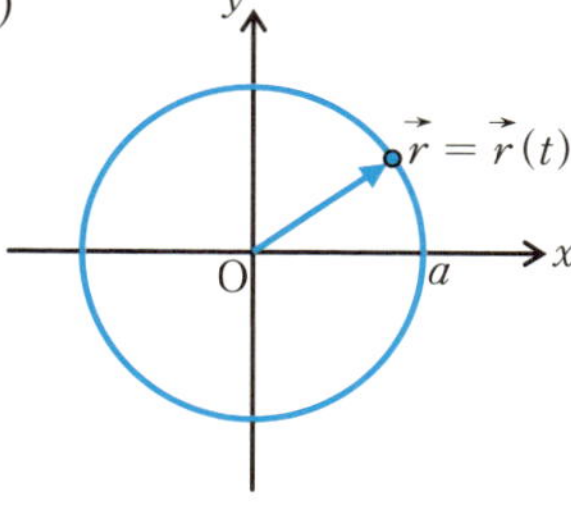

また、円柱螺旋といって、円柱につるが巻き付いてできる曲線（回転に応じて一定の割合で高さが高くなるものとする）はパラメータtを用いて、

$$\vec{r}=\vec{r}(t)=(a\cos t,\ a\sin t,\ bt)$$

と表現できる。

このように、平面や空間の曲線は1つのパラメータtを用いて一般に、

$$\vec{r}=\vec{r}(t)=(x(t),\ y(t))$$

$$\vec{r}=\vec{r}(t)=(x(t),\ y(t),\ z(t))$$

などと表現できる（ただし、tはある連続した範囲を変化する）。

●曲面を２つのパラメータで表現

たとえば、xyz 座標空間において原点を中心とした半径 a の球面は２つのパラメータ θ、φ を用いて次のように書ける（§2－2 参照）。

$$\vec{r} = \vec{r}(\theta, \varphi)$$

$$= (a\sin\theta\cos\varphi,\ a\sin\theta\sin\varphi,\ a\cos\theta) \quad \cdots\cdots ①$$

$$(0 \leqq \theta \leqq \pi,\ 0 \leqq \varphi \leqq 2\pi)$$

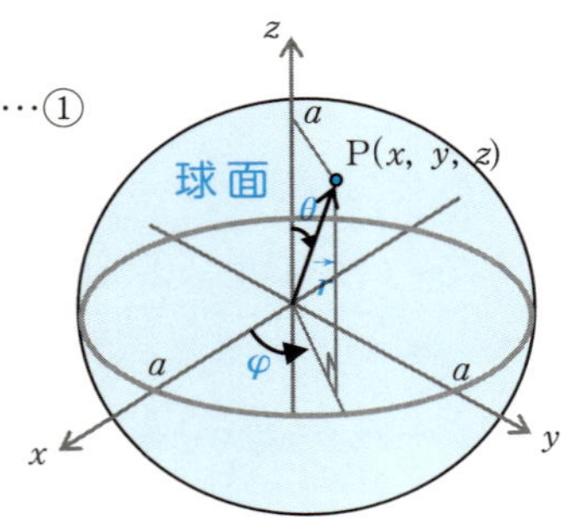

ここでは、θ, φ の変化にともなって①式で与えられた $\vec{r} = \vec{r}(\theta, \varphi)$ がどのようにして曲面を描くのかを実感してみよう。

①式で、φ は 0 から 2π まで変化するが、φ を 0 と固定し、θ だけを 0 から π まで変化させてみると、半円周が描かれる。次に、φ を少し増やして固定し、θ だけを 0 から π まで変化させると２本目の半円周が描かれる。これを繰り返していくと、スイカ模様の曲線で覆われた球面が描かれる。

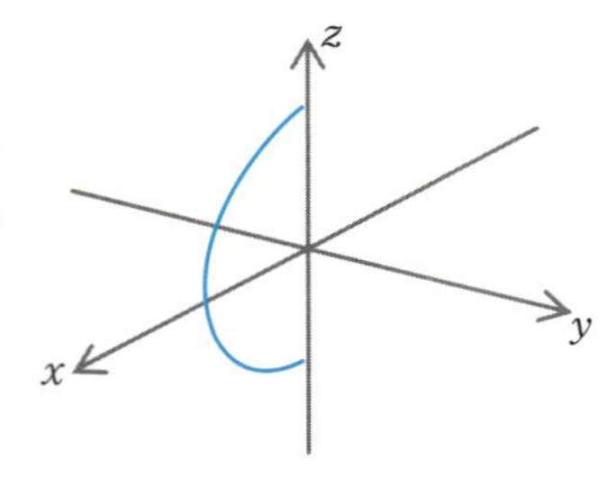

ここでは、φ を少しずつ増やしながら半円周を描いたが、実際には φ は連続的に 0 から 2π まで変化するので、曲線（半円周）が連続的に描かれ、結果として、曲面が描かれることになる。

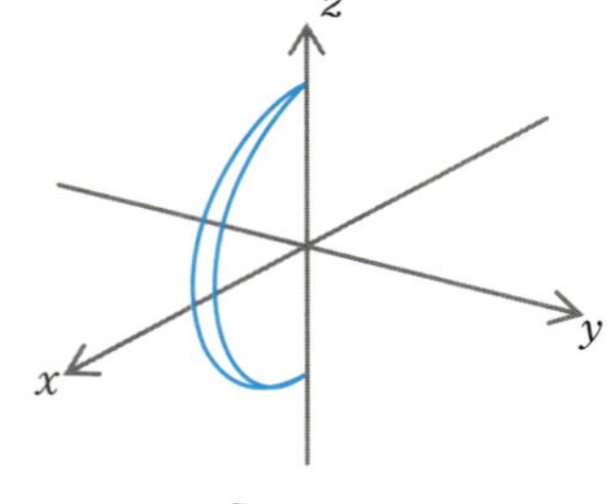

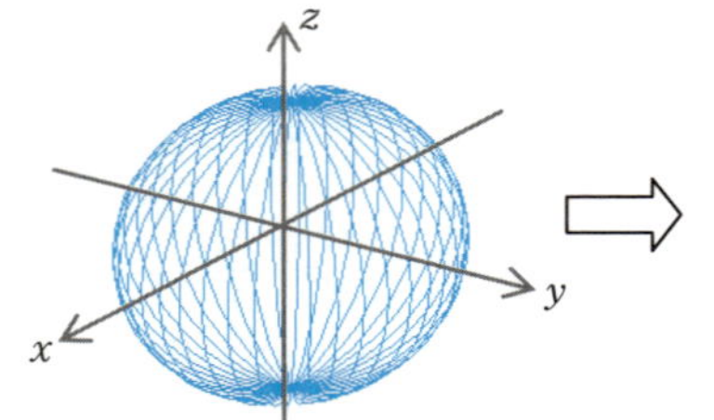

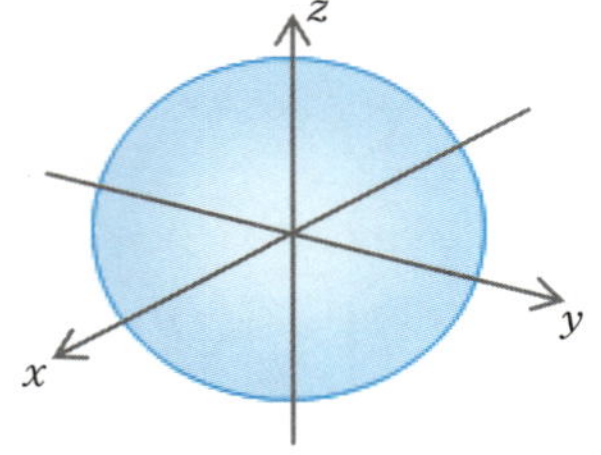

なお、θ、φ の役割を交代させると次の提灯模様のグラフを得る。

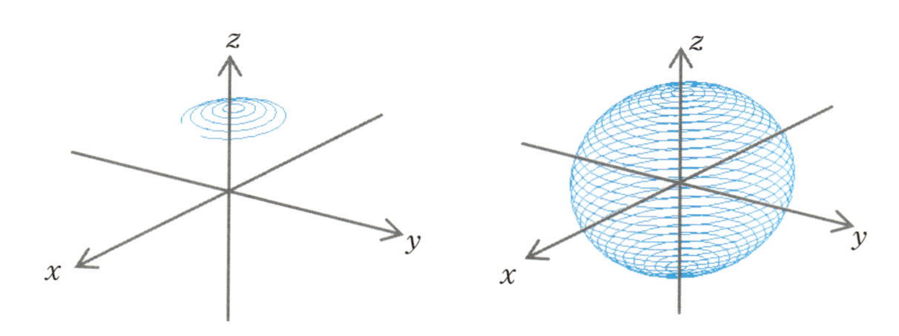

このように、空間の曲面は 2 つのパラメータ s、t を用いて、一般に、

$$\vec{r} = \vec{r}(s,\ t) = (f(s,\ t),\ g(s,\ t),\ h(s,\ t))$$

と表現できる。ここで、パラメータ s、t はある連続した範囲を変化するものとする。

●曲面 $z = f(x,\ y)$ のグラフ

x、y を変数とする 2 変数をもつ関数 $z = (x^2 - y^2)/5$ のグラフを考えてみよう。ここで x、y は $-2 \leqq x \leqq 2$、$-3 \leqq y \leqq 3$ で変化するとしよう。

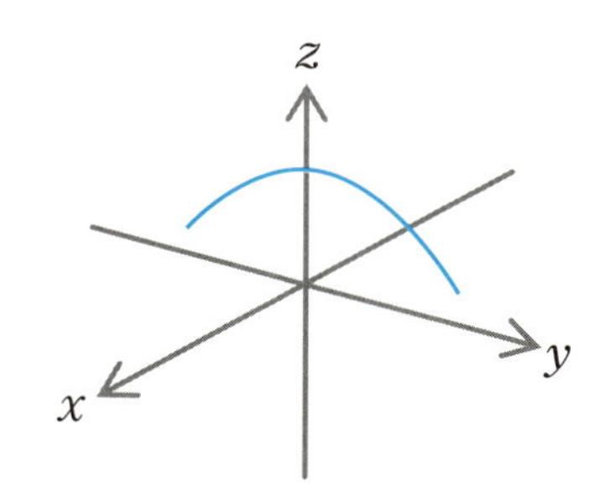

まず、x を -2 に固定して y だけを -3 から 3 まで変化させる。すると、zy 平面に平行な曲線が 1 本描かれる。次に、x を少しズラして固定し、y だけを -3 から 3 まで変化させると、また、zy 平面に平行な曲線が描ける。

これを繰り返すことで、次ページのグラフ 1 が得られる。また、x と y の役割を変えるとグラフ 2 が得られる。グラフ 3 はグラフ 1 と 2 を重ね合わせたものである。

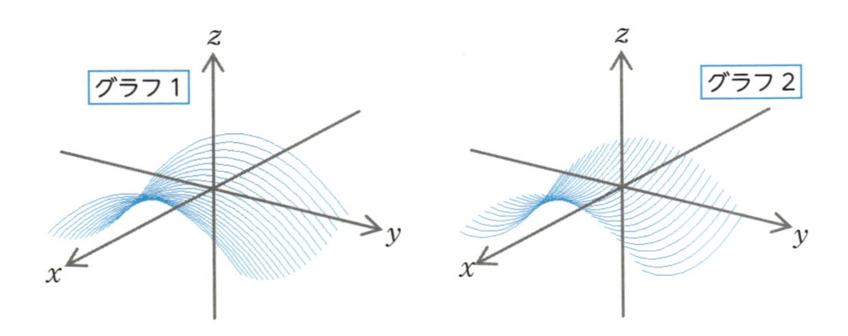

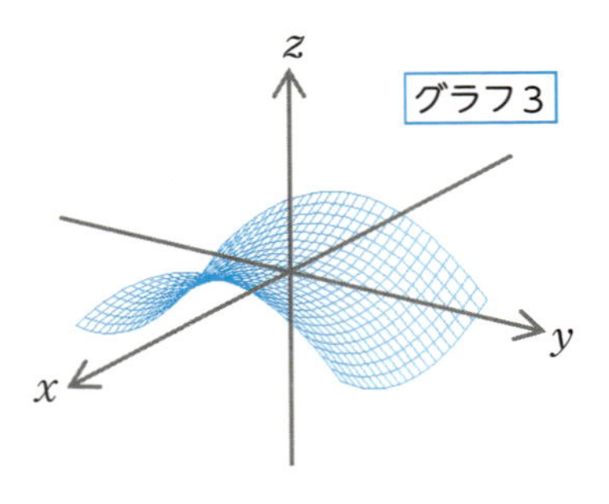

曲面が四角形のタイルで近似できることがわかる。この考え方は、「積分」で使うことになる。なお、$z=f(x,\ y)$のグラフはパラメータ表示すると、$\vec{r}=\vec{r}(s,\ t)=(s,\ t,\ f(s,\ t))$　と書くことができる。$x=s$、$y=t$とみなせばよい。

曲線・曲面のパラメータ表示

●平面や空間の曲線はパラメータtを用いて

$\vec{r}=\vec{r}(t)=(x(t),\ y(t))$、$\vec{r}=\vec{r}(t)=(x(t),\ y(t),\ z(t))$などと表現できる。

●空間における曲面は2つのパラメータs、tを用いて

$\vec{r}=\vec{r}(s,\ t)=(x(s,\ t),\ y(s,\ t),\ z(s,\ t))$などと表現できる。

（いずれも、パラメータはある連続した範囲をとるものとする）

もう一歩進んで ベクトルはいろいろ

ベクトルというと「大きさと向きをもつ量で、矢印などで表現される」と狭く考えがちである。しかし、数学ではベクトルの定義はもっと柔軟である。その定義を以下に紹介しよう。

集合 V とその要素 $\boldsymbol{a}$、$\boldsymbol{b}$、$\boldsymbol{c}$、…の間に、次の加法（足し算）と数との乗法（掛け算）が定義されているとき、この集合 V を**ベクトル空間**といい、その要素を**ベクトル**という。

(Ⅰ) 加法

任意の $\boldsymbol{a}$、$\boldsymbol{b}$ に対して、これらの和と呼ばれる V の要素 $\boldsymbol{a}+\boldsymbol{b}$ が定まり、次の法則が満たされる。

(1) $\boldsymbol{a}+\boldsymbol{b}=\boldsymbol{b}+\boldsymbol{a}$ （交換法則…計算の順序を交換してもいい）

(2) $(\boldsymbol{a}+\boldsymbol{b})+\boldsymbol{c}=\boldsymbol{a}+(\boldsymbol{b}+\boldsymbol{c})$ （結合法則…どこから先に計算してもいい）

(3) V の要素 $\boldsymbol{0}$ が存在して、任意の要素 $\boldsymbol{a}$ に対して

$\boldsymbol{0}+\boldsymbol{a}=\boldsymbol{a}$

(4) 任意の要素 $\boldsymbol{a}$ に対して、V の要素 $\boldsymbol{a}'$ が存在して

$\boldsymbol{a}'+\boldsymbol{a}=\boldsymbol{0}$

(Ⅱ) 数との乗法

任意の数 k, h と V の任意の要素 $\boldsymbol{a}$ に対して、これらの積と呼ばれる V の要素 $k\boldsymbol{a}$ が定まり、次の法則が満たされる。

(1) $1\boldsymbol{a}=\boldsymbol{a}$ （単位法則…1 倍しても変わらない）

(2) $k(h\boldsymbol{a})=(kh)\boldsymbol{a}$ （結合法則）

(3) $k(\boldsymbol{a}+\boldsymbol{b})=k\boldsymbol{a}+k\boldsymbol{b}$ （分配法則）

(4)　$(k+h)\boldsymbol{a} = k\boldsymbol{a} + h\boldsymbol{a}$　　（分配法則）

なお、ベクトル $\boldsymbol{a}$、$\boldsymbol{b}$、…に対して、（Ⅱ）の数 k、h、…を**スカラー**という。また、（Ⅱ）における数との乗法における数 k が任意の複素数でよいとき、Vを**複素ベクトル空間**といい、実数に限るとき、**実ベクトル空間**という。以下に、ベクトル空間とベクトルの例をいくつかあげてみよう。

（例 1）　幾何ベクトル空間（本節で紹介した矢印ベクトル）

（例 2）　数ベクトル空間（本節で紹介した成分表示のベクトル）

（例 3）　2 次以下の多項式の集合を Vとし、和とスカラー倍を次のように定義する。

$$(a_1x^2+b_1x+c_1)+(a_2x^2+b_2x+c_2)$$
$$=(a_1+a_2)x^2+(b_1+b_2)x+(c_1+c_2)$$
$$k(a_1x^2+b_1x+c_1)=ka_1x^2+kb_1x+kc_1$$

このとき（Ⅰ）、（Ⅱ）を満たすので、Vはベクトル空間になり、その要素である 2 次以下の多項式はベクトルとなる。

（例 4）　2×2行列全体の集合 Vを考え、和とスカラー倍を次のように定義する。

$$\begin{pmatrix} a & b \\ c & d \end{pmatrix}+\begin{pmatrix} e & f \\ g & h \end{pmatrix}=\begin{pmatrix} a+e & b+f \\ c+g & d+h \end{pmatrix}$$

$$k\begin{pmatrix} a & b \\ c & d \end{pmatrix}=\begin{pmatrix} ka & kb \\ kc & kd \end{pmatrix}$$

このとき（Ⅰ）、（Ⅱ）を満たすので Vはベクトル空間になり、その要素である2×2行列はベクトルとなる。

ニュートンはベクトルを知らなかった？

ベクトルの考え方が産み出されたのは、そんなに昔の話ではない。ハミルトンが1843年に複素数の一般化によって考案した、といわれている。したがって、力学の樹立や微分積分法の発見に活躍したニュートン（英：1642～1727）は今日のようなベクトルを知らなかったことになる。

第3章

ベクトルを「微分・積分する」って？

　ベクトル解析のメインテーマは、「ベクトルを微分・積分すること」と述べた。しかし、ベクトルとは「大きさと向き」をもつ量のことで、それを微分する、積分するとは、どういうことなのだろうか。

　少しもイメージが湧かないかもしれないが、安心して大丈夫。というのも、そもそも高校で習ったふつうの関数の微分・積分をもとに、ベクトルの微分・積分も構築されているからだ。

　そこで本章では、高校の微分・積分の復習も交えながら、ベクトル解析の入り口へ入っていくことにする。

　なお、本書では説明を簡単にするために、曲線や曲面は十分滑らかで、必要な回数、微分や積分ができるものとする。

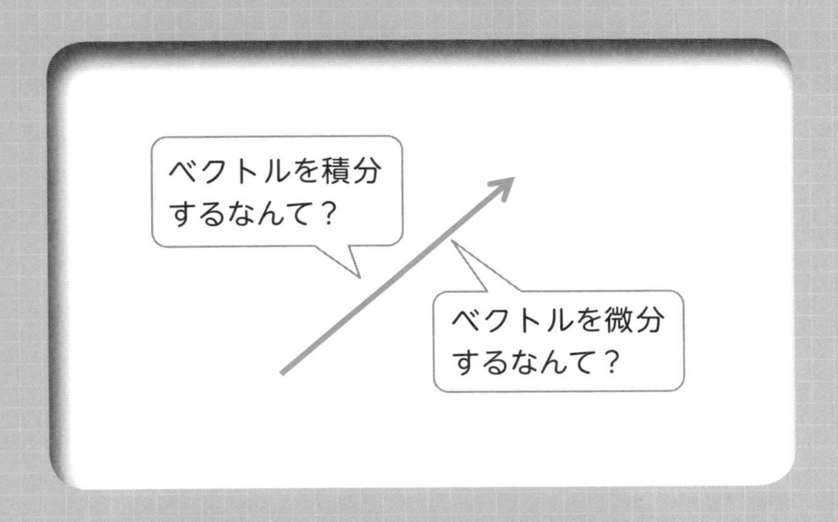

3-1 関数の微分とは

「ベクトルの微分」を扱う前に、関数 $y=f(x)$ の微分を復習しておこう。なぜならば、「ベクトルの微分」は「関数の微分」の考え方に基づいているからである。

微分・積分はともに無限に小さくしたり、無限に足したりという極限の世界の話だった。まずは、導関数の復習から入っておこう。

● 導関数 $f'(x)$ の定義

関数 $f(x)$ の**導関数** $f'(x)$ は次の極限計算で与えられた。

$$f'(x)=\frac{dy}{dx}=\lim_{\Delta x\to 0}\frac{\Delta y}{\Delta x}=\lim_{\Delta x\to 0}\frac{f(x+\Delta x)-f(x)}{\Delta x}$$

この $f'(x)$ は y'、$\dfrac{d}{dx}f(x)$ などとも書かれる。また、関数 $f(x)$ からその**導関数 $f'(x)$ を求めることを関数 $f(x)$ を微分するという**。

● $f'(x)$ は接線の傾き

導関数 $f'(x)$ は次の図形的意味をもつ。つまり、関数 $y=f(x)$ のグラフ上の点 $A(x, f(x))$ における接線 l の傾きが $f'(x)$ である。

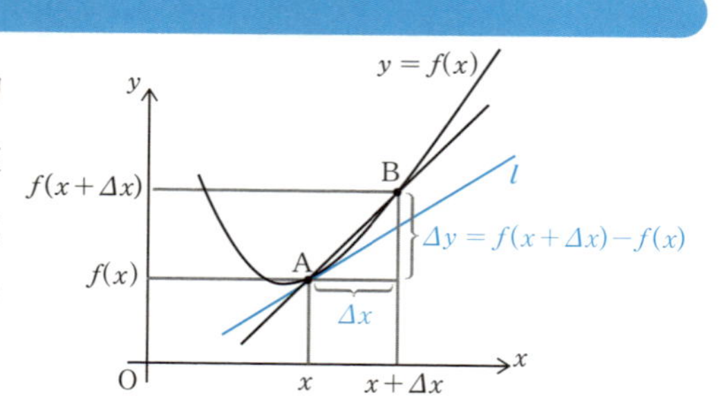

〔例〕 関数 $f(x)=x^2$ の導関数は、定義より、

$$f'(x)=\lim_{\Delta x\to 0}\frac{f(x+\Delta x)-f(x)}{\Delta x}$$

$$=\lim_{\Delta x\to 0}\frac{(x+\Delta x)^2-x^2}{\Delta x}$$

$$=\lim_{\Delta x\to 0}(2x+\Delta x)=2x$$

●記号 dy/dx は「分数」として扱ってよいか？

高校数学では、記号 $\dfrac{dy}{dx}$ は「分数として扱ってはいけない」と教えている。その理由は、「記号 $\dfrac{dy}{dx}$ は全体で導関数を表わすものであって、決して分数とはみなさないから」というものだった。

しかし、今後は、**導関数の記号 $\dfrac{dy}{dx}$ を「分数として扱う」**ことにする。勝手にそんなことをしてよいのだろうか。まずは、「分数として扱ってよい」という根拠を以下に述べておこう。

$$\frac{dy}{dx}=\lim_{\Delta x\to 0}\frac{\Delta y}{\Delta x}=\lim_{\Delta x\to 0}\frac{f(x+\Delta x)-f(x)}{\Delta x}$$

において、

$$\frac{\Delta y}{\Delta x}=\frac{f(x+\Delta x)-f(x)}{\Delta x}$$

は分数そのものである。ここで、

$$\frac{dy}{dx}=\lim_{\Delta x\to 0}\frac{\Delta y}{\Delta x}$$

の意味はなんだろうか。これは「Δx を 0 に近づけたときの $\dfrac{\Delta y}{\Delta x}$ の値が $\dfrac{dy}{dx}$」ということだ。だから、

「**Δx が十分小さければ、$\dfrac{dy}{dx}$ は分数 $\dfrac{\Delta y}{\Delta x}$ とほぼ同じ**」

とみなすことができる。そのため、記号 dy、dx は「Δx が十分小さいときの Δy、Δx の値」と考えてよいだろう。

図形的にも、Δxが十分小さければ、直線ABと接線lがほぼ一致するので、Δxとdxを等しくとれば、Δyはdyとほぼ等しいとみなせる。そのため、今後の微分の計算では、

(1) $\dfrac{dy}{dx}$を分数として扱う

(2) $\dfrac{dy}{dx}=f'(x)$ を $dy=f'(x)dx$ と変形して使う

ことになる。(2)では左辺の分母dxを払い、右辺に移動したのだ。まさに分数の取扱いだ。同様に、

$y=2x$のとき、$\dfrac{dy}{dx}=2$ なので $dy=2dx$ などと書く。

●差分と微分

本節で使ったΔx, Δy, dx, dyについてのことであるが、Δx、Δyを**差分**（difference）、dx、dyを**微分**（differential）という。関数$y=f(x)$の場合、独立変数xの差分Δxと微分dxは同じである。それに対して関数値yについては意味が異なる。差分は$\Delta y=f(x+\Delta x)-f(x)$であり、これに対して微分$dy$は

$$dy=\frac{dy}{dx}\Delta x$$

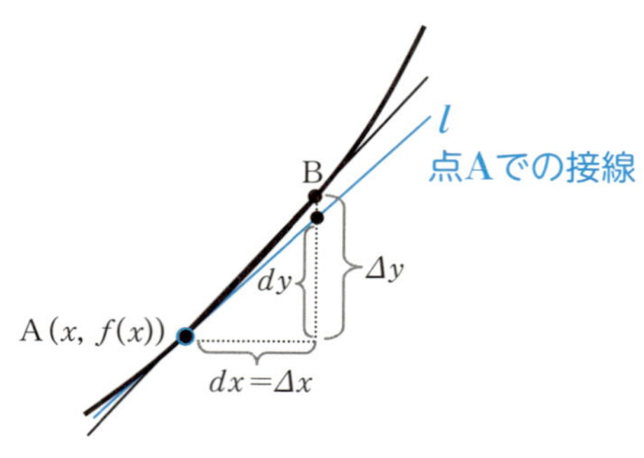

を意味する。独立変数xでは微分と差分が同一なので、上式は

$dy=\dfrac{dy}{dx}dx$と書ける。

関数の微分

●関数 $f(x)$ の導関数 $f'(x)$ の定義

$$f'(x) = \lim_{\Delta x \to 0} \frac{f(x+\Delta x) - f(x)}{\Delta x}$$

● 2つの関数 $f(x)$、$g(x)$ がある区間で微分可能であれば、その区間で次の計算ができる。

(1)　$\{f(x) \pm g(x)\}' = f'(x) \pm g'(x)$　　（複号同順）

(2)　$\{kf(x)\}' = kf'(x)$　　ただし、k は定数

(3)　$\{f(x)g(x)\}' = f'(x)\,g(x) + f(x)\,g'(x)$

(4)　$\left\{\dfrac{f(x)}{g(x)}\right\}' = \dfrac{f'(x)\,g(x) - f(x)\,g'(x)}{\{g(x)\}^2}$

この (1) ～ (4) の証明は高校の教科書にも出ているので、本書では割愛する。また、(1) で「複号同順」とは、複号の上側（+）、または下側（−）のどちらかをとって、1つの式とみなすことをいう。

もう一歩進んで 「微分可能」ってなに？

$x = a$ で微分可能であることを図形的に表現すれば、「点 $A(a, f(a))$ で $y = f(x)$ のグラフを無限に拡大したら、点 A の近くで、$y = f(x)$ の**グラフは直線とみなせる**」ということである。

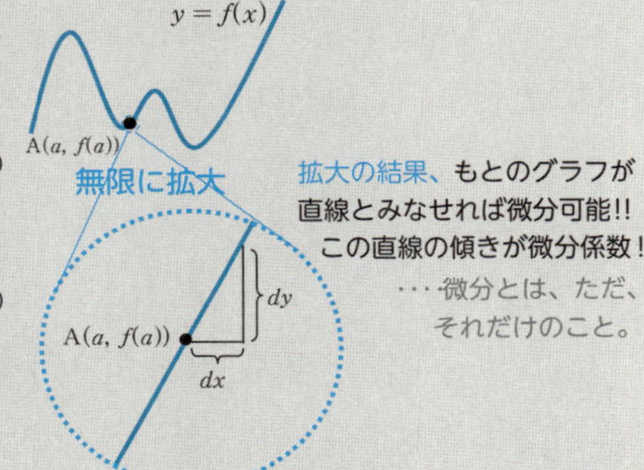

3-2 合成関数の微分とは

微分の強力な道具の1つである「合成関数の微分法」によって、微分の計算が格段にラクになる。しかも、その原理は、小学生でも知っている右の分数式による。

$$\frac{○}{△} = \frac{○}{■}\frac{■}{△}$$

●合成関数とはなんだったか？

「**合成関数の微分法**」の前に、そもそも「合成関数」とはなんだったのか。2つの関数があるとする。

$$y = f(u) = u^3 \quad \cdots\cdots①$$

$$u = g(x) = 5x + 3 \quad \cdots\cdots②$$

このとき、②によって x の値が決まれば、u の値が決まる。すると、①によって y の値も決まる。たとえば、$x = 1$ のとき、②によって $u = 8$ となり、これと①から $y = 512$ となる。

では、x の値が決まったときに、②と①から、一挙に y の値を決める関数はないのだろうか。話は簡単で、②を①にそっくり入れてしまえばいい。

$$y = f(u) = u^3 = (g(x))^3 = (5x + 3)^3 \quad \cdots\cdots③$$

③は①、②から合成された関数、つまり**合成関数**と考えられる。

このように、2つの関数 $y = f(u)$ と $u = g(x)$ があるとき、これから得られる $y = f(g(x))$ を $y = f(u)$ と $u = g(x)$ の合成関数というのである。

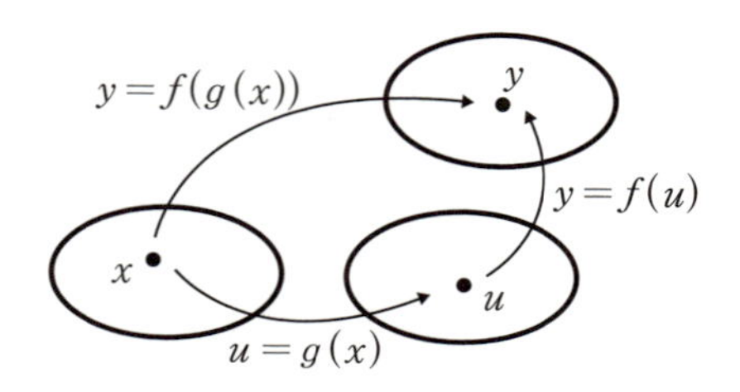

●合成関数の導関数は、もとの関数の導関数の積

2つの関数 $y=f(u)$、$u=g(x)$ があるとき、x の変化量を Δx とし、

$$\Delta u=g(x+\Delta x)-g(x)、$$

$$\Delta y=f(u+\Delta u)-f(u)$$

とすると、

$$\frac{\Delta y}{\Delta x}=\frac{\Delta y}{\Delta u}\frac{\Delta u}{\Delta x} \quad \cdots ④$$

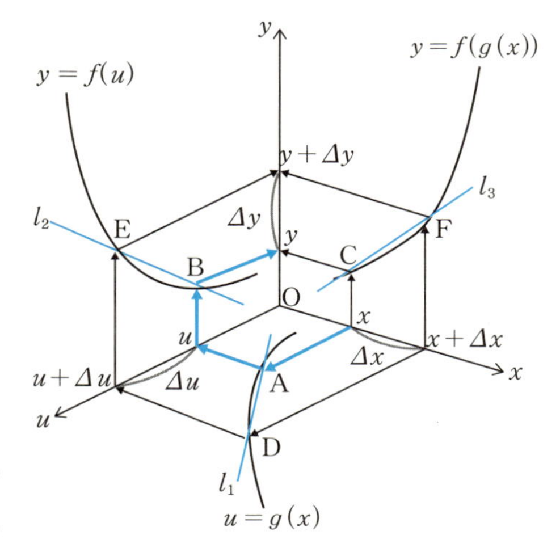

が成立する。このことを3次元空間で図示してみよう。右図で、x が決まると、青色の矢印を辿って y が決まる。また、x が Δx だけ変化すると、u も y もそれぞれ Δu、Δy だけ変化するが、Δx、Δu、Δy は④の関係を満たしている。$y=f(u)$、$u=g(x)$ が微分可能であれば、それぞれの関数は連続となり、Δx が0に近づくとき、Δu も0に近づき、次の⑤が成立する。

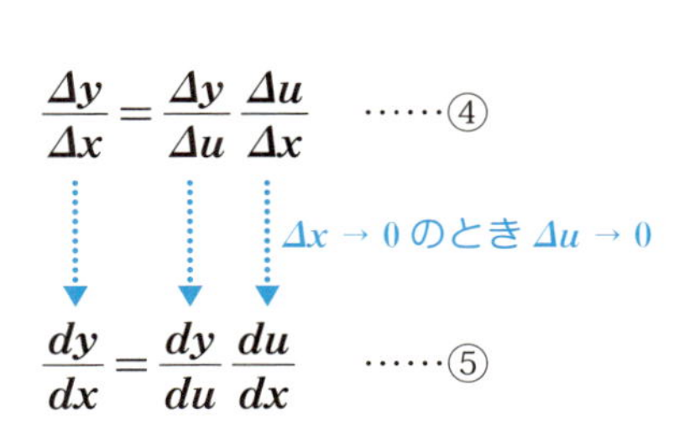

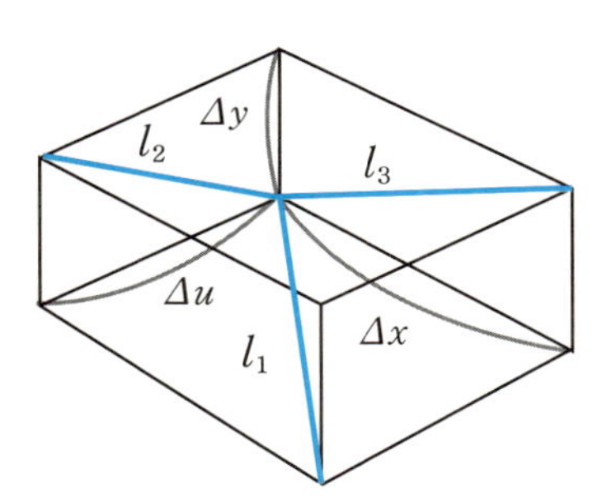

l_3の傾き＝l_2の傾き×l_1の傾き

●式で成立理由を説明すると

④→⑤をきちんと証明するのは難しい。大まかには次のようになる。

$y=F(x)=f(g(x))$とすると、

$$\frac{dy}{dx}=F'(x)=\lim_{\Delta x\to 0}\frac{F(x+\Delta x)-F(x)}{\Delta x}$$ ―― 導関数の定義

$$=\lim_{\Delta x\to 0}\frac{f(g(x+\Delta x))-f(g(x))}{\Delta x}$$

$u=g(x)$
$\Delta u=g(x+\Delta x)-g(x)$ とおく

$$=\lim_{\Delta x\to 0}\frac{f(u+\Delta u)-f(u)}{\Delta x}$$

$$=\lim_{\Delta x\to 0}\frac{f(u+\Delta u)-f(u)}{\Delta u}\times\frac{\Delta u}{\Delta x}$$

$u=g(x)$が連続だから$\Delta x\to 0$のとき$\Delta u\to 0$

$$=\lim_{\Delta x\to 0}\frac{f(u+\Delta u)-f(u)}{\Delta u}\times\lim_{\Delta u\to 0}\frac{g(x+\Delta x)-g(x)}{\Delta x}$$

$$=\frac{dy}{du}\frac{du}{dx}$$

この**合成関数の微分法**を見ると、$\frac{dy}{dx}$は分数としての性質をもっていることがわかる。

（微分の分数としての性質） $\frac{dy}{dx}=\frac{dy}{du}\frac{du}{dx}$

〔例〕 $y=(5x+3)^3$の導関数を求める。

上記の問題に対し、「合成関数の微分法」を利用してみる。与えられた式から、$y=u^3$, $u=5x+3$とみなすと、次のように1行で計算できる。

（合成関数の微分法を使った場合）

$$\frac{dy}{dx}=\frac{dy}{du}\frac{du}{dx}=3u^2\times 5=15(5x+3)^2$$

あまりに簡単なので計算ミスも起こりにくい。

ここでもし、「合成関数の微分法」を利用しなければどうなるだろうか。まず、$(5x+3)^3$を展開して、$125x^3+225x^2+135x+27$とした後、この各項を微分していくことになる。つまり、

〈合成関数の微分法を使わなかった場合〉

$$
\begin{aligned}
\frac{dy}{dx} &= \frac{d}{dx}(5x+3)^3 = \frac{d}{dx}(125x^3+225x^2+135x+27) \\
&= 375x^2+450x+135 \\
&= 15(25x^2+30x+9) \\
&= 15(5x+3)^2
\end{aligned}
$$

結果はもちろん同じになったが、計算が何行にもわたり、しかも数値が大きくなるので、ミスも出やすい。これがもし5乗の式などになれば、ますます計算の難易度に差がつくだろう。「合成関数の微分法」がいかに便利な道具となるかがわかる。

Note　合成関数の微分

$y=f(u)$がuについて微分可能、$u=g(x)$がxについて微分可能であれば、合成関数$y=f(g(x))$はxについて微分可能で下の式が成立する。

$$
\frac{dy}{dx} = \frac{dy}{du}\frac{du}{dx}
$$

これは**連鎖律**（**チェーンルール**）と呼ばれている。

3-3 逆関数の微分とは

xとyが関数関係にあるとき、xをyで微分したものと、yをxで微分したものの関係を表現したものが「逆関数の微分法」である。

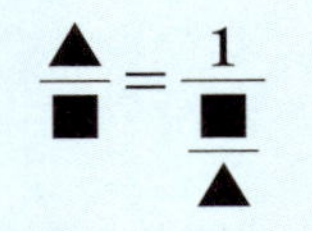

●逆関数とは何か？

「逆関数の微分法」の前に、そもそも「逆関数」とは何だったのか。

xをyに対応させる関数$y=f(x)$が、ある区間で単調増加（または、単調減少）であれば、その区間で、逆にyをxに対応させる$x=g(y)$が考えられる（$x=f^{-1}(y)$と書くこともある）。この逆の対応gを関数fの**逆関数***注）という。このとき、関数gの逆の対応は関数fになる。よって、$y=f(x)$と$x=g(y)$はお互いに逆関数である。

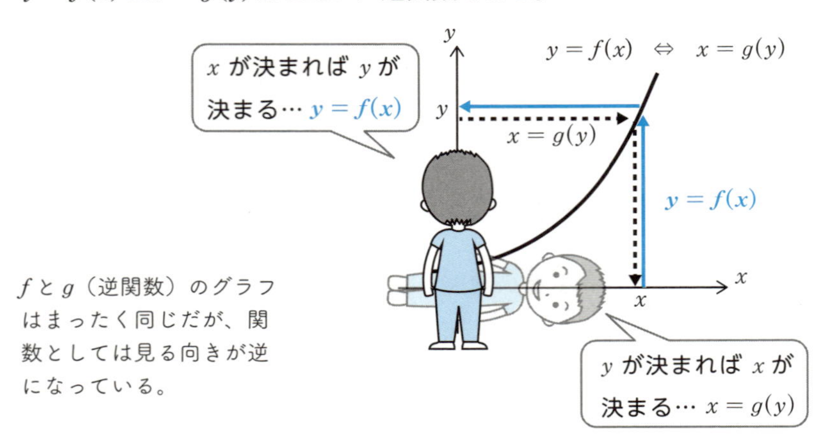

fとg（逆関数）のグラフはまったく同じだが、関数としては見る向きが逆になっている。

（注）関数では原因となる変数を**独立変数**、結果となる変数を**従属変数**という。通常、独立変数をx、従属変数をyと表わし、$y=f(x)$の逆関数$x=g(y)$についてxとyを交換して$y=g(x)$と書き換えることがある。このとき、逆関数同士のグラフは直線$y=x$に関して対称になる。微分で扱う逆関数は、一般に、xとyを交換しないので注意してほしい。

〔**例**〕　$y = 3x + 2$　……①

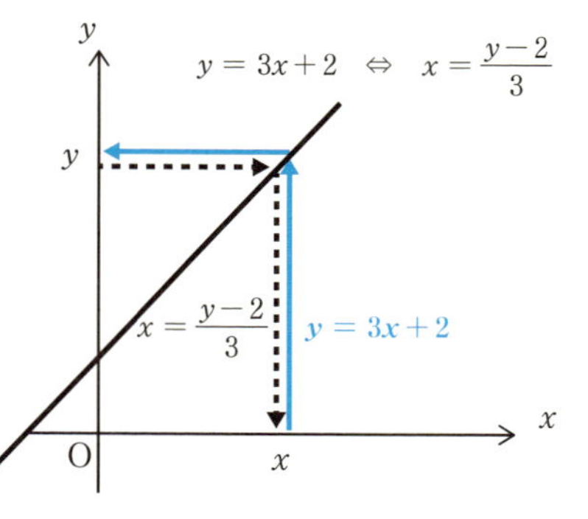

の逆関数は、①を x について解けば

$$x = \frac{y-2}{3} \quad \cdots\cdots ②$$

となる。①の関数（function：機能）の意味は、「3倍して2を足せ」ということで、②の関数は「2を引いて3で割れ」ということ。①と②はお互いに**「逆の機能（逆関数）をもっている」**ことがわかる。

●「逆関数の導関数」と「元の関数の導関数」の関係

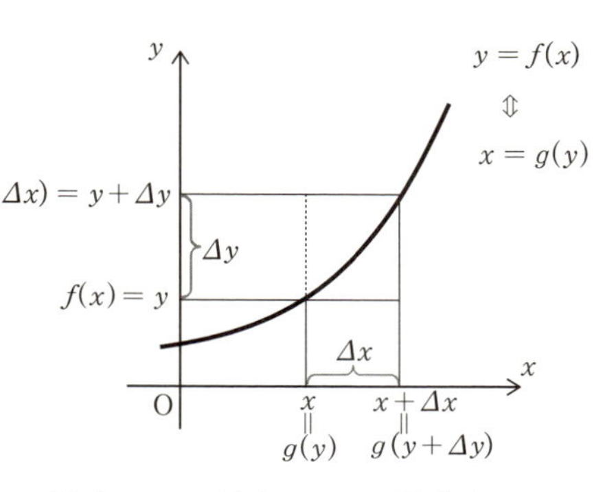

関数 $f(x)$ が微分可能で $f'(x) > 0$ であれば、関数 $f(x)$ は連続で、単調増加（$f'(x) < 0$ であれば単調減少）の関数となる。したがって、$y = f(x)$ の逆関数 $x = g(y)$ が存在する*注)。

ここで、関数 $y = f(x)$ における x の増分 Δx に対する y の増分を Δy とすると、Δx と Δy は次の関係を満たしている。

$$\frac{\Delta y}{\Delta x} \cdot \frac{\Delta x}{\Delta y} = 1$$

この式を変形すると、

$$\frac{\Delta x}{\Delta y} \cdot \frac{1}{\frac{\Delta y}{\Delta x}} \quad \cdots\cdots ③$$

また、「$\Delta y \to 0$ のとき、$\Delta x \to 0$」となる。

よって③より、$\lim_{\Delta y \to 0}\dfrac{\Delta x}{\Delta y}=\lim_{\Delta x \to 0}\dfrac{1}{\dfrac{\Delta y}{\Delta x}}$ となり、$\dfrac{dx}{dy}=\dfrac{1}{\dfrac{dy}{dx}}$ を得る。

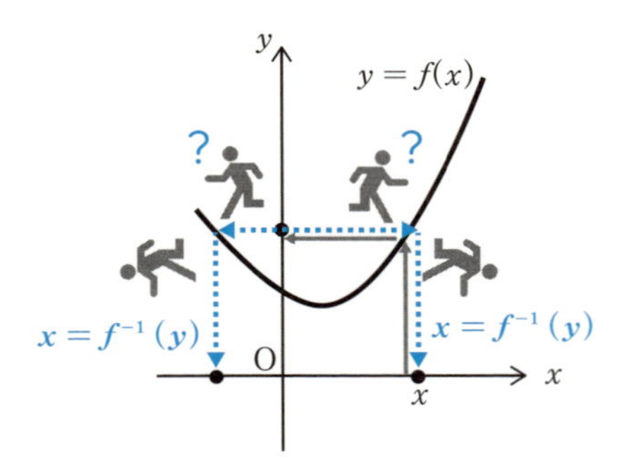

（注）関数 $f(x)$ が増加と減少を併せもつ場合は、逆関数は存在しない。なぜなら、y に対してどの x に戻るか定かでないからである。

〔例〕 $y=3x+2$ ……① の逆関数は $x=\dfrac{y-2}{3}$ ……② である。

①より、$\dfrac{dy}{dx}=3$、②より $\dfrac{dx}{dy}=\dfrac{1}{3}$ となる。したがって、$\dfrac{dy}{dx}=\dfrac{1}{\dfrac{dx}{dy}}$ が成立することが確かめられる。

Note 逆関数の導関数

関数 $y=f(x)$ が微分可能で、$f'(x)>0$（または、$f'(x)<0$）であるとする。このとき、逆関数 $x=g(y)$ は微分可能な関数で次の関係が成立する。

$$\frac{▲}{■}=\frac{1}{\dfrac{■}{▲}}$$

$$\frac{dx}{dy}=\frac{1}{\dfrac{dy}{dx}}$$

ただし、$\dfrac{dy}{dx}=\dfrac{1}{\dfrac{dx}{dy}}$ と変形して使うこともある。

3-4 偏微分とは

関数 $y=f(x)$ は変数が x の1つしかなく、x が決まれば y が決まる。これに対して、変数が x と y の2つをもつ関数 $z=f(x, y)$ がある。このような関数の微分はどうすればよいのだろうか。

たとえば、2変数 x, y をもつ関数

$$z=f(x, y)=x^2+xy+y^2 \quad \cdots\cdots①$$

を考える。ここで、①の y をとりあえず固定して、$y=1$ とすれば、

$$z=f(x, 1)=x^2+x+1 \quad \cdots\cdots②$$

となり、1変数 x の関数となる。このとき、関数②を x で微分すれば、

$$z'=2x+1$$

という導関数を得る（逆に、x を固定しても同様）。

このように、**複数の変数があるとき、まず1つの変数にだけ着目し、それ以外の変数は「定数とみなす」ことにより、着目した変数についての微分を考える**ことができる。

● x に関する偏導関数、y に関する偏導関数

2変数 x, y をもつ関数 $z=f(x, y)$ は、y を固定（定数扱い）すれば、「x だけの1変数の関数となる」と述べた。したがって、この関数を x について微分した導関数が考えられる。そこで、y を固定したときの

$$\lim_{\Delta x \to 0}\frac{f(x+\Delta x, y)-f(x, y)}{\Delta x}$$

を $f(x, y)$ の **x に関する偏導関数**という。偏導関数には次のような表示法がある。

（偏導関数の表示法） $\dfrac{\partial z}{\partial x}$、$\dfrac{\partial}{\partial x}f(x,\ y)$、$f_x$、$f_x(x,\ y)$

すなわち、

$$\frac{\partial z}{\partial x}=\lim_{\Delta x\to 0}\frac{f(x+\Delta x,\ y)-f(x,\ y)}{\Delta x}$$

である。同様に、x を固定したときの **y に関する偏導関数**も考えられる。

$$\frac{\partial z}{\partial y}=\lim_{\Delta y\to 0}\frac{f(x,\ y+\Delta y)-f(x,\ y)}{\Delta y}$$

●「∂」はなんと読む？

$\dfrac{\partial z}{\partial x}$、$\dfrac{\partial z}{\partial y}$ の「∂」は見慣れない記号だが、なんと読めばよいのだろうか。一般に、$\dfrac{dy}{dx}$ と同様に「ディー」と読む。偏導関数は x や y のどちらか一方に焦点をあてた（偏った）微分だから**偏微分**と呼ばれる。この偏微分に対して後で述べるように、**全微分**（§3－6 参照）がある。

$\dfrac{\partial z}{\partial x}$

$\dfrac{\partial z}{\partial y}$

●偏導関数の図形的な意味は？

関数 $z=f(x,\ y)$ のグラフは、一般には右図のような曲面になる（放物面の例）。ここで、「y を固定する（定数とみなす）」ということは、このグラフを xz 平面に平行な平面で切ったときに、切り口に現われるグラフに限定して関数 $z=f(x,\ y)$ を考えることを意味する。

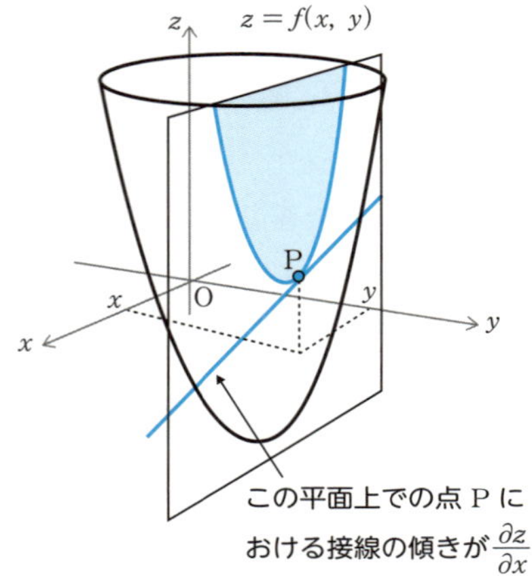

このとき、$z=f(x,\ y)$ のグラフは

曲線となり、この曲線上の点Pにおける接線の傾きが偏導関数$\dfrac{\partial z}{\partial x}$の値となる（前ページ図）。偏導関数$\dfrac{\partial z}{\partial y}$の値も同様に考えることができる。

〔例〕 関数$z = f(x, y) = x^2 + xy + y^2$の偏導関数$\dfrac{\partial z}{\partial x}$、$\dfrac{\partial z}{\partial y}$をそれぞれ求めると、$y$を定数とみなして$x$について微分すると$\dfrac{\partial f}{\partial x} = 2x + y$、また、$x$を定数とみなして$y$について微分すると$\dfrac{\partial f}{\partial y} = x + 2y$となる。

〔問〕 次の関数$f(x, y)$、$f(x, y, z)$を偏微分しなさい。

(1) $f(x, y) = x^5 - x^2 y + y^3$

(2) $f(x, y) = \sin x + \cos y$

(3) $f(x, y) = \sin xy$

(4) $f(x, y) = \log_y x$

(5) $f(x, y, z) = xy^2 z^3$

ヒント1

$(\sin x)' = \cos x$

$(\cos x)' = -\sin x$

ヒント2

$(\log_e x)' = \dfrac{1}{x}$

$(e = 2.71828\cdots)$

$\log_a x = \dfrac{\log_c x}{\log_c a}$（底の変換公式）

〔解〕 sin、cos、logの微分を忘れた人はヒントを見てほしい。

(1) $\dfrac{\partial f}{\partial x} = 5x^4 - 2xy$、

$\dfrac{\partial f}{\partial y} = -x^2 + 3y^2$

(2) $\dfrac{\partial f}{\partial x} = \cos x$、$\dfrac{\partial f}{\partial y} = -\sin y$

(3) $\dfrac{\partial f}{\partial x} = y\cos xy$、$\dfrac{\partial f}{\partial y} = x\cos xy$

着目した変数以外は
定数扱いする。
ただそれだけ!!

(4) 底の変換公式より　$f(x, y) = \log_y x = \dfrac{\log_e x}{\log_e y}$　よって、

$$\frac{\partial f}{\partial x} = \frac{1}{x} \times \frac{1}{\log_e y} = \frac{1}{x\log_e y}$$

$$\frac{\partial f}{\partial y} = \log_e x \times \frac{-\frac{1}{y}}{(\log_e y)^2} = -\frac{\log_e x}{y(\log_e y)^2}$$

(5) $\frac{\partial f}{\partial x} = y^2 z^3$、$\frac{\partial f}{\partial y} = 2xyz^3$、$\frac{\partial f}{\partial z} = 3xy^2 z^2$

偏導関数

2変数関数$z = f(x,\ y)$に対して、次の$\frac{\partial z}{\partial x}$、$\frac{\partial z}{\partial y}$を**偏導関数**という。

$$\frac{\partial z}{\partial x} = \lim_{\Delta x \to 0} \frac{f(x+\Delta x,\ y) - f(x,\ y)}{\Delta x}、\quad \frac{\partial z}{\partial y} = \lim_{\Delta y \to 0} \frac{f(x,\ y+\Delta y) - f(x,\ y)}{\Delta y}$$

実際に、偏導関数を求めるには、着目した変数以外はすべて定数とみなして微分すればよい。

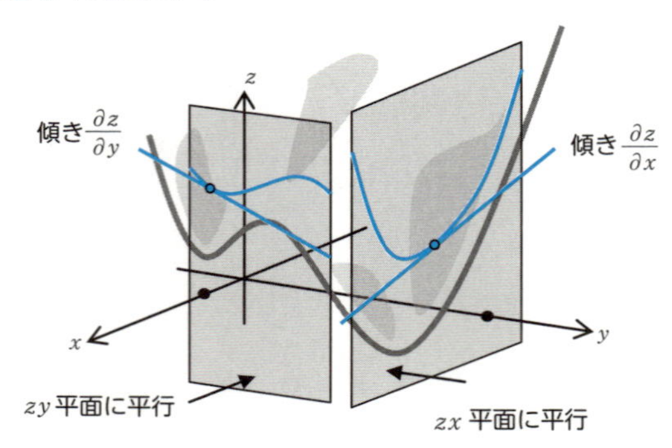

なお、さらに偏微分することにより、

$$\frac{\partial^2 z}{\partial x^2} = \frac{\partial}{\partial x}\left(\frac{\partial z}{\partial x}\right)、\quad \frac{\partial^2 z}{\partial y^2} = \frac{\partial}{\partial y}\left(\frac{\partial z}{\partial y}\right)、\quad \frac{\partial^2 z}{\partial x \partial y} = \frac{\partial}{\partial x}\left(\frac{\partial z}{\partial y}\right)、$$

$\frac{\partial^2 z}{\partial y \partial x} = \frac{\partial}{\partial y}\left(\frac{\partial z}{\partial x}\right)$などを考えることができる。

（注） 変数が2つではなく、3つ以上の関数についても同様に偏導関数が考えられる。

3-5 偏微分に関する3つの定理

ベクトル解析でよく使われる偏導関数の重要な定理を紹介しよう。

§3−4で偏導関数の表示法をいくつか紹介したが、この節では$f_x(x, y)$と書くことにする。

$$z=f(x,\ y)\text{の偏導関数}\ \frac{\partial z}{\partial x}\ \rightarrow\ f_x(x,\ y)\quad\cdots\cdots①$$

このとき、①はx、yの関数なので「①の偏導関数」が再度考えられる。そこで、$f_x(x, y)$のxについての偏導関数を$f_{xx}(x, y)$と書くことにする。

$$①\text{の偏導関数}\ \frac{\partial}{\partial x}\left(\frac{\partial z}{\partial x}\right)=\frac{\partial^2 z}{\partial x^2}\ \rightarrow\ f_{xx}(x,\ y)$$

同様に、$f_x(x, y)$のyについての偏導関数$\dfrac{\partial}{\partial y}\left(\dfrac{\partial z}{\partial x}\right)$も$f_{xy}(x, y)$と書くことにする。

●偏導関数の「微分の順序」に関する定理

偏導関数の微分の順序に関して、次の定理が成り立つ。

定理1　関数$z=f(x, y)$が領域Dにおいて連続な偏導関数$f_x(x, y)$, $f_y(x, y)$、$f_{xy}(x, y)$、$f_{yx}(x, y)$をもつとき、この領域Dにおいて、$f_{xy}(x, y)=f_{yx}(x, y)$となる。

この定理を発展させると、「**$z=f(x, y)$をx、yについて何回か偏微分した結果は、偏微分するx、yの順序に関係なく同じになる**」とわかる。

〔例〕　$z=f(x, y)=x^2y^3$のとき、$f_x(x, y)=2xy^3$、$f_y(x, y)=3x^2y^2$

よって、$f_{xy}(x,\ y) = 6xy^2$、$f_{yx}(x,\ y) = 6xy^2$となり、$f_{xy}(x,\ y) = f_{yx}(x,\ y)$

●「合成関数の偏導関数」に関する2つの定理

以下の関数はいずれも連続で、連続な偏導関数をもつものとする。このとき合成関数の偏導関数に関して次の定理が成り立つ。

定理2　関数$z = f(u,\ v)$において、u、vがともにxの関数であれば、zはxの関数で次の式が成立する。

$$\frac{dz}{dx} = \frac{\partial z}{\partial u}\frac{du}{dx} + \frac{\partial z}{\partial v}\frac{dv}{dx}$$

定理3　関数$z = f(u,\ v)$において、u、vがともにx、yの関数であれば、zはx、yの関数で次の式が成立する。

$$\frac{\partial z}{\partial x} = \frac{\partial z}{\partial u}\frac{\partial u}{\partial x} + \frac{\partial z}{\partial v}\frac{\partial v}{\partial x}、\quad \frac{\partial z}{\partial y} = \frac{\partial z}{\partial u}\frac{\partial u}{\partial y} + \frac{\partial z}{\partial v}\frac{\partial v}{\partial y}$$

偏導関数の性質

(1)　偏導関数が連続ならば　$f_{yx}(x,\ y) = f_{xy}(x,\ y)$

（注）$f_{\langle 1回目の微分\rangle\ \langle 2回目の微分\rangle}(x,\ y)$ のように新しい微分を右に書く。

(2)　$z = f(u(x),\ v(x))$ のとき

$$\frac{dz}{dx} = \frac{\partial z}{\partial u}\frac{du}{dx} + \frac{\partial z}{\partial v}\frac{dv}{dx}$$

(3)　$z = f(u(x,\ y),\ v(x,\ y))$ のとき

$$\frac{\partial z}{\partial x} = \frac{\partial z}{\partial u}\frac{\partial u}{\partial x} + \frac{\partial z}{\partial v}\frac{\partial v}{\partial x}、\ \frac{\partial z}{\partial y} = \frac{\partial z}{\partial u}\frac{\partial u}{\partial y} + \frac{\partial z}{\partial v}\frac{\partial v}{\partial y}$$

3-6 全微分とはベクトル解析の基本ツール

1変数関数 $f(x)$ の場合 $\dfrac{df}{dx}=f'(x)$ より関数 f の微分 df は導関数 $f'(x)$ と独立変数 x の微分 dx を用いて $df=f'(x)dx$ と書き表わされる（右図）。

それでは、2変数関数 $f(x,\ y)$ の場合、関数 f の微分 df は独立変数 x、y の微分 dx と dy を用いてどのように表わされるのだろうか。

2変数関数 $z=f(x,\ y)$ のグラフで考えてみよう。点 $\mathrm{P}(x,\ y)$ における関数値は $z=f(x,\ y)$ である。点 $\mathrm{P}(x,\ y)$ から x 軸方向に Δx、y 軸方向に Δy だけ移動した点 $\mathrm{Q}(x+\Delta x,\ y+\Delta y)$ における関数値は $f(x+\Delta x,\ y+\Delta y)$ である。

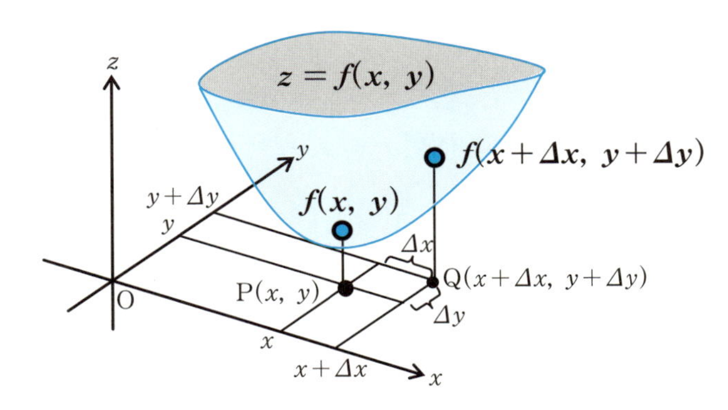

したがって、x と y がともに Δx、Δy 変化したときの関数 f の増分 Δf は次のように書ける。

$$\Delta f=f(x+\Delta x,\ y+\Delta y)-f(x,\ y)$$

この式は次のように変形できる。

$$\Delta f = f(x+\Delta x,\ y+\Delta y) - f(x,\ y)$$

$$= f(x+\Delta x,\ y+\Delta y) - f(x,\ y+\Delta y) + f(x,\ y+\Delta y) - f(x,\ y)$$

$$= \frac{f(x+\Delta x,\ y+\Delta y) - f(x,\ y+\Delta y)}{\Delta x}\Delta x + \frac{f(x,\ y+\Delta y) - f(x,\ y)}{\Delta y}\Delta y$$

ここで、Δx と Δy が十分小さければ

$$\frac{f(x+\Delta x,\ y+\Delta y) - f(x,\ y+\Delta y)}{\Delta x} \fallingdotseq \frac{\partial f}{\partial x}、\quad \frac{f(x,\ y+\Delta y) - f(x,\ y)}{\Delta y} \fallingdotseq \frac{\partial f}{\partial y}$$

とみなせるので、

$$\Delta f \fallingdotseq \frac{\partial f}{\partial x}\Delta x + \frac{\partial f}{\partial y}\Delta y$$

となる。この右辺を 2 変数関数 $f(x,\ y)$ の**全微分**といい、df と書く。つまり、

$$df = \frac{\partial f}{\partial x}\Delta x + \frac{\partial f}{\partial y}\Delta y \quad \cdots\cdots①$$

1 変数の場合と同様、2 変数関数 $f(x,\ y)$ の独立変数 x、y では微分 dx、dy と差分 Δx、Δy は同じである(§3−1)。したがって①は次のように書ける。

$$df = \frac{\partial f}{\partial x}dx + \frac{\partial f}{\partial y}dy$$

〔例〕 $f(x,\ y) = x^2 - xy + y^2$ について全微分 df を求めてみよう。

$$df = \frac{\partial f}{\partial x}dx + \frac{\partial f}{\partial y}dy = (2x-y)dx + (-x+2y)dy$$

●全微分を図形的に理解しよう

関数$f(x, y)$の全微分の図形的意味を調べてみよう。

偏微分$\dfrac{\partial f}{\partial x}$は点Pにおける$x$軸方向の$f$の変化率であり、$\dfrac{\partial f}{\partial x}\Delta x$は$x$軸方向に$\Delta x$だけ変化した際の関数$f(x, y)$の増分となる。また、偏微分$\dfrac{\partial f}{\partial y}$は点Pにおける$y$軸方向の$f$の変化率であり、$\dfrac{\partial f}{\partial y}\Delta y$は$y$軸方向に$\Delta y$だけ変化した際の関数$f(x, y)$の増分となる。ここで、$\Delta x$と$\Delta y$がともに十分小さければ、グラフの青い曲面部分はほぼグレーの平行四辺形とほぼ重なるので次の式が成り立つ。

$$\Delta f = f(x+\Delta x,\ y+\Delta y) - f(x,\ y) \fallingdotseq \frac{\partial f}{\partial x}\Delta x + \frac{\partial f}{\partial y}\Delta y$$

この式の右辺の$\dfrac{\partial f}{\partial x}\Delta x + \dfrac{\partial f}{\partial y}\Delta y$が関数$f(x, y)$の全微分$df$である。

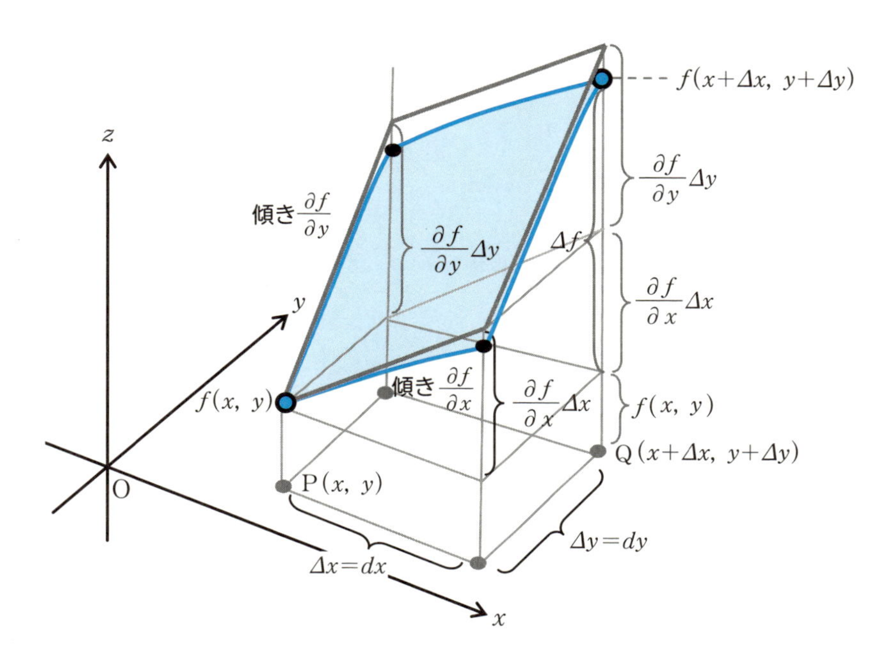

全微分

偏微分可能な 2 変数関数 $f(x,\ y)$ に対して、

$$df = \frac{\partial f}{\partial x}dx + \frac{\partial f}{\partial y}dy$$

を関数 f の**全微分**という。

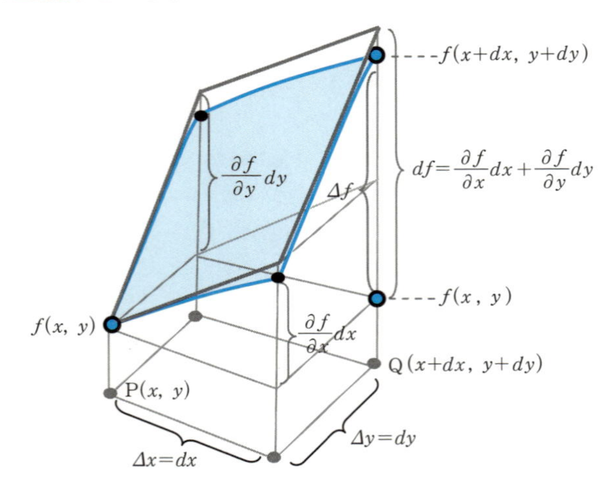

（注）Δx と Δy が十分小さいとき $\Delta f = f(x+\Delta x,\ y+\Delta y) - f(x,\ y)$ と df は同一になる。

同様に、偏微分可能な 3 変数関数 $f(x,\ y,\ z)$ に対して、

$$df = \frac{\partial f}{\partial x}dx + \frac{\partial f}{\partial y}dy + \frac{\partial f}{\partial z}dz$$

を関数 $f(x,\ y,\ z)$ の **全微分**という。

（注）1 変数 $f(x)$ の場合は $df = f'(x)dx$ がここでの全微分に相当する。

3-7「ベクトルを微分する」とは

関数 $f(x)$ の性質を知るうえで、微分の計算は欠かせない。ベクトルの場合もそうだが、「大きさと向きをもつ量を微分する」とはどういうことなのか。

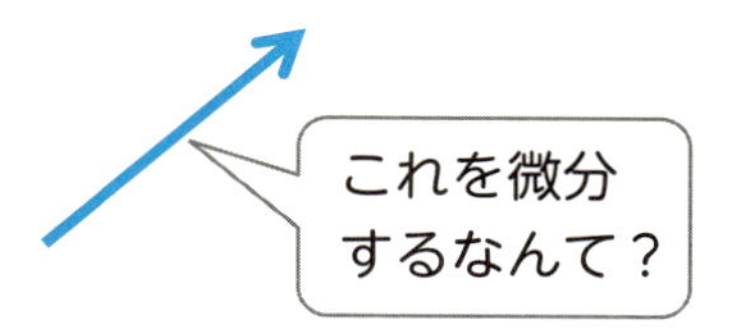

微分の計算は、関数 $f(x)$ が対象になっている。つまり、変数 x が連続的に変化したとき、関数 $f(x)$ がどのように変化するのか……を調べるのが微分だった。

ベクトルも関数 $f(x)$ の場合と同じで、「**変化するベクトルに対して、その変化率を調べるために微分を考える**」のである。この変化するベクトルが、これから紹介する**ベクトル関数**である。

●ベクトル関数とは

たとえば、動点Pの位置ベクトル $\vec{r}$ が成分表示で $\vec{r}=(t,\ t^2)$ と表わされているとする。このとき、**t の値が決まればベクトル $\vec{r}$ が決まるので、ベクトル $\vec{r}=(t,\ t^2)$ は t を変数とする関数**であると考えられる。そこで、このことを $\vec{r}=\vec{r}(t)$ と書き、

変数 t のベクトル関数

という。もちろん、ベクトル関数は位置ベクトルに限らない。一般のベクトルに対しても同様に考えることができる。

なお、ベクトル関数 $\vec{A}(t)$ は変数 t に対してベクトル $\vec{A}(t)$ が定まるもので、このとき変数 t のとりうる値の範囲がベクトル関数 $\vec{A}(t)$ の定義域である。

●ベクトル関数を微分してみる

最初に、平面のベクトル関数の微分を調べてみよう。

まず、関数$y=f(x)$の導関数の定義式を確認する。

$$f'(x)=\frac{dy}{dx}=\lim_{\Delta x\to 0}\frac{\Delta y}{\Delta x}=\lim_{\Delta x\to 0}\frac{f(x+\Delta x)-f(x)}{\Delta x}$$

ベクトル関数の微分も、これを使うことになる。つまり、ベクトル関数$\vec{A}(t)$の導関数$\vec{A}'(t)$を次のように定義する。形は変わらない。

$$\vec{A}'(t)=\frac{d\vec{A}}{dt}=\lim_{\Delta t\to 0}\frac{\Delta\vec{A}}{\Delta t}=\lim_{\Delta x\to 0}\frac{\vec{A}(t+\Delta t)-\vec{A}(t)}{\Delta t}\quad\cdots\cdots①$$

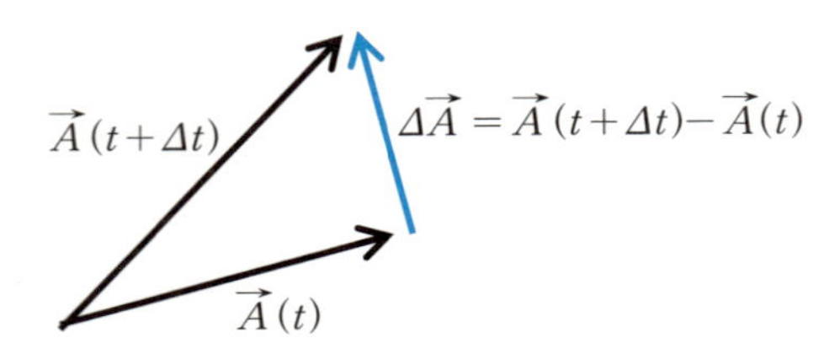

ここで、ベクトル関数$\vec{A}(t)$を成分表示してみよう。$\vec{A}(t)$のx成分A_x、y成分A_yは変数tの関数なので$A_x(t)$, $A_y(t)$と書ける。つまり、

$$\vec{A}(t)=(A_x(t),\ A_y(t))\quad\cdots\cdots②$$

この式からわかるように、平面のベクトル関数$\vec{A}(t)$は変数tに関する2つの関数$A_x(t)$, $A_y(t)$の組にすぎない。②を利用して、①の分子$\vec{A}(t+\Delta t)-\vec{A}(t)$を成分で表示すると次のようになる。

$$\begin{aligned}\vec{A}(t+\Delta t)-\vec{A}(t)&=(A_x(t+\Delta t),\ A_y(t+\Delta t))-(A_x(t),\ A_y(t))\\&=(A_x(t+\Delta t)-A_x(t),\ A_y(t+\Delta t)-A_y(t))\end{aligned}$$

したがって、ベクトル$\dfrac{\vec{A}(t+\Delta t)-\vec{A}(t)}{\Delta t}$は成分表示で次のように書け

る。

$$\frac{\vec{A}(t+\Delta t)-\vec{A}(t)}{\Delta t}=\left(\frac{A_x(t+\Delta t)-A_x(t)}{\Delta t},\ \frac{A_y(t+\Delta t)-A_y(t)}{\Delta t}\right) \quad \cdots\cdots ③$$

そこで、①の極限計算を③を使って成分ごとの極限計算に置き換えてしまうと、各成分は関数だから次のようになる。

$$\begin{aligned}\vec{A}'(t)&=\frac{d\vec{A}}{dt}=\lim_{\Delta t\to 0}\frac{\Delta\vec{A}}{\Delta t}=\lim_{\Delta t\to 0}\frac{\vec{A}(t+\Delta t)-\vec{A}(t)}{\Delta t}\\&=\lim_{\Delta t\to 0}\left(\frac{A_x(t+\Delta t)-A_x(t)}{\Delta t},\ \frac{A_y(t+\Delta t)-A_y(t)}{\Delta t}\right)\\&=\left(\lim_{\Delta t\to 0}\frac{A_x(t+\Delta t)-A_x(t)}{\Delta t},\ \lim_{\Delta t\to 0}\frac{A_y(t+\Delta t)-A_y(t)}{\Delta t}\right)\\&=\left(\frac{dA_x}{dt},\ \frac{dA_y}{dt}\right)\end{aligned}$$

このことは、「**ベクトル関数 $\vec{A}(t)$ の微分は、各成分である関数 $A_x(t)$, $A_y(t)$ を微分する**」ことを意味している。極めて素直な考え方だ。

なお、空間のベクトル関数 $\vec{A}(t)=(A_x(t),\ A_y(t),\ A_z(t))$ についても、ベクトル関数 $\vec{A}(t)$ の導関数 $\vec{A}'(t)$ は次のようになる。

$$\vec{A}'(t)=\left(\frac{dA_x}{dt},\ \frac{dA_y}{dt},\ \frac{dA_z}{dt}\right)$$

関数の場合と同じく、ベクトル関数についてもその導関数の表現は次のようにいろいろある。

(ベクトル関数の導関数の表記) $\vec{A}'(t)$、$\dfrac{d\vec{A}(t)}{dt}$、$\dfrac{d}{dt}\vec{A}(t)$、$\dfrac{d\vec{A}}{dt}$

また、ベクトル関数 $\vec{A}(t)$ の微分を何度も繰り返すことによって、その第2次、第3次、…、第 n 次の導関数が考えられる。これは次のように表現できる。上付きの数値が変わっていくことに注意してほしい。

2 回繰り返す…… $\dfrac{d^2\vec{A}}{dt^2}=\left(\dfrac{d^2A_x}{dt^2}, \dfrac{d^2A_y}{dt^2}\right)$

3 回繰り返す…… $\dfrac{d^3\vec{A}}{dt^3}=\left(\dfrac{d^3A_x}{dt^3}, \dfrac{d^3A_y}{dt^3}\right)$

⋮

n 回繰り返す…… $\dfrac{d^n\vec{A}}{dt^n}=\left(\dfrac{d^nA_x}{dt^n}, \dfrac{d^nA_y}{dt^n}\right)$

〔例〕 $\vec{A}(t)=(t^2+3t-1,\ t+5,\ t^3)$のとき、$\dfrac{d\vec{A}}{dt}=(2t+3,\ 1,\ 3t^2)$

$\vec{A}(t)=(a\sin\omega t,\ a\cos\omega t)$のとき、$\dfrac{d\vec{A}}{dt}=(a\omega\cos\omega t,\ -a\omega\sin\omega t)$

ここで、$\vec{A}(t)$ を動点Pの時間 t における位置ベクトルと考えると、$\vec{A}'(t)$ は速度ベクトルとなる。

ベクトル関数の微分

(1)　平面のベクトル関数$\vec{A}(t)=(A_x(t),\ A_y(t))$の導関数$\vec{A}'(t)$を、各成分を微分して得られるベクトル関数と定義する。

$$\vec{A}'(t)=\left(\frac{dA_x}{dt},\ \frac{dA_y}{dt}\right)$$

(2)　空間のベクトル関数

$\vec{A}(t)=(A_x(t),\ A_y(t),\ A_z(t))$

の導関数$A'(t)$を、各成分を微分して得られるベクトル関数と定義する。

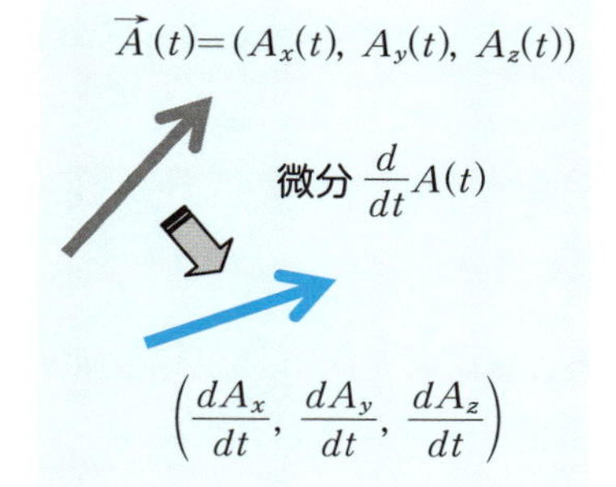

$$\vec{A}'(t)=\left(\frac{dA_x}{dt},\ \frac{dA_y}{dt},\ \frac{dA_z}{dt}\right)$$

(3)　一般に、ベクトル関数$\vec{A}(t)=(A_x(t),\ A_y(t),\ A_z(t))$の$n$次の導関数$\vec{A}^{(n)}(t)$は、各成分の$n$次導関数を成分にもつベクトル関数と定義する。

$$\vec{A}^{(n)}(t)=\left(\frac{d^nA_x}{dt^n},\ \frac{d^nA_y}{dt^n},\ \frac{d^nA_z}{dt^n}\right)$$

3-8 ベクトル関数の和、差、内積、外積の微分は

ベクトル関数同士の和、差、内積、外積について、その微分を調べてみよう。

ベクトル関数の微分は、平面でも空間でも各成分を微分することになり計算方法は同じである。そこで、外積の微分を扱うことを考慮して、ここでは、空間のベクトルについて、その微分の公式をまとめてみることにする。

以下、ベクトル関数$\vec{A}(t)$、$\vec{B}(t)$の各成分(A_x, A_y, A_z)、(B_x, B_y, B_z)は変数tの関数とし、$\vec{K}=(k_1, k_2, k_3)$は「定ベクトル」とする（k_1, k_2, k_3は定数）。また、fは変数tの関数$f(t)$とする。

●定ベクトルを微分すると

ベクトル関数の微分は成分ごとの微分なので、次のようになる。

$$\vec{K}'=(k_1', k_2', k_3')=(0, 0, 0)=\vec{0}$$

●ベクトル関数の和と差の微分

$\vec{A}(t)\pm\vec{B}(t)=(A_x\pm B_x, A_y\pm B_y, A_z\pm B_z)$ となる。　（複号同順）

微分は成分ごとの微分なので、

$$\begin{aligned}(\vec{A}(t)\pm\vec{B}(t))' &=((A_x\pm B_x)', (A_y\pm B_y)', (A_z\pm B_z)')\\ &=(A_x'\pm B_x', A_y'\pm B_y', A_z'\pm B_z')\\ &=(A_x', A_y', A_z')\pm(B_x', B_y', B_z')=\vec{A}'\pm\vec{B}' \quad \text{（複号同順）}\end{aligned}$$

つまり、$(\vec{A}\pm\vec{B})'=\vec{A}'\pm\vec{B}'$ が成立する。

（注）A_xはtの関数$A_x(t)$であり、A'_xは$\dfrac{dA_x(t)}{dt}$の意味である。A_y'、A_z'についても同様である。

●ベクトル関数と通常の関数の積の微分

$f(t)\vec{A}(t)=(fA_x,\ fA_y,\ fA_z)$となる。

微分は成分ごとの微分で、各成分での微分は2つの関数の積の微分だから、積の微分の公式（§3−1）の$\{f(x)g(x)\}'=f'(x)g(x)+f(x)g'(x)$より、

$$
\begin{aligned}
&\left(f(t)\vec{A}(t)\right)' \\
&=((fA_x)',\ (fA_y)',\ (fA_z)') \\
&=(f'A_x+fA'_x,\ f'A_y+fA'_y,\ f'A_z+fA'_z) \\
&=(f'A_x,\ f'A_y,\ f'A_z)+(fA'_x,\ fA'_y,\ fA'_z) \\
&=f'(A_x,\ A_y,\ A_z)+f(A'_x,\ A'_y,\ A'_z)=f'(t)\vec{A}(t)+f(t)\vec{A}'(t)
\end{aligned}
$$

つまり、$\left(f(t)\vec{A}(t)\right)'=f'(t)\vec{A}(t)+f(t)\vec{A}'(t)$が成立する。

●ベクトル関数の内積の微分

ベクトルの内積の性質より、$\vec{A}(t)\cdot\vec{B}(t)=A_xB_x+A_yB_y+A_zB_z$となる。

ゆえに、

$$
\begin{aligned}
&(\vec{A}(t)\cdot\vec{B}(t))' \\
&=(A_xB_x+A_yB_y+A_zB_z)'=(A_xB_x)'+(A_yB_y)'+(A_zB_z)' \\
&=A'_xB_x+A_xB'_x+A'_yB_y+\mathrm{A}_yB'_y+A'_zB_z+A_zB'_z
\end{aligned}
$$

また、

$$
\begin{aligned}
&\vec{A}'(t)\cdot\vec{B}(t)+\vec{A}(t)\cdot\vec{B}'(t) \\
&=(A'_x,\ A'_y,\ A'_z)\cdot(B_x,\ B_y,\ B_z)+(A_x,\ A_y,\ A_z)\cdot(B'_x,\ B'_y,\ B'_z) \\
&=A'_xB_x+A'_yB_y+A'_zB_z+A_xB'_x+A_yB'_y+A_zB'_z
\end{aligned}
$$

よって、$(\vec{A}(t)\cdot\vec{B}(t))'=\vec{A}'(t)\cdot\vec{B}(t)+\vec{A}(t)\cdot\vec{B}'(t)$

●ベクトル関数の外積の微分

ベクトルの外積の成分表示（§1−5）より、

$$\vec{A}(t)\times\vec{B}(t)=(A_yB_z-A_zB_y,\ A_zB_x-A_xB_z,\ A_xB_y-A_yB_x)$$

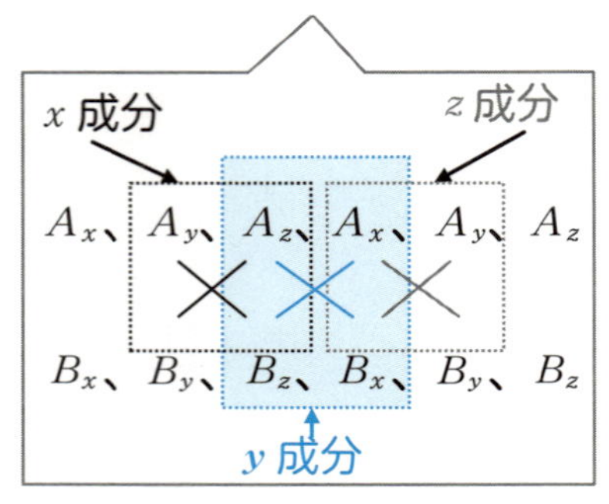

よって、

$$(\vec{A}(t)\times\vec{B}(t))'$$
$$=(A_yB_z-A_zB_y,\ A_zB_x-A_xB_z,\ A_xB_y-A_yB_x)'$$
$$=(A'_yB_z+A_yB'_z-A'_zB_y-A_zB'_y,$$
$$A'_zB_x+A_zB'_x-A'_xB_z-A_xB'_z,\ A'_xB_y+A_xB'_y-A'_yB_x-A_yB'_x)$$

また、

$$\vec{A}(t)=(A_x,\ A_y,\ A_z)\quad より\quad \vec{A}'(t)=(A'_x,\ A'_y,\ A'_z)$$
$$\vec{B}(t)=(B_x,\ B_y,\ B_z)\quad より\quad \vec{B}'(t)=(B'_x,\ B'_y,\ B'_z)$$

よって、

$$\vec{A}'(t)\times\vec{B}(t)=(A'_yB_z-A'_zB_y,\ A'_zB_x-A'_xB_z,\ A'_xB_y-A'_yB_x)$$
$$\vec{A}(t)\times\vec{B}'(t)=(A_yB'_z-A_zB'_y,\ A_zB'_x-A_xB'_z,\ A_xB'_y-A_yB'_x)$$

ゆえに、

$$\vec{A}'(t)\times\vec{B}(t)+\vec{A}(t)\times\vec{B}'(t)$$
$$=(A'_yB_z+A_yB'_z-A'_zB_y-A_zB'_y,$$
$$A'_zB_x+A_zB'_x-A'_xB_z-A_xB'_z,\ A'_xB_y+A_xB'_y-A'_yB_x-A_yB'_x)$$

よって、$(\vec{A}(t)\times\vec{B}(t))'=\vec{A}'(t)\times\vec{B}(t)+\vec{A}(t)\times\vec{B}'(t)$

〔例〕 ベクトル関数を微分する例を紹介しよう。

(1) $\vec{K}=(1,\ 2,\ 3)$ のとき $\vec{K}'=\vec{0}$ （定数なので）

(2) $\vec{A}(t)=(t,\ t^2,\ t^3)$、$\vec{B}(t)=(\cos t,\ \sin t,\ e^t)$ のとき

$$(\vec{A}(t)+\vec{B}(t))'=(1,\ 2t,\ 3t^2)+(-\sin t,\ \cos t,\ e^t)$$
$$=(1-\sin t,\ 2t+\cos t,\ 3t^2+e^t)$$

(3) $f(t)=t^2$、$\vec{A}(t)=(\cos t,\ \sin t,\ e^t)$のとき

$$(f(t)\vec{A}(t))'=f'(t)\vec{A}(t)+f(t)\vec{A}'(t)$$
$$=2t(\cos t,\ \sin t,\ e^t)+t^2(-\sin t,\ \cos t,\ e^t)$$
$$=(2t\cos t-t^2\sin t,\ 2t\sin t+t^2\cos t,\ 2te^t+t^2e^t)$$

(4) $\vec{A}(t)=(t,\ t^2,\ t^3)$、$\vec{B}(t)=(\cos t,\ \sin t,\ e^t)$のとき

$$\vec{A}'(t)=(1,\ 2t,\ 3t^2)、\vec{B}'(t)=(-\sin t,\ \cos t,\ e^t)$$

よって、

$$(\vec{A}(t)\cdot\vec{B}(t))'=\vec{A}'(t)\cdot\vec{B}(t)+\vec{A}(t)\cdot\vec{B}'(t)$$
$$=\cos t+2t\sin t+3t^2e^t-t\sin t+t^2\cos t+t^3e^t$$
$$=\cos t+t\sin t+3t^2e^t+t^2\cos t+t^3e^t$$

なお、$(\vec{A}(t)\cdot\vec{B}(t))'$の計算は、最初に$\vec{A}(t)\cdot\vec{B}(t)$を求め、通常の関数にしてから微分してもよい。つまり、(4) の事例であれば、

$\vec{A}(t)\cdot\vec{B}(t)=t\cos t+t^2\sin t+t^3e^t$ より

$$(\vec{A}(t)\cdot\vec{B}(t))'=\cos t-t\sin t+2t\sin t+t^2\cos t+3t^2e^t+t^3e^t$$
$$=\cos t+t\sin t+t^2\cos t+3t^2e^t+t^3e^t$$

(5) $\vec{A}(t)=(t,\ t^2,\ t^3)$、$\vec{B}(t)=(\cos t,\ \sin t,\ e^t)$のとき、

$\vec{A}'(t)=(1,\ 2t,\ 3t^2)$、$\vec{B}'(t)=(-\sin t,\ \cos t,\ e^t)$である。

よって、

$$\vec{A}'(t)\times\vec{B}(t)=(2te^t-3t^2\sin t,\ 3t^2\cos t-e^t,\ \sin t-2t\cos t)$$
$$\vec{A}(t)\times\vec{B}'(t)=(t^2e^t-t^3\cos t,\ -t^3\sin t-te^t,\ t\cos t+t^2\sin t)$$

ゆえに、

$$\begin{aligned}(\vec{A}(t)\times\vec{B}(t))'&=\vec{A}'(t)\times\vec{B}(t)+\vec{A}(t)\times\vec{B}'(t)\\&=(2te^t-3t^2\sin t+t^2e^t-t^3\cos t,\\&\qquad 3t^2\cos t-e^t-t^3\sin t-te^t,\ \sin t-t\cos t+t^2\sin t)\end{aligned}$$

なお、外積の計算は大変なので、この場合$\vec{A}(t)\times\vec{B}(t)$を求めてから各成分の微分をすると外積計算が1回で済むので簡単。つまり、

$\vec{A}(t)\times\vec{B}(t)=(t^2e^t-t^3\sin t,\ t^3\cos t-te^t,\ t\sin t-t^2\cos t)$より

$$\begin{aligned}&(\vec{A}(t)\times\vec{B}(t))'\\&=(2te^t-3t^2\sin t+t^2e^t-t^3\cos t,\\&\qquad 3t^2\cos t-e^t-t^3\sin t-te^t,\ \sin t-t\cos t+t^2\sin t)\end{aligned}$$

〔例〕 ベクトル関数$\vec{A}(t)$の大きさが一定であるとき、ベクトル$\vec{A}(t)$とその導関数であるベクトル$\vec{A}'(t)$は垂直である。なぜならば、$|\vec{A}(t)|=k$（定数）とすると、

$$\vec{A}(t)\cdot\vec{A}(t)=|\vec{A}(t)||\vec{A}(t)|\cos 0=k^2=\text{一定}$$

ここで、$\vec{A}(t)\cdot\vec{A}(t)=k^2$の両辺を微分すると、先の〔例〕の(4)より

$$(\vec{A}(t)\cdot\vec{A}(t))'=\vec{A}'(t)\cdot\vec{A}(t)+\vec{A}(t)\cdot\vec{A}'(t)=2\vec{A}(t)\cdot\vec{A}'(t)=0$$

ゆえに　$\vec{A}(t)\cdot\vec{A}'(t)=0$　よって、$\vec{A}(t)$とその導関数$\vec{A}'(t)$は垂直である。

ベクトル関数の微分の公式

●ベクトル関数の微分の基本公式

$\vec{A}(t)$、$\vec{B}(t)$はベクトル関数、$\vec{K}$は定ベクトル、$f(t)$は関数とするとき、微分に関して次の性質がある。なお、ベクトル関数の微分は関数の微分と似ているところが多いので違和感は少ないと思う。

(1)　$\vec{K}' = \vec{0}$　（零ベクトル）

(2)　$\left(\vec{A}(t)+\vec{B}(t)\right)' = \vec{A}'(t)+\vec{B}'(t)$

(3)　$\left(f(t)\vec{A}(t)\right)' = f'(t)\vec{A}(t)+f(t)\vec{A}'(t)$

(4)　$\left(\vec{A}(t)\cdot\vec{B}(t)\right)' = \vec{A}'(t)\cdot\vec{B}(t)+\vec{A}(t)\cdot\vec{B}'(t)$

(5)　$\left(\vec{A}(t)\times\vec{B}(t)\right)' = \vec{A}'(t)\times\vec{B}(t)+\vec{A}(t)\times\vec{B}'(t)$

●大きさが一定のベクトルの性質

ベクトル関数$\vec{A}(t)$の大きさが一定であるとき、$\vec{A}(t)$とその導関数$\vec{A}'(t)$は垂直である。……この性質はベクトル解析ではよく使われる。

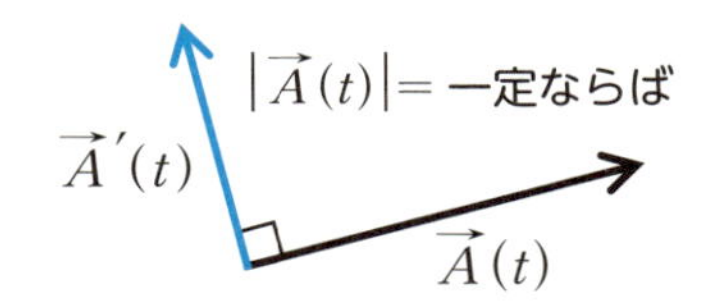

3-9 ベクトル関数の偏微分は

変数がuとvの2つであるベクトル関数$\vec{A}(u, v)$の偏微分について調べてみよう。

1変数tのベクトル関数$\vec{A}(t)$は、質点の運動や曲線の性質などを調べる際に使われる。これに対し、**曲面の性質などを調べるには1変数では足りず、2変数のベクトル関数が使われる**。ここでは、表現の簡単な平面の世界でのベクトル関数（2変数）の微分を調べることにする。

〔例〕 次の関数は2変数のベクトル関数$\vec{A}(u, v)$の例である。

$$\vec{A}(u, v)=(u+v, v^2) \text{ ただし、} 0 \leqq u \leqq 2、0 \leqq v \leqq 1$$

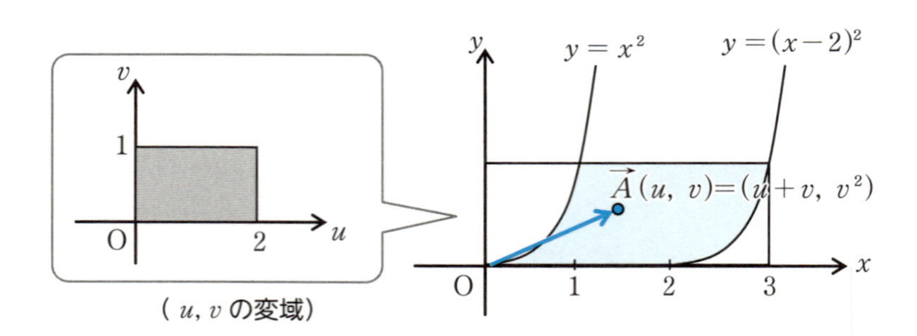

●2変数のベクトル関数の偏微分

2変数をもつ関数$f(x, y)$の場合、その偏導関数$\dfrac{\partial f}{\partial x}$、$\dfrac{\partial f}{\partial y}$は次の式で定義された（§3−4）。

$$\frac{\partial f}{\partial x}=\lim_{\Delta x \to 0}\frac{f(x+\Delta x, y)-f(x, y)}{\Delta x}、\quad \frac{\partial f}{\partial y}=\lim_{\Delta y \to 0}\frac{f(x, y+\Delta y)-f(x, y)}{\Delta y}$$

そこで、2変数のベクトル関数$\vec{A}(u, v)$の偏導関数$\dfrac{\partial \vec{A}}{\partial u}$、$\dfrac{\partial \vec{A}}{\partial v}$についても、関数の偏導関数と同じように次の式で定義する。

$$\frac{\partial \vec{A}}{\partial u}=\frac{\partial \vec{A}(u,\ v)}{\partial u}=\lim_{\Delta u\to 0}\frac{\vec{A}(u+\Delta u,\ v)-\vec{A}(u,\ v)}{\Delta u} \quad \cdots\cdots ①$$

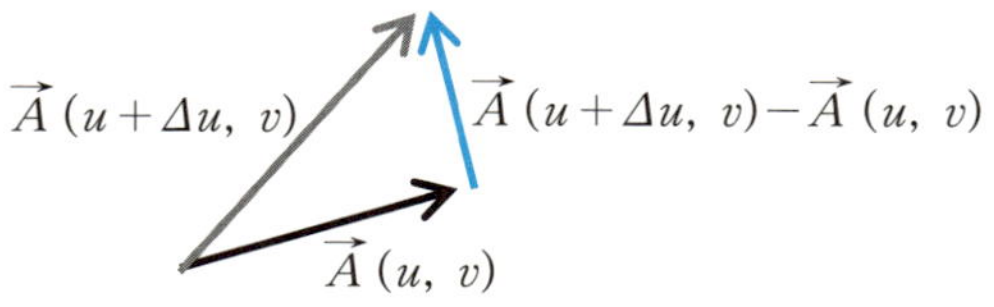

$\vec{A}(u+\Delta u,\ v)$

$\vec{A}(u+\Delta u,\ v)-\vec{A}(u,\ v)$

$\vec{A}(u,\ v)$

$$\frac{\partial \vec{A}}{\partial v}=\frac{\partial \vec{A}(u,\ v)}{\partial v}=\lim_{\Delta v\to 0}\frac{\vec{A}(u,\ v+\Delta v)-\vec{A}(u,\ v)}{\Delta v} \quad \cdots\cdots ②$$

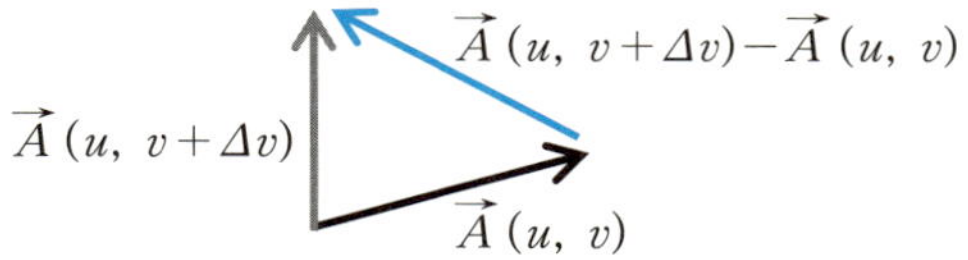

$\vec{A}(u,\ v+\Delta v)-\vec{A}(u,\ v)$

$\vec{A}(u,\ v+\Delta v)$

$\vec{A}(u,\ v)$

●成分ごとに偏微分をする

ベクトル関数の偏導関数の定義である

$$\frac{\partial \vec{A}}{\partial u}=\frac{\partial \vec{A}(u,\ v)}{\partial u}=\lim_{\Delta u\to 0}\frac{\vec{A}(u+\Delta u,\ v)-\vec{A}(u,\ v)}{\Delta u} \quad \cdots\cdots ①$$

の分子にあるベクトル$\vec{A}(u+\Delta u,\ v)-\vec{A}(u,\ v)$を成分で表示してみる。

$$\begin{aligned}
&\vec{A}(u+\Delta u,\ v)-\vec{A}(u,\ v)\\
&=(A_x(u+\Delta u,\ v),\ A_y(u+\Delta u,\ v))-(A_x(u,\ v),\ A_y(u,\ v))\\
&=(A_x(u+\Delta u,\ v)-A_x(u,\ v),\ A_y(u+\Delta u,\ v)-A_y(u,\ v))
\end{aligned}$$

よって、ベクトル$\dfrac{\vec{A}(u+\Delta u,\ v)-\vec{A}(u,\ v)}{\Delta u}$の成分表示は次のようになる。

$$\begin{aligned}
&\frac{\vec{A}(u+\Delta u,\ v)-\vec{A}(u,\ v)}{\Delta u}\\
&\qquad=\left(\frac{A_x(u+\Delta u,\ v)-A_x(u,\ v)}{\Delta u},\ \frac{A_y(u+\Delta u,\ v)-A_y(u,\ v)}{\Delta u}\right)
\end{aligned}$$

そこで、①の計算を成分ごとの極限計算に置き換えてしまうと、

$$\frac{\partial \vec{A}}{\partial u}$$

$$= \lim_{\Delta u \to 0} \frac{\vec{A}(u+\Delta u,\ v) - \vec{A}(u,\ v)}{\Delta u}$$

$$= \lim_{\Delta u \to 0} \left(\frac{A_x(u+\Delta u,\ v) - A_x(u,\ v)}{\Delta u},\ \frac{A_y(u+\Delta u,\ v) - A_y(u,\ v)}{\Delta u} \right)$$

$$= \left(\lim_{\Delta u \to 0} \frac{A_x(u+\Delta u,\ v) - A_x(u,\ v)}{\Delta u},\ \lim_{\Delta u \to 0} \frac{A_y(u+\Delta u,\ v) - A_y(u,\ v)}{\Delta u} \right)$$

$$= \left(\frac{\partial A_x}{\partial u},\ \frac{\partial A_y}{\partial u} \right)$$

したがって、ベクトル関数 $\vec{A}(u,\ v)$ を変数 u で偏微分するには、$\vec{A}(u,\ v)$ の各成分である 2 変数の関数 $A_x(u,\ v)$、$A_y(u,\ v)$ を各々 u で偏微分すればよいことになる。つまり、$\frac{\partial \vec{A}}{\partial u} = \left(\frac{\partial A_x}{\partial u},\ \frac{\partial A_y}{\partial u} \right)$ となる。

同様にして、②より、$\frac{\partial \vec{A}}{\partial v} = \left(\frac{\partial A_x}{\partial v},\ \frac{\partial A_y}{\partial v} \right)$ を得る。

以上は、平面における 2 変数のベクトル関数 $\vec{A}(u,\ v)$ の偏微分である。

空間における 2 変数のベクトル関数 $\vec{A}(u,\ v)$ の偏微分も、平面の場合と同様に考えれば次の式を得る。

$$\frac{\partial \vec{A}}{\partial u} = \left(\frac{\partial A_x}{\partial u},\ \frac{\partial A_y}{\partial u},\ \frac{\partial A_z}{\partial u} \right) \qquad \frac{\partial \vec{A}}{\partial v} = \left(\frac{\partial A_x}{\partial v},\ \frac{\partial A_y}{\partial v},\ \frac{\partial A_z}{\partial v} \right)$$

〔例〕 $\vec{A}(u,\ v) = (u+v,\ v^2)$ のとき、

$$\frac{\partial \vec{A}(u,\ v)}{\partial u} = \left(\frac{\partial A_x}{\partial u},\ \frac{\partial A_y}{\partial u} \right) = (1,\ 0)、\ \frac{\partial \vec{A}}{\partial v} = \left(\frac{\partial A_x}{\partial v},\ \frac{\partial A_y}{\partial v} \right) = (1,\ 2v)$$

〔例〕 $\vec{\mathrm{A}}(u,\ v) = (u^3+v^3,\ uv,\ u+v)$ のとき、

$$\frac{\partial \vec{\mathrm{A}}(u,\ v)}{\partial u} = \left(\frac{\partial \mathrm{A}_x}{\partial u},\ \frac{\partial \mathrm{A}_y}{\partial u},\ \frac{\partial \mathrm{A}_z}{\partial u} \right) = (3u^2,\ v,\ 1)$$

$$\frac{\partial \vec{A}(u,\ v)}{\partial v}=\left(\frac{\partial A_x}{\partial v},\ \frac{\partial A_y}{\partial v},\ \frac{\partial A_z}{\partial v}\right)=(3v^2,\ u,\ 1)$$

2 変数ベクトル関数の偏微分

●平面における 2 変数のベクトル関数の偏微分

$$\vec{A}(u,\ v)=(A_x(u,\ v),\ A_y(u,\ v))$$

の偏導関数は次の式のようになる。

$$\frac{\partial \vec{A}}{\partial u}=\left(\frac{\partial A_x}{\partial u},\ \frac{\partial A_y}{\partial u}\right)、\ \frac{\partial \vec{A}}{\partial v}=\left(\frac{\partial A_x}{\partial v},\ \frac{\partial A_y}{\partial v}\right)$$

●空間における 2 変数のベクトル関数の偏微分

$$\vec{A}(u,\ v)=(A_x(u,\ v),\ A_y(u,\ v),\ A_z(u,\ v))$$

の偏導関数は次の式のようになる。

$$\frac{\partial \vec{A}}{\partial u}=\left(\frac{\partial A_x}{\partial u},\ \frac{\partial A_y}{\partial u},\ \frac{\partial A_z}{\partial u}\right)、\ \frac{\partial \vec{A}}{\partial v}=\left(\frac{\partial A_x}{\partial v},\ \frac{\partial A_y}{\partial v},\ \frac{\partial A_z}{\partial v}\right)$$

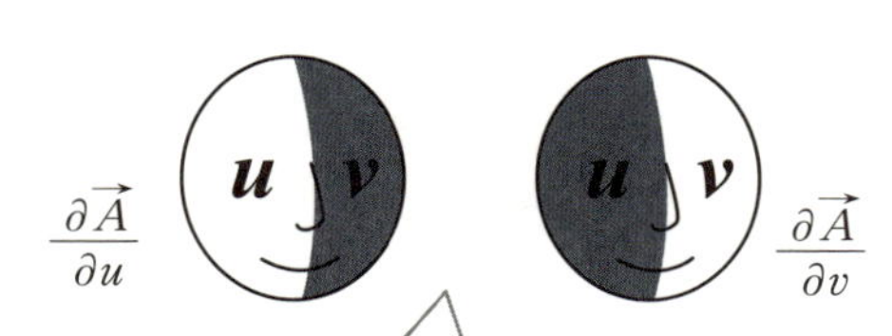

ベクトル関数の偏微分は、
各成分毎の偏微分!!

3-10 関数の積分とは

高校の数学では、積分 $\int_a^b f(x)dx$ は次のように定義された。

$$\int_a^b f(x)dx = [F(x)]_a^b = F(b) - F(a) \quad \cdots\cdots① \quad \text{ただし } F'(x) = f(x)$$

しかし、この定義でベクトル関数の積分を理解するには少々ツライ。

①の定義の場合、記号 $\int_a^b$ と dx は単なる飾りに見える。つまり、$f(x)$ をこれらの記号で挟み込み、記号 $\int_a^b$ は積分区間が $[a,\ b]$ *注1)、記号 dx は積分変数が x であることを示したものだが、実はこれでは積分の理解は不十分だ。そこで、積分については新たな気持ちで学習してほしい。

●積分の定義は？

関数 $f(x)$ が区間 $a \leqq x \leqq b$ で定義されているものとする。ここで、この区間を n 等分し、各区間の境界点に x_0、x_1、x_2、…、x_n と名前を付けて、次の n 個の和を考える。

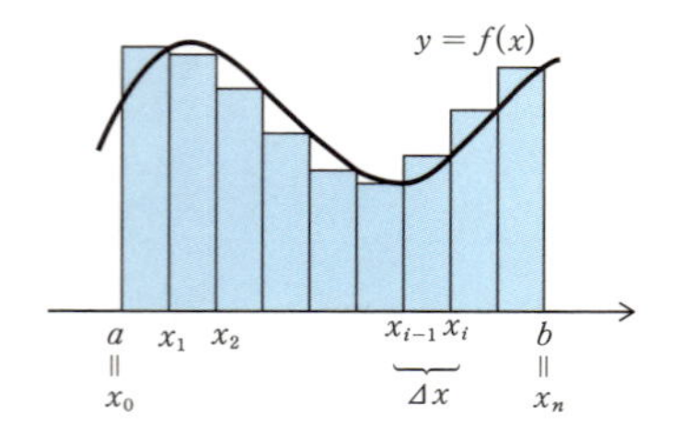

$$\sum_{i=1}^{n} f(x_i)\Delta x \quad \cdots\cdots② \qquad \text{ただし、} \Delta x = \frac{b-a}{n}$$

この分割を限りなく細かくしたとき（$n \to \infty$ にしたとき）、②が一定の値に近づけば、関数 $f(x)$ は区間 $a \leqq x \leqq b$ で**積分可能**であるといい、その一定の値を記号 $\int_a^b f(x)dx$ で表わす*2)。すなわち、

$$\int_a^b f(x)dx = \lim_{n\to\infty}\sum_{i=1}^{n} f(x_i)\Delta x \quad \cdots\cdots ③$$

積分とは
分けたものを
積むこと

この③で定義した $\int_a^b f(x)dx$ を「関数 $f(x)$ の a から b までの**定積分**」という。この定義からわかるように、定積分 $\int_a^b f(x)dx$ は、$f(x_i)\,\Delta x$ を **a から b まで無限に足したときに、その和が限りなく近づく値のこと**である。

（注1）区間 $a \leqq x \leqq b$ を閉区間といい記号 $[a, b]$ で表わし、区間 $a < x < b$ は開区間といい記号 (a, b) で表わす。

（注2）この説明はわかりやすさを優先し、定義を一部緩和した。正確を期したい人は節末「〈もう一歩進んで〉リーマン積分」を参照してほしい。

●なぜ、記号インテグラルが使われたのか

n 等分したときの個々の長方形面積 $f(x_i)\,\Delta x$ は、分割を細かくしていくと幅が0に近い微小長方形になる。この長方形を $f(x)dx$ と表現する。これが $\int_a^b f(x)dx$ の $f(x)dx$ である。閉区間 $[a, b]$ にあるこれら微小長方形 $f(x)dx$ を足していくので、アルファベットの S（和の意味の sum の頭文字）を利用し、これを縦に伸ばして $\int_a^b$ と書くことにしたのが、$\int_a^b f(x)dx$ の $\int_a^b$ である。この原理がわかると、いろいろな現象を積分に置き換えることができる。$\int_a^b$ を**インテグラル**と読む。

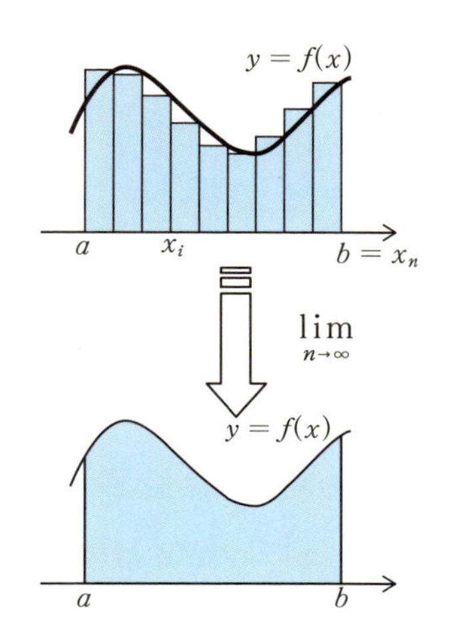

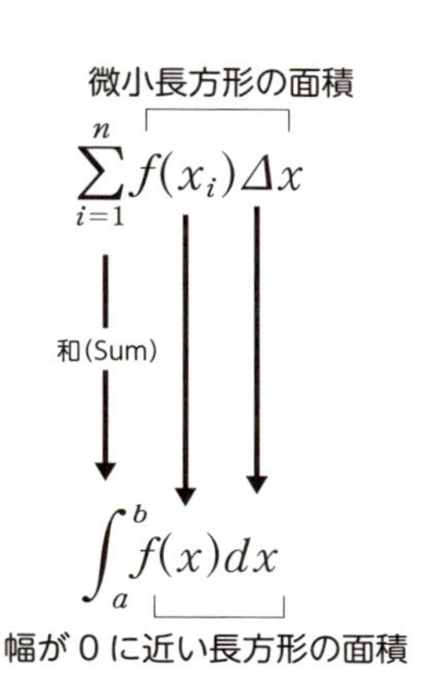

〔例〕 $\displaystyle\int_0^1 x^2\,dx = \lim_{n\to\infty}\sum_{i=1}^{n}\left(\frac{i}{n}\right)^2\frac{1}{n}$

$\displaystyle = \lim_{n\to\infty}\frac{1^2+2^2+3^2+\cdots+n^2}{n^3}$

$\displaystyle = \lim_{n\to\infty}\frac{n(n+1)(2n+1)}{6n^3}$

$\displaystyle = \lim_{n\to\infty}\frac{1}{6}\left(1+\frac{1}{n}\right)\left(2+\frac{1}{n}\right)$

$\displaystyle = \frac{1}{6}(1+0)(2+0) = \frac{1}{3}$

y $y=x^2$ O x_1 x_2 x_3 x_i x_{n-1} 1 x $\Delta x=\frac{1}{n}$

（注） 例の計算では、$1^2+2^2+3^2+\cdots+n^2=\dfrac{n(n+1)(2n+1)}{6}$を用いた。

●不定積分を用いた定積分の計算

関数$f(x)$の積分は次の式で定義された。

$$\int_a^b f(x)dx = \lim_{n\to\infty}\sum_{i=1}^{n} f(x_i)\Delta x = \lim_{n\to\infty}(f(x_1)\Delta x + f(x_2)\Delta x + \cdots + f(x_n)\Delta x)$$

この式からわかるように、定積分は$f(x_i)\Delta x$を無限に足す計算なのである。このように無限に足す計算を**無限級数**というのだが、定積分の定義③と無限級数の性質から定積分の計算は、不定積分を用いて次のように計算できる。

$$\int_a^b f(x)dx = \left[F(x)\right]_a^b = F(b) - F(a) \quad \cdots\cdots ④ \quad \text{ただし、} F'(x) = f(x)$$

以下に、④の成立理由を大まかに調べてみよう。

関数$F(x)$が区間［a, b］で微分可能で$\dfrac{dF(x)}{dx}=f(x)$とする。

ここで区間［a, b］をn等分して各区間の境界点にx_0、x_1、x_2、…、x_nと名前を付け、$\Delta F(x_i)=F(x_i)-F(x_{i-1})$とする（次ページ図）。

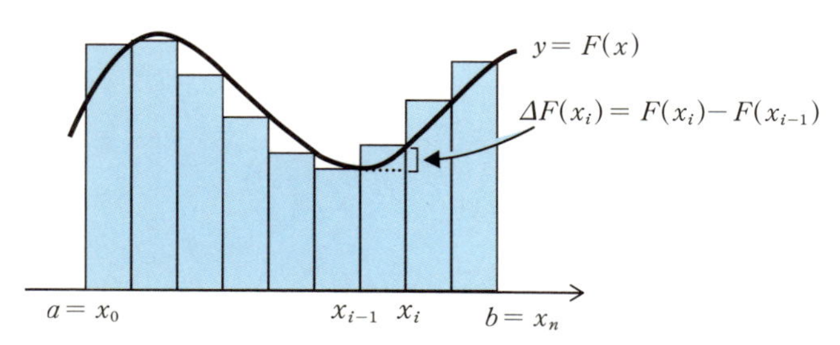

このとき、

$$\sum_{i=1}^{n}\frac{\Delta F(x_i)}{\Delta x}\Delta x=\sum_{i=1}^{n}\Delta F(x_i)$$

$$=\{F(x_1)-F(x_0)\}+\{F(x_2)-F(x_1)\}$$

$$+\{F(x_3)-F(x_2)\}+\cdots+\{F(x_n)-F(x_{n-1})\}$$

$$=F(x_n)-F(x_0)=F(b)-F(a)$$

つまり、$\displaystyle\sum_{i=1}^{n}\frac{\Delta F(x_i)}{\Delta x}\Delta x=F(b)-F(a)$

ゆえに、$\displaystyle\lim_{n\to\infty}\sum_{i=1}^{n}\frac{\Delta F(x_i)}{\Delta x}\Delta x=F(b)-F(a)$ ……⑤

積分の定義より、$\displaystyle\lim_{n\to\infty}\sum_{i=1}^{n}\frac{\Delta F(x_i)}{\Delta x}\Delta x=\int_a^b\frac{dF(x)}{dx}dx=\int_a^b f(x)dx$ ……⑥

⑥、⑦より、$\displaystyle\int_a^b f(x)dx=F(b)-F(a)$

〔例〕 (1) $\displaystyle\int_0^1 x^2dx=\left[\frac{1}{3}x^3\right]_0^1=\frac{1}{3}$ (2) $\displaystyle\int_0^1 x^3dx=\left[\frac{1}{4}x^4\right]_0^1=\frac{1}{4}$

Note 関数の積分

●定積分の定義

$$\int_a^b f(x)dx = \lim_{n\to\infty}\sum_{i=1}^{n} f(x_i)\Delta x$$

$$= \lim_{n\to\infty}(f(x_1)\Delta x + f(x_2)\Delta x + \cdots + f(x_n)\Delta x)$$

●定積分の計算

定理1　連続関数 $f(x)$、$g(x)$ に対して次の計算が成立する。

(1)　$\int_a^b kf(x)dx = k\int_a^b f(x)dx$　　ただし、k は定数

(2)　$\int_a^b \{f(x) \pm g(x)\}dx = \int_a^b f(x)dx \pm \int_a^b g(x)dx$　　（複号同順）

(3)　$\int_a^b f(x)dx = \int_a^c f(x)dx + \int_c^b f(x)dx$　　（a、b、c の大小は無関係）

(4)　$[a,\ b]$ で $f(x) \geqq g(x)$ ならば $\int_a^b f(x)dx \geqq \int_a^b g(x)dx$

定理2　$\int_a^b f(x)dx = [F(x)]_a^b = F(b) - F(a)$　　ただし、$F'(x) = f(x)$

定理3　$\frac{d}{dx}\int_a^x f(t)dt = f(x)$

●定積分と面積

区間 $a \leqq x \leqq b$ で $f(x) \geqq 0$ であれば $\int_a^b f(x)dx$ をもって $y = f(x)$ と直線 $x = a$、$x = b$ それに x 軸によって囲まれた図形の**面積**と定義する。

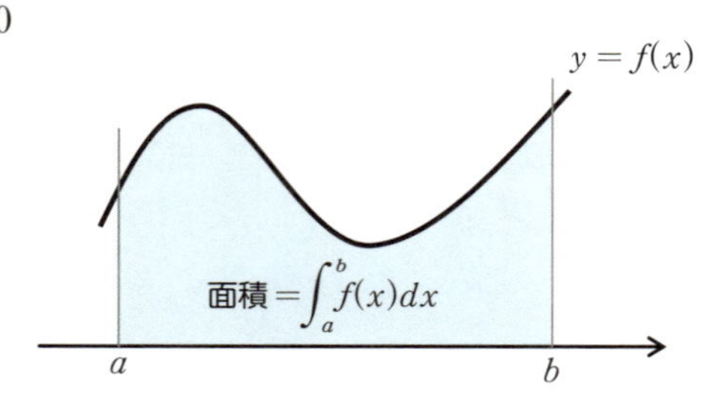

もう一歩進んで リーマン積分

以下に、リーマンによる積分の厳密な定義を掲載しておこう。

関数 $f(x)$ が閉区間 $[a, b]$ で定義されているものとする。いま、$[a, b]$ をいくつかの小区間に分ける。すなわち、

$$a = x_0 < x_1 < x_2 < \cdots < x_{n-1} < x_n = b \quad \cdots\cdots(1)$$

上記 (1) を満足する $n+1$ 個の点 x_0、x_1、x_2、x_3、……、x_{n-1}、x_n を決めて、$[a, b]$ を n 個の区間 $[x_0, x_1]$、$[x_1, x_2]$、$[x_2, x_3]$、……、$[x_{n-1}, x_n]$ に分ける（右図）。ここで、隣り合う区間は端点を共有しているが、各小区間の長さ

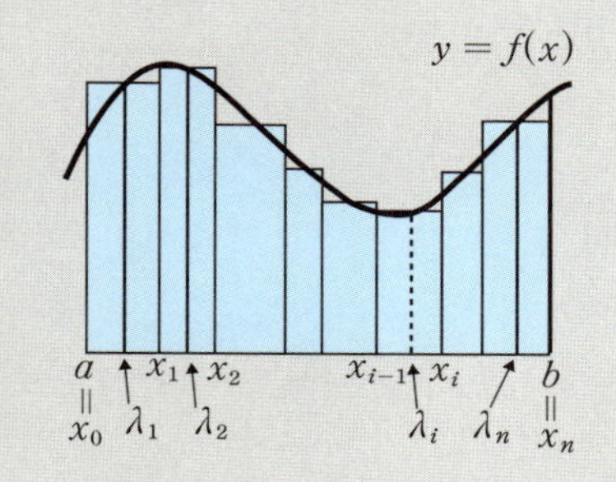

$$x_1 - x_0、x_2 - x_1、\cdots、x_n - x_{n-1}$$

は必ずしも等しくない。いま、各小区間 $[x_0, x_1]$、$[x_1, x_2]$、$[x_2, x_3]$、……、$[x_{n-1}, x_n]$ から、それに属する点 λ_1、λ_2、λ_3、…、λ_{n-1}、λ_n をそれぞれ1つずつ選ぶ。すなわち、

$$x_{i-1} \leqq \lambda_i \leqq x_i \qquad (i = 1, 2, 3, \cdots, n)$$

であるような実数 λ_i を選ぶ。このとき、次の和

$$\sum_{i=1}^{n} f(\lambda_i)\Delta x_i = f(\lambda_1)\Delta x_1 + f(\lambda_2)\Delta x_2 + \cdots + f(\lambda_i)\Delta x_i + \cdots + f(\lambda_n)\Delta x_n \quad \cdots\cdots(2)$$

ただし、$\Delta x_i = x_i - x_{i-1}$

を考える。ここで、各小区間 $[x_i, x_{i-1}]$ の長さ $\Delta x_i = x_i - x_{i-1}$ が限りなく小さくなるように細かくしていくとき、λ_i を小区間 $[x_i, x_{i-1}]$ からどのように選んだとしても、上記の和 (2) が常に一定の値に近づいて

いくとき、関数 $f(x)$ は区間 $[a, b]$ で**積分可能**であるといい、その一定の値を記号 $\int_a^b f(x)dx$ で表わす。つまり、

$$\int_a^b f(x)dx = \lim_{\substack{n\to\infty \\ \Delta x_i\to 0}} \sum_{i=1}^{n} f(\lambda_i)\Delta x_i$$

3-11 置換積分で計算を簡単にする

積分において、積分変数を他の変数に置き換えて「かんたんに計算する方法」が置換積分法であり、ベクトル解析でもよく使われる。

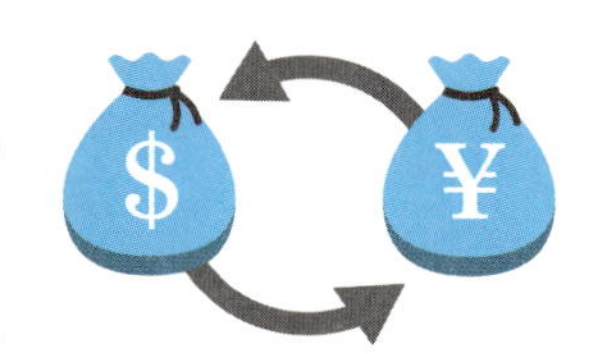

一般に、$f(x)$ に対して $F'(x)=f(x)$ となる。$F'(x)$ を求めることは困難なことが多く積分はむずかしい。しかし「置換積分法」などを利用すると、求められる積分の範囲を広げることができる。2 つのパターンで置換積分を説明しよう。

●複雑な式を 1 文字で置き換える

誰だって、計算はかんたんな方がよい。そこで、**複雑な式を 1 文字で置き換えてかんたんに計算する積分計算**を調べてみよう。

例：$\int x(x^2-1)^3\,dx$

$x^2-1=t$ **と置き換える**と、$2xdx=dt$ より、$xdx=\dfrac{1}{2}dt$ ゆえに、

$$\int x(x^2-1)^3\,dx=\int (x^2-1)^3\,xdx=\int t^3\frac{1}{2}dt=\frac{1}{8}t^4+C$$

この t に x^2-1 を代入する。$\int x(x^2-1)^3\,dx=\dfrac{1}{8}(x^2-1)^4+C$

こうして、変数を $t=x^2-1$ によって x から t に置き換えることで、

$\int x(x^2-1)^3\,dx$ の計算が $\int \dfrac{1}{2}t^3\,dt$ という簡易な計算に置き換わった。

●積分変数を他の式で置き換える

逆に、複雑な式に積分変数を置き換えることで、結果的に計算がしやす

くなることもある。そんな置き換え例を見よう。

例：$\displaystyle\int \frac{1}{\sqrt{a^2-x^2}}dx \quad (a>0)$

関数$\dfrac{1}{\sqrt{a^2-x^2}}$の定義域は$-a<x<a$である。そこで、

$x=a\sin t \quad \left(-\dfrac{\pi}{2}<t<\dfrac{\pi}{2}\right)$とすれば（一見、複雑な置き換え）、

$$dx=a\cos t dt$$

となる。ゆえに、

$$\int \frac{1}{\sqrt{a^2-x^2}}dx=\int \frac{1}{\sqrt{a^2(1-\sin^2 t)}}a\cos t dt$$

$$=\int \frac{a\cos t}{a\cos t}dt=\int dt=t+C=\sin^{-1}\frac{x}{a}+C \text{ *注)}$$

変数を$x=a\sin t$によってxからtに置き換えることで、$\displaystyle\int \frac{1}{\sqrt{a^2-x^2}}dx$という計算が、なんと、$\displaystyle\int dt$の計算に変身したのである。

（注）$t=\sin^{-1}\dfrac{x}{a} \quad (-a<x<a)$　は　$x=a\sin t \quad \left(-\dfrac{\pi}{2}<t<\dfrac{\pi}{2}\right)$　の逆関数。

●定積分において置換すると積分区間が変わる！

1つ注意がある。定積分においては、積分変数xを他の変数tに置換すると、積分変数xのとる値の範囲が、新たな積分変数tの範囲に引き継がれることに注意しなければならない。具体例で見てみよう。

(1)　$\displaystyle\int_1^2 x(x^2-1)^3dx=\int_0^3 t^3\frac{1}{2}dt=\left[\frac{t^4}{8}\right]_0^3=\frac{81}{8}$

$t=x^2-1$と置換（このとき、$dt=2xdx$ ）

x	$1 \to 2$
t	$0 \to 3$

(2)　$r>0$のとき

$$\int_0^r \sqrt{r^2-x^2}\,dx=\int_0^{\frac{\pi}{2}}\sqrt{r^2-r^2\sin^2\theta}\,r\cos\theta d\theta=r^2\int_0^{\frac{\pi}{2}}\cos^2\theta d\theta$$

$$=r^2\int_0^{\frac{\pi}{2}}\frac{1+\cos 2\theta}{2}d\theta=\frac{r^2}{2}\left[\theta+\frac{\sin 2\theta}{2}\right]_0^{\frac{\pi}{2}}=\frac{\pi r^2}{4}$$

$\boldsymbol{x=r\sin\theta}$と置換（このとき、$\boldsymbol{dx=r\cos\theta d\theta}$）

x	0	$\to$	r
t	0	$\to$	$\frac{\pi}{2}$

置換積分

(1) 複雑な式を 1 文字で置き換える

$$\int_a^b f(g(x))g'(x)dx \quad \Rightarrow \quad \int_\alpha^\beta f(t)dt$$

$g(x)=t$ と置換（このとき、$\boldsymbol{g'(x)dx=dt}$）

x	a	$\to$	b
t	α	$\to$	β

(2) 積分変数 x を他の式で置き換える

$$\int_a^b f(x)dx \quad \Rightarrow \quad \int_\alpha^\beta f(g(t))g'(t)dt$$

$x=g(t)$ と置換（このとき、$\boldsymbol{dx=g'(t)dt}$）

x	a	$\to$	b
t	α	$\to$	β

3-12 「2重積分」は積分を2回繰り返す

変数が1つである関数 $f(x)$ の積分 $\int_a^b f(x)dx$ は、分割を限りなく細かくしたときの下の左図の長方形の面積の和の極限値であった。これから想像すると、変数がxとyの2つである2変数の関数 $z=f(x, y)$ は一般に曲面を表わすので、その積分は分割を限りなく細かくしたときの下の右図のような直方体の体積の和の極限値と思われるが、どうだろうか。

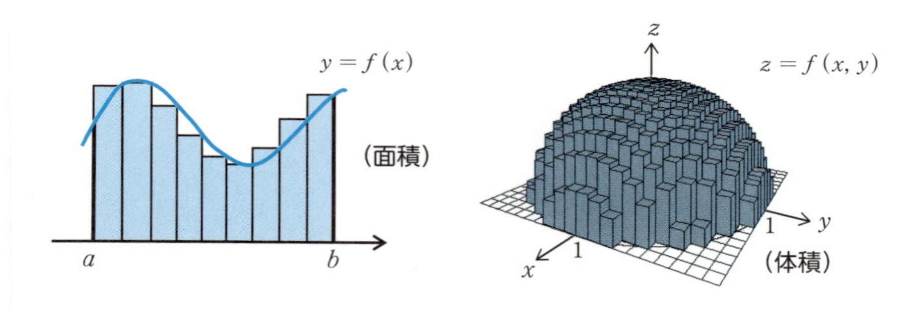

関数$z=f(x, y)$が領域D（$a \leqq x \leqq b$, $c \leqq y \leqq d$）で定義されているとする。このとき、xとyの値が決まればzが決まるので、xyz座標空間において点$\mathrm{P}(x, y, z)$が決まる。そして、xとyを領域Dで変化させると、それに応じて点$\mathrm{P}(x, y, z)$が変化し、このような点Pの集合として曲面（青い網掛け部分）が描かれることになる。ただし、ここでは領域Dにおいて$z=f(x, y) \geqq 0$として考えている。

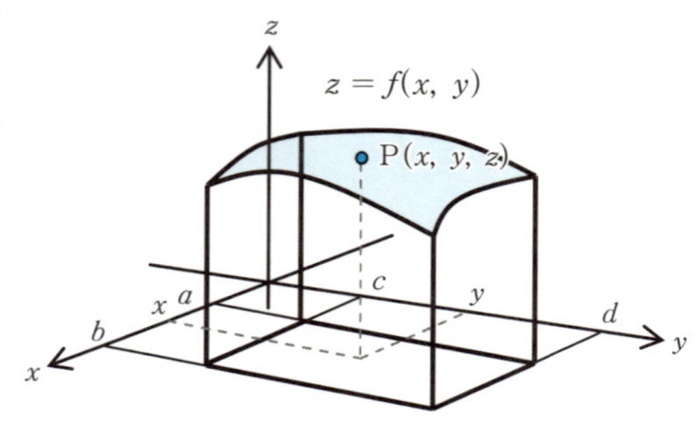

1変数の関数$f(x)$の積分では、微小長方形の面積

$f(x)\Delta x$ の総和の極限を考えた（§3−10）。そこで、2変数の関数 $f(x,\ y)$ の場合には、微小直方体の体積 $f(x,\ y)\Delta x\Delta y$ の総和の極限を考えることにする。

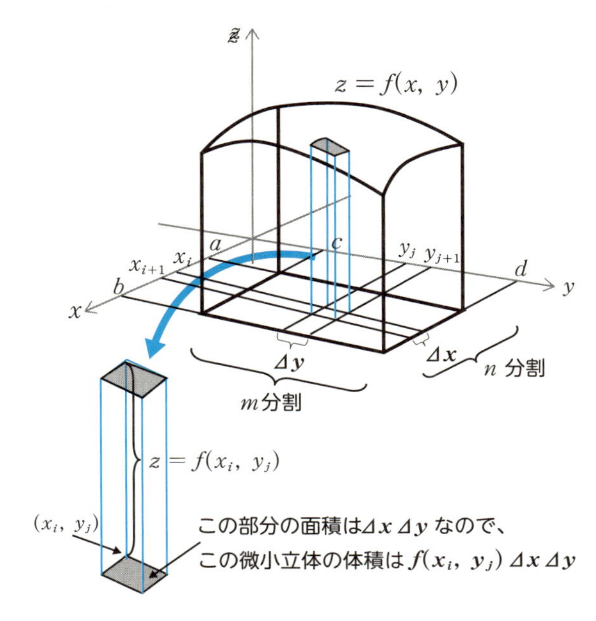

つまり、右図のように、区間 $a \leqq x \leqq b$ を n 分割した際の1つの小区間の幅を Δx とし、区間 $c \leqq y \leqq d$ を m 分割した際の1つの小区間の幅を Δy としてみる。このときできる nm 個の微小直方体 $f(x_i,\ y_j)\Delta x\Delta y$ の和の極限

$$\lim_{\substack{n\to\infty \\ m\to\infty}} \sum_{i,j} f(x_i,\ y_j)\Delta x\Delta y \quad \cdots\cdots ①$$

を考えるのである。①が極限値をもてば、その値を

$\displaystyle\iint_D f(x,\ y)dxdy$ と書くことにし、これを**2重積分**と呼ぶことにする。

つまり、2変数の関数の領域 D における積分を

$$\iint_D f(x,\ y)dxdy = \lim_{\substack{n\to\infty \\ m\to\infty}} \sum_{i,j} f(x_i,\ y_j)\Delta x\Delta y \quad \cdots\cdots ②$$

と定義するのである。

なお、$z=f(x,\ y) \geqq 0$ のとき、2重積分②の値をもって、関数 $z=f(x,\ y)$ と領域 $D(a \leqq x \leqq b,\ c \leqq y \leqq d)$ によって挟まれた立体の体積 V と定義する。

●2重積分の計算はどうする？

2重積分①の値は $z=f(x, y) \geqq 0$ のとき、関数 $z=f(x, y)$ と領域 $D(a \leqq x \leqq b, c \leqq y \leqq d)$ によって挟まれた立体の体積 V のことである。

この体積 V は、次のように積分を2回行なうことで求めることができる。

まず、$\int_c^d f(x, y)dy$ を計算する。これは、x を定数とみなし、変数 y について $f(x, y)$ を積分したもので、図の青い色で囲まれた図形の面積 $S(x)$ を求めたことになる。つまり、立体の断面積である。次に、この断面積 $S(x)$ を x 軸方向に a から b まで積分してみる。すると、これは立体の体積 V を求めたことになる。つまり、

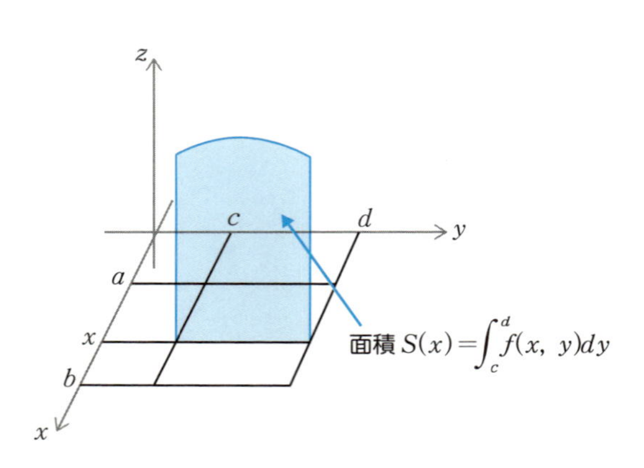

$$V=\int_a^b S(x)dx=\int_a^b\left\{\int_c^d f(x, y)dy\right\}dx \quad \cdots\cdots ③$$

なお、②は $z=f(x, y) \geqq 0$ のとき、体積 V の計算をしているので、②、③より、次の式が成立することになる。

$$\iint_D f(x, y)dxdy=\int_a^b\left\{\int_c^d f(x, y)dy\right\}dx \quad \cdots\cdots ④$$

もちろん、x と y の見方を変えて考えれば、④の計算は次の⑤のように計算することもできる。

$$\iint_D f(x, y)dxdy=\int_c^d\left\{\int_a^b f(x, y)dx\right\}dy \quad \cdots\cdots ⑤$$

ここで、$\int_a^b f(x,\ y)dx$ は変数 y を定数とみなして、変数 x について積分したもので、右図の青い色で囲まれた図形の面積 $T(y)$、つまり立体の断面積を表わしている。

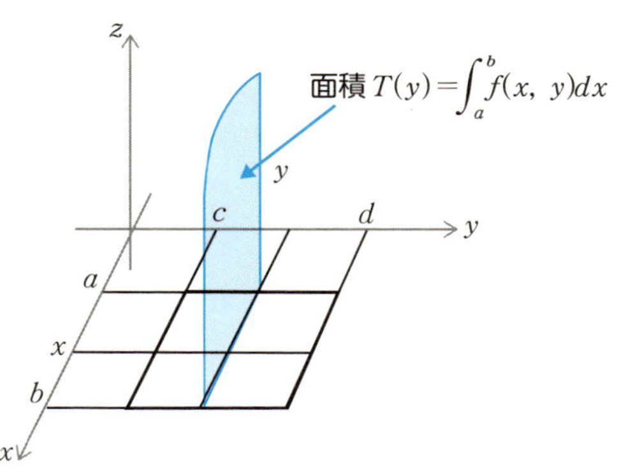

なお、ここでは、領域 D で $z=f(x,\ y)\geqq 0$ と仮定したが、負の場合には②は体積に $-$（マイナス）がついたものと考えればよい。

〔例〕 曲面 $z=xy^2$ と xy 平面、平面 $x=1$、平面 $y=1$ で囲まれた立体の体積 V を求めてみよう。

$$V=\iint_D xy^2\,dxdy$$

$$=\int_0^1\left\{\int_0^1 xy^2\,dy\right\}dx$$

$$=\frac{1}{3}\int_0^1 xdx=\frac{1}{6}$$

●積分範囲が長方形領域でない場合の2重積分

領域 D が次ページの図のようであるとき、$\iint_D f(x,\ y)dxdy$ の計算は次の⑥のようになる。

$$\iint_D f(x,\ y)dxdy=\int_a^b\left\{\int_{g(x)}^{h(x)} f(x,\ y)dy\right\}dx \quad \cdots\cdots ⑥$$

ここで $\int_{g(x)}^{h(x)} f(x, y)dy$ は変数 x を定数とみなして、変数 y について積分したもので、右下図の青い色で囲まれた図形の面積 $S(x)$ を表わしている。

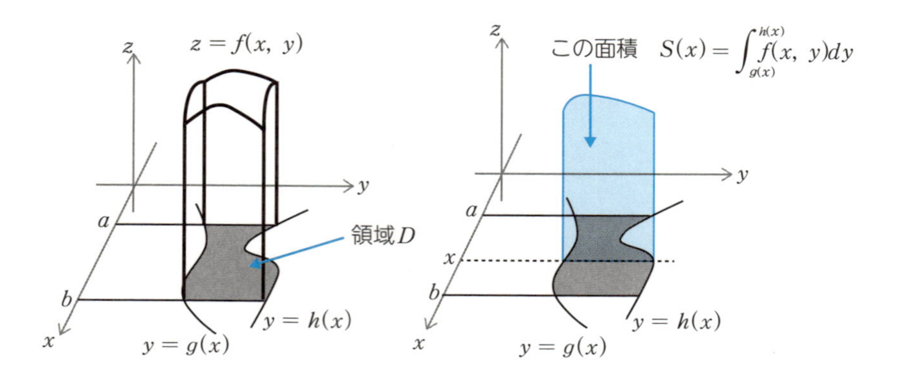

〔例〕 円柱面 $x^2+y^2=a^2$ の xy 平面より上方、平面 $z=y$ の下方にある部分の体積 V を求めてみよう。

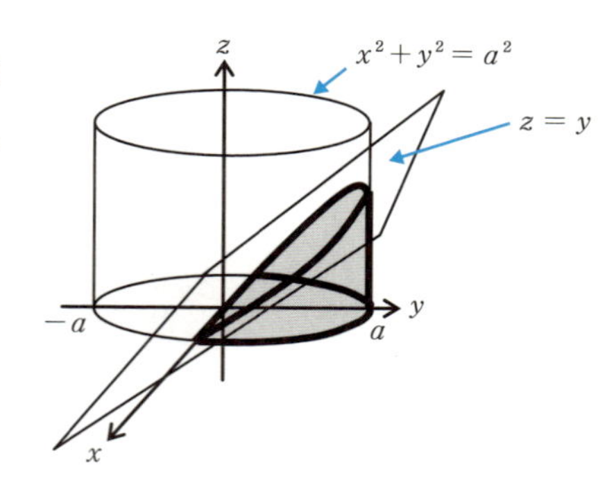

（解） 求める体積 V は $z=y$ を

$$D: 0 \leqq y、x^2+y^2 \leqq a^2$$

で積分して得られる。よって、

$$V=\iint_D z\,dxdy=\int_{-a}^{a}\left\{\int_0^{\sqrt{a^2-x^2}} y\,dy\right\}dx$$

$$=\int_{-a}^{a}\frac{a^2-x^2}{2}dx=\frac{2}{3}a^3$$

2重積分は立体の体積を表わす

2変数の関数 $z=f(x,\ y)$ に対して、$\displaystyle\lim_{\substack{n\to\infty\\ m\to\infty}}\sum_{i,j}f(x_i,\ y_j)\Delta x\Delta y$ の値を $\displaystyle\iint_D f(x,\ y)dxdy$ と書き **2重積分**という。

つまり、$\displaystyle\iint_D f(x,\ y)dxdy=\lim_{\substack{n\to\infty\\ m\to\infty}}\sum_{i,j}f(x_i,\ y_j)\Delta x\Delta y$

これは $z=f(x,\ y)\geqq 0$ のとき、図形的には下図の立体の体積を表わす。

実際の計算は積分計算を2回すればよい。

(1)　領域 D が $a\leqq x\leqq b$、$c\leqq y\leqq d$ の場合

$$\iint_D f(x,\ y)dxdy=\int_a^b\left\{\int_c^d f(x,\ y)dy\right\}dx$$

$$\iint_D f(x,\ y)dxdy=\int_c^d\left\{\int_a^b f(x,\ y)dx\right\}dy$$

(2)　領域 D が $a\leqq x\leqq b$、
　　$g(x)\leqq y\leqq h(x)$ の場合

$$\iint_D f(x,\ y)dxdy=\int_a^b\left\{\int_{g(x)}^{h(x)} f(x,\ y)dy\right\}dx$$

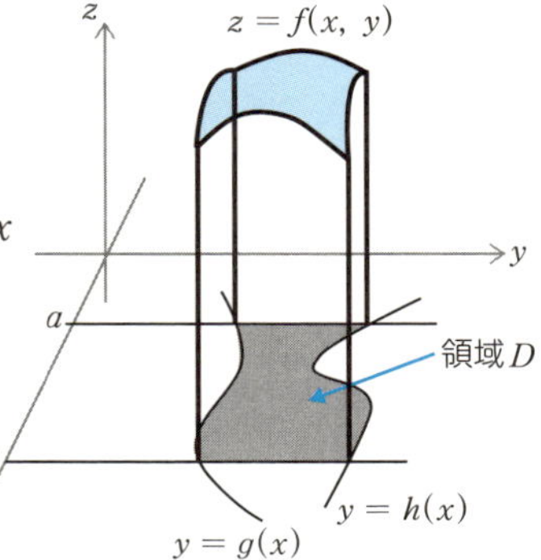

3-13 ベクトル関数にも不定積分

関数$F(x)$を微分すると$f(x)$であるとき、$F(x)$を$f(x)$の不定積分といった。では、ベクトル関数の不定積分とはどういうものだろうか。

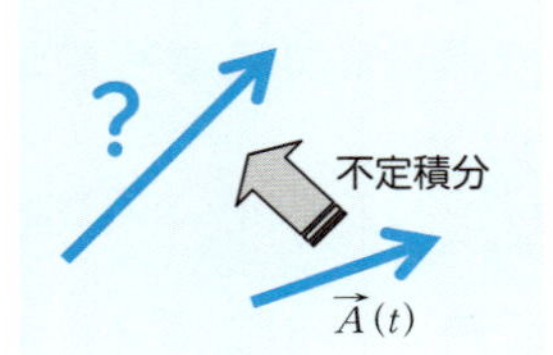

ベクトル関数の不定積分は、関数の不定積分と同じように定義される。つまり、ベクトル関数$\vec{W}(t)$を微分したらベクトル関数$\vec{A}(t)$になるとき、$\vec{W}(t)$を$\vec{A}(t)$の**不定積分**という。また、ベクトル関数$\vec{W}(t)$がベクトル関数$\vec{A}(t)$の不定積分であることを関数の場合と同様、次のように書く。

$$\vec{W}(t)=\int\vec{A}(t)dt$$

●ベクトル関数の不定積分は「成分表示」を使う

微分したら$\vec{A}(t)$になるベクトル関数を$\vec{W}(t)$とする。これを求めるのにベクトルを矢印表示で考えると、かなりツライ。微分・積分は極限計算だから、**計算可能な成分表示で処理した方がラク**である。そこで、

$$\vec{W}(t)=(W_x(t),\ W_y(t),\ W_z(t))、\vec{A}(t)=(A_x(t),\ A_y(t),\ A_z(t))$$

とすれば、条件$(\vec{W}(t))'=\vec{A}(t)$より

$$W_x'(t)=A_x(t)、W_y'(t)=A_y(t)、W_z'(t)=A_z(t)$$

ここで、$W_x(t)$、$W_y(t)$、$W_z(t)$、$A_x(t)$、$A_y(t)$、$A_z(t)$はtの関数なので

$$W_x(t)=\int A_x(t)dt、W_y(t)=\int A_y(t)dt、W_z(t)=\int A_z(t)dt$$

ゆえに、

$$\overrightarrow{W}(t)=(W_x(t),\ W_y(t),\ W_z(t))$$
$$=\left(\int A_x(t)dt,\ \int A_y(t)dt,\ \int A_z(t)dt\right)$$

よって、$\int\overrightarrow{A}(t)dt=\left(\int A_x(t)dt,\ \int A_y(t)dt,\ \int A_z(t)dt\right)$

つまり、ベクトル関数$\overrightarrow{A}(t)$の不定積分は$\overrightarrow{A}(t)$の各成分の不定積分を成分とするベクトル関数である。

●ベクトル関数の不定積分の性質

ベクトル関数の不定積分については次の計算が可能である。

(1)　ベクトル関数の和、差の不定積分

$\overrightarrow{A}(t)\pm\overrightarrow{B}(t)=(A_x\pm B_x,\ A_y\pm B_y,\ A_z\pm B_z)$ より、

$$\int(\overrightarrow{A}\pm\overrightarrow{B})dt=\left(\int(A_x\pm B_x)dt,\int(A_y\pm B_y)dt,\int(A_z\pm B_z)dt\right)$$
$$=\left(\int A_x dt\pm\int B_x dt,\int A_y dt\pm\int B_y dt,\int A_z dt\pm\int B_z dt\right)$$
$$=\left(\int A_x dt,\int A_y dt,\int A_z dt\right)\pm\left(\int B_x dt,\int B_y dt,\int B_z dt\right)$$
$$=\int\overrightarrow{A}dt\pm\int\overrightarrow{B}dt$$

ゆえに、$\int(\overrightarrow{A}\pm\overrightarrow{B})dt=\int\overrightarrow{A}dt\pm\int\overrightarrow{B}dt$　　（複号同順）

(2)　ベクトル関数の定数倍の不定積分

$k\overrightarrow{A}=(kA_x,\ kA_y,\ kA_z)$より、　（$k$は定数）

$$\int k\overrightarrow{A}dt=\left(\int kA_x dt,\int kA_y dt,\int kA_z dt\right)$$
$$=\left(k\int A_x dt,k\int A_y dt,k\int A_z dt\right)$$
$$=k\left(\int A_x dt,\int A_y dt,\int A_z dt\right)=k\int\overrightarrow{A}dt$$

ゆえに、$\int k\vec{A}dt = k\int \vec{A}dt$

(3)　定ベクトルとベクトル関数の内積の不定積分

定ベクトルを$\vec{K}=(k_1,\ k_2,\ k_3)$とすると（$k_1,\ k_2,\ k_3$は定数）、

$$\vec{K}\cdot\vec{A} = k_1A_x + k_2A_y + k_3A_z$$

よって、

$$\int\vec{K}\cdot\vec{A}dt = \int(k_1A_x + k_2A_y + k_3A_z)dt$$
$$= k_1\int A_x dt + k_2\int A_y dt + k_3\int A_z dt$$

また、

$$\vec{K}\cdot\int\vec{A}dt = (k_1,\ k_2,\ k_3)\cdot\left(\int A_x dt,\ \int A_y dt,\ \int A_z dt\right)$$
$$= k_1\int A_x dt + k_2\int A_y dt + k_3\int A_z dt$$

ゆえに、$\int\vec{K}\cdot\vec{A}dt = \vec{K}\cdot\int\vec{A}dt$

(4)　定ベクトルとベクトル関数の外積の不定積分

定ベクトルを$\vec{K}=(k_1,\ k_2,\ k_3)$とすると、外積の定義より

$$\vec{K}\times\vec{A}(t) = (k_2A_z - k_3A_y,\ k_3A_x - k_1A_z,\ k_1A_y - k_2A_x)$$

となる。ゆえに、

$$\int\vec{K}\times\vec{A}(t)dt = \left(\int(k_2A_z - k_3A_y)dt,\ \int(k_3A_x - k_1A_z)dt,\ \int(k_1A_y - k_2A_x)dt\right)$$
$$= \left(\int k_2A_z dt - \int k_3A_y dt,\ \int k_3A_x dt - \int k_1A_z dt,\ \int k_1A_y dt - \int k_2A_x dt\right)$$
$$= \left(k_2\int A_z dt - k_3\int A_y dt,\ k_3\int A_x dt - k_1\int A_z dt,\ k_1\int A_y dt - k_2\int A_x dt\right)$$

また、外積の定義より

$$\vec{K} \times \int \vec{A}dt = (k_1,\ k_2,\ k_3) \times \left(\int A_x dt,\ \int A_y dt,\ \int A_z dt \right)$$

$$= \left(k_2 \int A_z dt - k_3 \int A_y dt,\ k_3 \int A_x dt - k_1 \int A_z dt,\ k_1 \int A_y dt - k_2 \int A_x dt \right)$$

ゆえに、 $\int \vec{K} \times \vec{A}(t)dt = \vec{K} \times \int \vec{A}(t)dt$

〔例〕 $\vec{r}(t)$ を時刻 t における動点Pの位置ベクトルとする。このとき、$\vec{r}'(t) = (-a\omega \sin \omega t, a\omega \cos \omega t)$ 、$\vec{r}(0) = (a,\ 0)$ とすれば、

$$\vec{r}(t) = \left(\int (-a\omega \sin \omega t)dt,\ \int a\omega \cos \omega t dt \right) = (a \cos \omega t + c_1,\ a \sin \omega t + c_2)$$

$\vec{r}(0) = (a,\ 0)$ より $(a + c_1,\ c_2) = (a,\ 0)$ ゆえに $c_1 = c_2 = 0$

よって、$\vec{r}(t) = (a \cos \omega t,\ a \sin \omega t)$

なお、$\vec{r}'(t)$ は動点Pの速度ベクトルである。

〔例〕 $\vec{A} = (t,\ t^2,\ t^3)$、$k = 12$ のとき

$$\int k\vec{A}dt = \int 12\vec{A}dt = 12\int \vec{A}dt = 12\left(\frac{t^2}{2},\ \frac{t^3}{3},\ \frac{t^4}{4} \right) = (6t^2,\ 4t^3,\ 3t^4)$$

（積分定数は省略）

ベクトル関数の不定積分

●ベクトル関数の不定積分の定義

ベクトル関数 $\vec{W}(t)$ の導関数がベクトル関数 $\vec{A}(t)$ であるとき、$\vec{W}(t)$ を $\vec{A}(t)$ の不定積分といい $\vec{W}(t) = \int \vec{A}(t)dt$ と書く。

●成分表示と不定積分

ベクトル関数の不定積分は成分ごとの不定積分となる。

$$\int \vec{A}(t)dt = \int (A_x(t),\ A_y(t),\ A_z(t))dt$$
$$= \left(\int A_x(t)dt,\ \int A_y(t)dt,\ \int A_z(t)dt\right)$$

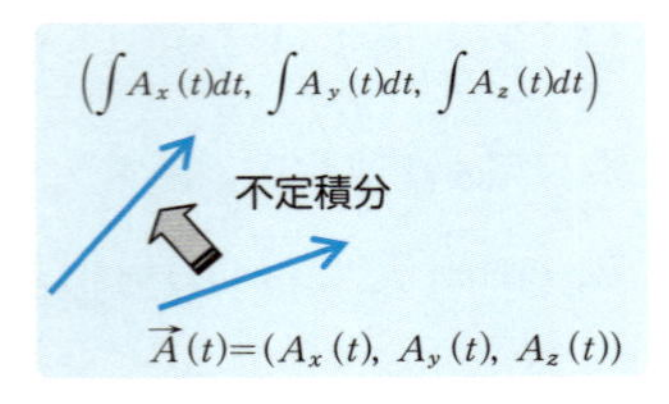

●不定積分の計算

ベクトル関数の不定積分については次の計算式が成立する。ただし、$\vec{A}(t)$、$\vec{B}(t)$ はベクトル関数、$\vec{K}$ は定ベクトル、k は定数とする。

(1) $\int (\vec{A}(t) \pm \vec{B}(t))dt = \int \vec{A}(t)dt \pm \int \vec{B}(t)dt$ （複号同順）

(2) $\int k\vec{A}(t)dt = k\int \vec{A}(t)dt$

(3) $\int \vec{K} \cdot \vec{A}(t)dt = \vec{K} \cdot \int \vec{A}(t)dt$

(4) $\int \vec{K} \times \vec{A}(t)dt = \vec{K} \times \int \vec{A}(t)dt$

 3-14 ベクトル関数の定積分は定ベクトル

関数$f(x)$の区間$a \leqq x \leqq b$における定積分は次のように定義されている。

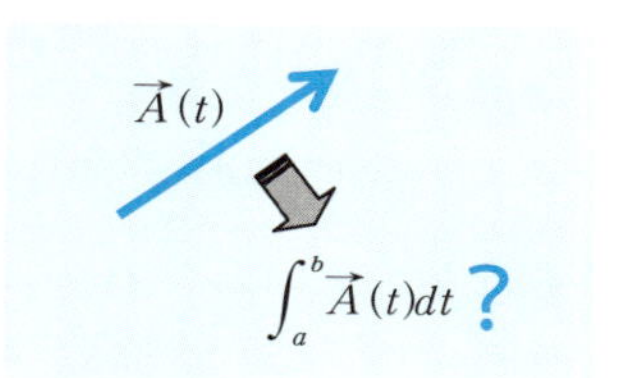

$$\int_a^b f(x)dx = \lim_{n\to\infty}\sum_{i=1}^{n} f(x_i)\Delta x$$

ただし、$\Delta x = (b-a)/n$

それでは、ベクトル関数$\vec{A}(t)$の定積分はどう定義されるのだろうか。

ベクトル関数$\vec{A}(t)=(A_x(t), A_y(t), A_z(t))$が区間$a \leqq t \leqq b$で定義されているとする。この区間を$n$個の均等な小区間に分割し、その区間幅を$\Delta t$、$i$番目の小区間の右端の値を$t_i$とする*注)。

このとき、次のベクトルの和を考える。

$$\sum_{i=1}^{n}\vec{A}(t_i)\Delta t = \vec{A}(t_1)\Delta t + \vec{A}(t_2)\Delta t + \cdots\cdots + \vec{A}(t_i)\Delta t + \cdots\cdots + \vec{A}(t_n)\Delta t \quad \cdots\cdots①$$

ここで、nを限りなく大きくしたとき、つまり、分割を限りなく細かくしたとき、①がある定ベクトル$\vec{S}$に収束するならば、その定ベクトル$\vec{S}$をベクトル関数$\vec{A}(t)$のaからbまでの**定積分**といい、次のように書く。

$$\vec{S} = \int_a^b \vec{A}(t)dt \qquad \text{つまり} \qquad \int_a^b \vec{A}(t)dt = \lim_{n\to\infty}\sum_{i=1}^{n}\vec{A}(t_i)\Delta t$$

（注）厳密には、区間$a \leqq t \leqq b$の分割は均等である必要はない。また、t_iはi番目の区間の中の任意の値でよい。ここでは説明をかんたんにするために、上記のように設定した。

●ベクトル関数の定積分の図形的意味

関数 $f(x)$ に対して $\sum_{i=1}^{n} f(x_i)\Delta x$ の図形的な意味はなんだろうか。それは右図のように、短冊状の n 個の長方形の面積の和を示している（$f(x) \geqq 0$ の場合）。

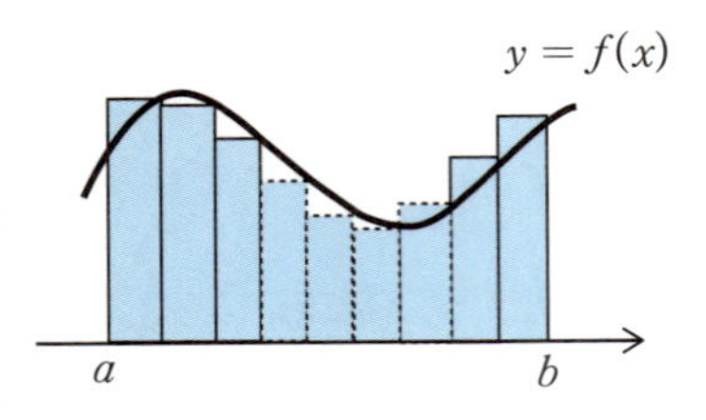

では、前ページの①（下に再掲した）は図形的にはどうなっているのだろうか。

$$\sum_{i=1}^{n} \overrightarrow{A}(t_i)\Delta t = \overrightarrow{A}(t_1)\Delta t + \overrightarrow{A}(t_2)\Delta t + \overrightarrow{A}(t_3)\Delta t + \cdots\cdots + \overrightarrow{A}(t_n)\Delta t \quad \cdots\cdots②$$

それを図示すれば下図のような「n 個の青色のベクトルの和」と考えられ、それが 2 次元のベクトル関数であれば xy 平面のベクトル、3 次元のベクトル関数の例であれば xyz 空間のベクトルとなる。

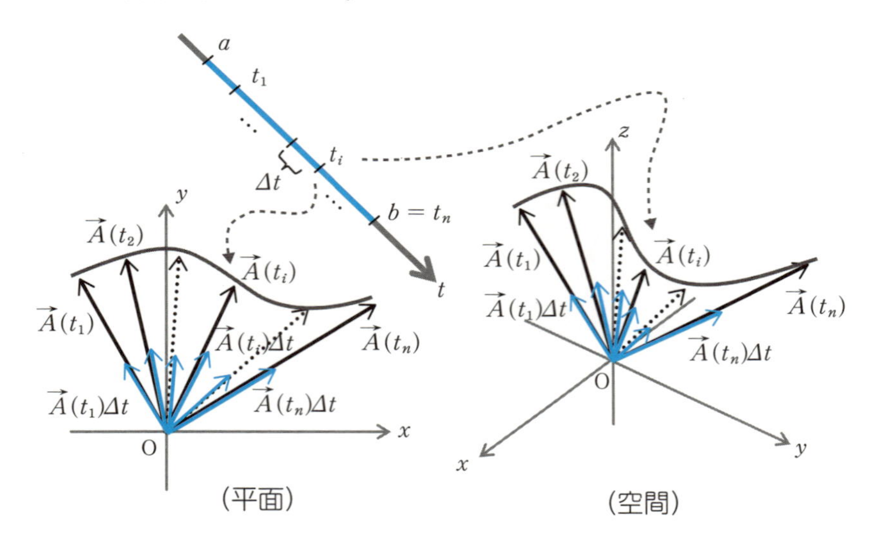

●ベクトル関数の定積分の成分表示

ここで、ベクトル関数 $\overrightarrow{A}(t)$ を $(A_x(t),\ A_y(t),\ A_z(t))$ とし、②を成分表

示すると次のようになる。

$$\sum_{i=1}^{n}\overrightarrow{A}(t_i)\Delta t=(A_x(t_1),\ A_y(t_1),\ A_z(t_1))\Delta t+\cdots$$
$$+(A_x(t_i),\ A_y(t_i),\ A_z(t_i))\Delta t+\cdots$$
$$+(A_x(t_n),\ A_y(t_n),\ A_z(t_n))\Delta t$$
$$=\left(\sum_{i=1}^{n}A_x(t_i)\Delta t,\ \sum_{i=1}^{n}A_y(t_i)\Delta t,\ \sum_{i=1}^{n}A_z(t_i)\Delta t\right)$$

ゆえに、極限の計算を成分ごとの極限計算に置き換えてしまうと、

$$\int_a^b\overrightarrow{A}(t)dt=\lim_{n\to\infty}\sum_{i=1}^{n}\overrightarrow{A}(t_i)\Delta t$$
$$=\left(\lim_{n\to\infty}\sum_{i=1}^{n}A_x(t_i)\Delta t,\ \lim_{n\to\infty}\sum_{i=1}^{n}A_y(t_i)\Delta t,\ \lim_{n\to\infty}\sum_{i=1}^{n}A_z(t_i)\Delta t\right)$$
$$=\left(\int_a^b A_x(t)dt,\ \int_a^b A_y(t)dt,\ \int_a^b A_z(t)dt\right)$$

よって、ベクトル関数$\overrightarrow{A}(t)$の定積分は、$\overrightarrow{A}(t)$の各成分（これは単なる関数）の定積分を成分とする定ベクトルになる。

$$\int_a^b\overrightarrow{A}(t)dt=\left(\int_a^b A_x(t)dt,\int_a^b A_y(t)dt,\int_a^b A_z(t)dt\right)$$

そして、**$\overrightarrow{A}(t)$をaからbまで積分するとは、$\overrightarrow{A}(t)$の各成分をaからbまで積分すること**である。

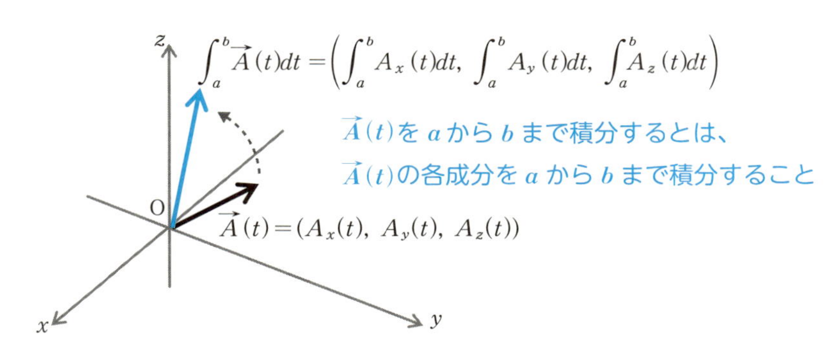

●ベクトル関数と通常の関数の定積分はほぼ同じ

ベクトル関数の定積分は、通常の関数の定積分とほぼ同様な性質がある。以下に、その性質を4つあげておこう。

(1)　定積分の下端と上端を入れ替えると逆ベクトルになる。

$$\int_a^b \vec{A}(t)dt = -\int_b^a \vec{A}(t)dt$$

(2)　定積分の下端と上端が等しいとき零ベクトルになる。

$$\int_a^a \vec{A}(t)dt = \vec{0}$$

(3)　被積分関数の不定積分を利用すれば、定積分の計算は、不定積分に上端を入れたベクトルから下端を入れたベクトルを引けばよい。

つまり、$\vec{W}(t) = \int \vec{A}(t)dt$ のとき、

$$\int_a^b \vec{A}(t)dt = \left[\vec{W}(t)\right]_a^b = \vec{W}(b) - \vec{W}(a)$$

(4)　定積分の下端を定数 a とし、上端を変数 u とするとき、上端の変数 u について定積分を微分すると被積分ベクトル関数となる。

つまり、$\dfrac{d}{du}\displaystyle\int_a^u \vec{A}(t)dt = \vec{A}(u)$ となる。

以下に、(3) と (4) について成立理由を示しておこう。

(3) について：

$\vec{W}(t) = (W_x(t),\ W_y(t),\ W_z(t))$、$\vec{A}(t) = (A_x(t),\ A_y(t),\ A_z(t))$

とすると、$\vec{W}(t) = \int \vec{A}(t)dt$ より、

$$W_x(t) = \int A_x(t)dt、W_y(t) = \int A_y(t)dt、W_z(t) = \int A_z(t)dt$$

ゆえに、

$$\int_a^b \vec{A}(t)dt = \left(\int_a^b A_x(t)dt,\ \int_a^b A_y(t)dt,\ \int_a^b A_z(t)dt\right)$$

$$= (W_x(b) - W_x(a),\ W_y(b) - W_y(a),\ W_z(b) - W_z(a))$$

$$= \vec{W}(b) - \vec{W}(a)$$

(4) について：

$$\vec{W}(t) = \int \vec{A}(t)dt$$

とすると、(3) より以下のようになる。

$$\int_a^u \vec{A}(t)dt = \left[\vec{W}(t)\right]_a^u = \vec{W}(u) - \vec{W}(a)$$

ここで、$\vec{W}(t) = \int \vec{A}(t)dt$ ということは、$\vec{W}(t)$を微分すれば、

$$\frac{d}{dt}\vec{W}(t) = \vec{A}(t)$$

ここで、変数名をtからuに変えて$\frac{d}{du}\vec{W}(u) = \vec{A}(u)$、ゆえに、

$$\frac{d}{du}\int_a^u \vec{A}(t)dt = \frac{d}{du}\{\vec{W}(u) - \vec{W}(a)\} = \vec{A}(u) - \vec{0} = \vec{A}(u)$$

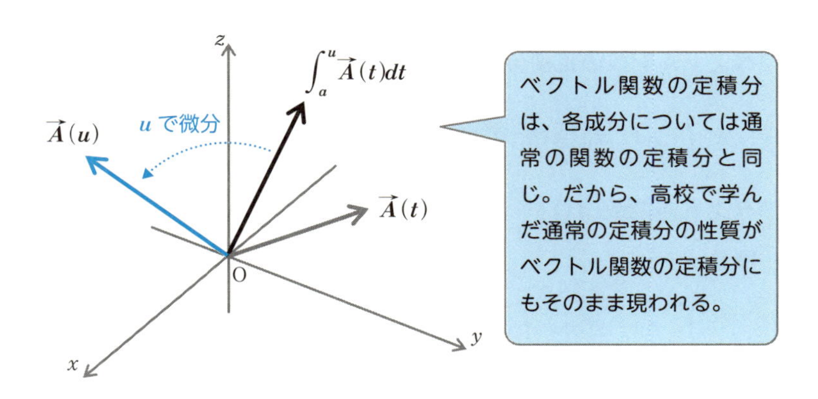

〔例〕 $\vec{A}(t)=(\cos t,\ \sin t,\ e^t)$ のとき、$\int_0^\pi \vec{A}(t)dt$ を求めてみよう。

いま、$\vec{W}(t)=\int \vec{A}(t)dt$ とすると、

$$\int_a^u \vec{A}(t)dt=\left[\vec{W}(t)\right]_a^u=\vec{W}(u)-\vec{W}(a)$$

そして、$\vec{A}(t)=(\cos t,\ \sin t,\ e^t)$ より、

$$\vec{W}(t)=\int \vec{A}(t)dt=\left(\int \cos t dt,\ \int \sin t dt,\ \int e^t dt\right)$$

$$=(\sin t,\ -\cos t,\ e^t) \qquad \text{(積分定数は省略)}$$

よって、$\int_0^\pi \vec{A}(t)dt$ は次のように求められる。

$$\int_0^\pi \vec{A}(t)dt=\vec{W}(\pi)-\vec{W}(0)$$

$$=(\sin\pi,\ -\cos\pi,\ e^\pi)-(\sin 0,\ -\cos 0,\ e^0)$$

$$=(0,\ 1,\ e^\pi)-(0,\ -1,\ 1)=(0,\ 2,\ e^\pi-1)$$

ベクトル関数の定積分

●ベクトル関数の定積分の定義

$$\int_a^b \vec{A}(t)dt=\lim_{n\to\infty}\sum_{i=1}^{n}\vec{A}(t_i)\Delta t \qquad \text{ただし、} \Delta t=(b-a)/n$$

●ベクトル関数 $\vec{A}(t)=(A_x(t),\ A_y(t),\ A_z(t))$ の定積分は各成分の定積分

$$\int_a^b \vec{A}(t)dt=\left(\int_a^b A_x(t)dt,\ \int_a^b A_y(t)dt,\ \int_a^b A_z(t)dt\right)$$

$$\vec{A}(t)=(A_x(t), A_y(t), A_z(t))$$

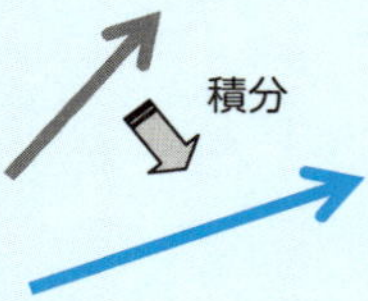

積分

$$\int_a^b \vec{A}(t)dt = \left(\int_a^b A_x(t)dt,\ \int_a^b A_y(t)dt,\ \int_a^b A_z(t)dt\right)$$

●不定積分を利用したベクトル関数の定積分

$$\vec{W}(t)=\int \vec{A}(t)dt \text{ のとき } \int_a^b \vec{A}(t)dt = \left[\vec{W}(t)\right]_a^b = \vec{W}(b)-\vec{W}(a)$$

●ベクトル関数の定積分の性質

ベクトル関数の定積分は、通常の関数の定積分と同様な性質がある。以下に、その例をいくつかあげて確認しておこう。

(1) $\displaystyle\int_a^b \vec{A}(t)dt = -\int_b^a \vec{A}(t)dt$ （区間の端点を上下で入れ替えると、逆ベクトルになる）

(2) $\displaystyle\int_a^a \vec{A}(t)dt = 0$

(3) $\displaystyle\int_a^b \vec{A}(t)dt = \int_a^c \vec{A}(t)dt + \int_c^b \vec{A}(t)dt$

(4) $\displaystyle\frac{d}{du}\int_a^u \vec{A}(t)dt = \vec{A}(u)$ （定積分の上端が変数 u の場合、u で微分すると被積分ベクトル関数になる）

第4章

線積分とは線に沿った積分

「線積分」というと、新しい積分のジャンルのように感じるが、実は、高校で習った積分 $\int_a^b f(x)dx$ と考え方は基本的に同じである。なぜなら、積分 $\int_a^b f(x)dx$ は一種の線積分だからである。つまり、$\int_a^b f(x)dx$ は x 軸という直線（これも線である）に沿った線積分なのである。

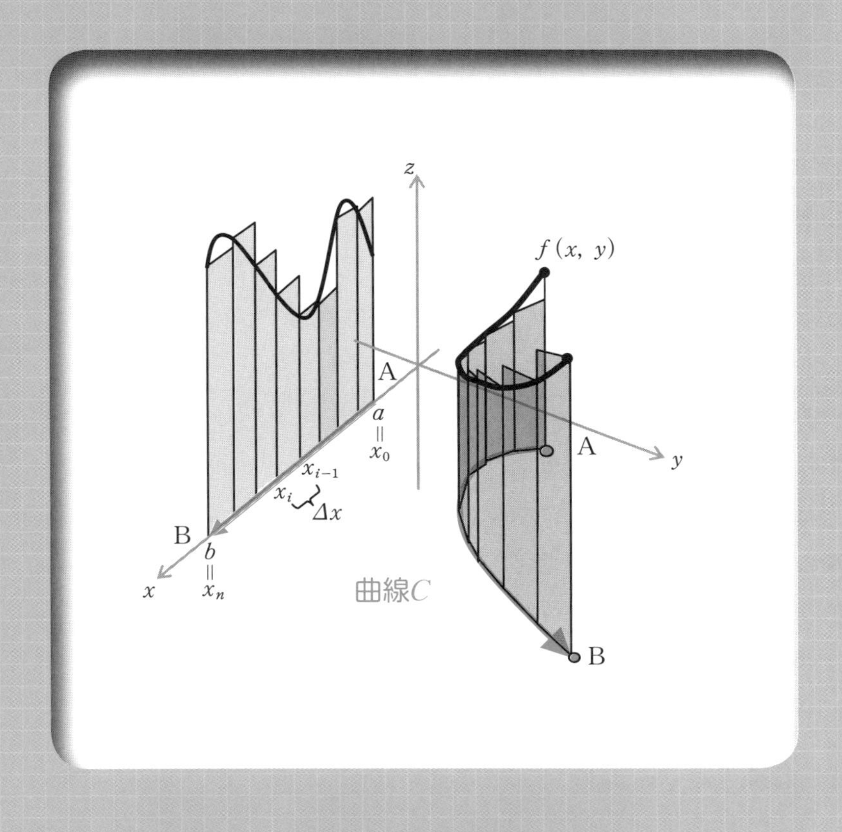

4-1「曲線の長さ」を求めるアイデア

空間の曲線Cがパラメータtを用いて次の式で表わされているとき、この曲線の長さを求めるにはどうすればいいのだろうか。

$$\vec{r}=\vec{r}(t)=(x(t),y(t),z(t)) \quad ただし、a \leqq t \leqq b$$

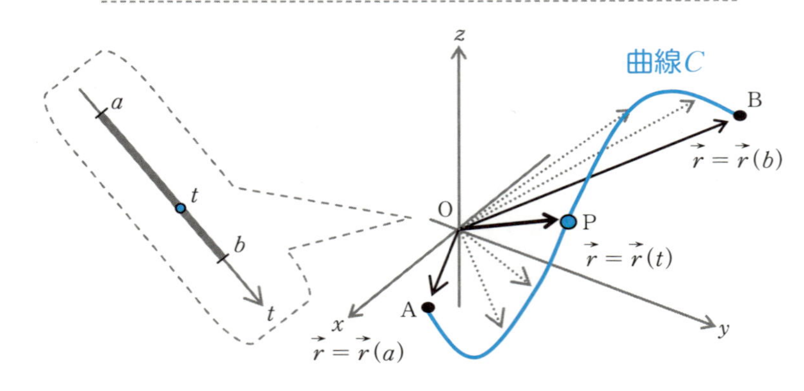

2つの都市がくねくねと曲がった道路で結ばれている場合、小学生にその距離を地図で調べさせるとどうするだろうか。おそらく、曲がった道路上に糸を這わせ、その後、糸を伸ばしてモノサシで測ろうとするだろう。しかし、これでは正確に曲線の長さを求めることはできない。

●曲線の長さは微小線分の和の極限

線分であれば、モノサシを当てれば長さがわかるが、曲線ではモノサシを当てようがない。しかし、**曲線を「短い線分の集まりだ」と考えれば、曲線の長さも求められる**のではないだろうか。

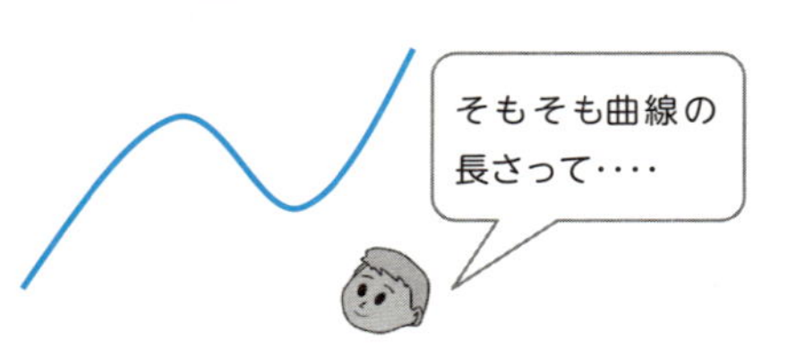

次ページのように、曲線C（両端A、B）をn個の点 P_1、P_2、…、

P_i、…、P_nで n 個の弧に分割し、各々の弧の両端を結ぶ線分（弦）の長さをΔs_1、Δs_2、…、Δs_i、…、Δs_nとする。

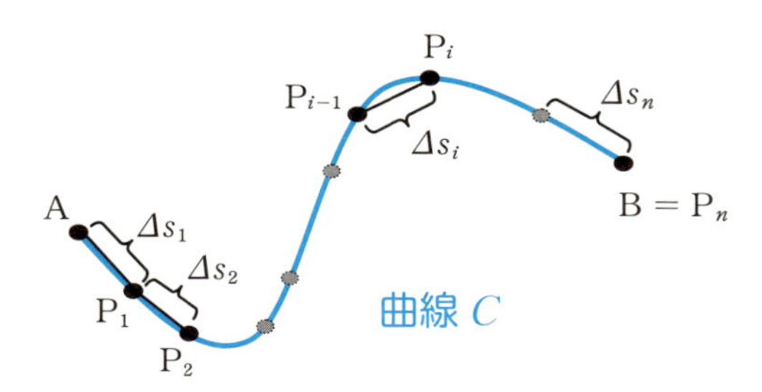

こうして得られた n 個の線分Δs_iの和を考える。

$$\Delta s_1 + \Delta s_2 + \cdots + \Delta s_i + \cdots + \Delta s_n = \sum_{i=1}^{n} \Delta s_i \quad \cdots\cdots①$$

次に、どのΔs_iも 0 に近づくように、分割をドンドン細かくし増やしていく。

$$\lim_{n \to \infty} (\Delta s_1 + \Delta s_2 + \cdots + \Delta s_i + \cdots + \Delta s_n) = \lim_{n \to \infty} \sum_{i=1}^{n} \Delta s_i \quad \cdots\cdots②$$

この②が一定の値 s に近づく（極限値 s）とき、s を「曲線 C の長さ」と定義する。これが数学の扱い方である。ここで②式を積分記号で、

$$\int_{AB} ds \quad \text{または} \quad \int_C ds$$

と書くことにする。この記号は、「**曲線 C（始点 A、終点 B）に沿って微小線分 ds を加えたものが曲線の長さになる**」という意味である（§3－10）。

以上をまとめると、曲線 C の長さ s は次のように表現できる。

$$s = \lim_{n \to \infty} (\Delta s_1 + \Delta s_2 + \cdots + \Delta s_i + \cdots + \Delta s_n)$$

$$= \lim_{n \to \infty} \sum_{i=1}^{n} \Delta s_i = \int_C ds \quad \cdots\cdots③$$

●曲線$\vec{r}=\vec{r}(t)$の長さを求める

曲線Cがパラメータtを用いて次の式で表わされているとき、この**曲線の長さ**を求めてみることにしよう。

$$\vec{r}=\vec{r}(t)=(x(t),y(t),z(t)) \qquad \text{ただし、} a \leqq t \leqq b$$

いま、曲線$\vec{r}=\vec{r}(t)=(x(t),y(t),z(t))$の$a \leqq t \leqq b$の部分の長さを$s$とする。ここで、下図のように区間$a \leqq t \leqq b$を$n$等分し、個々の区間幅を$\Delta t$とし、$i$番目の小区間の端点の値を$t_i$とする。

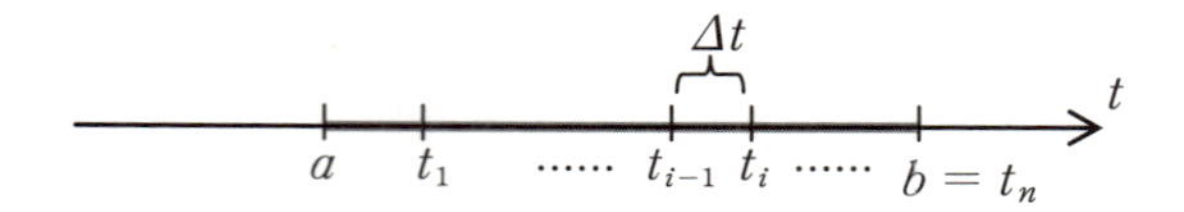

また、$t=t_i$に対応する曲線C上の点$\mathrm{P}(x(t_i),\ y(t_i),\ z(t_i))$を$\mathrm{P}_i$とする。

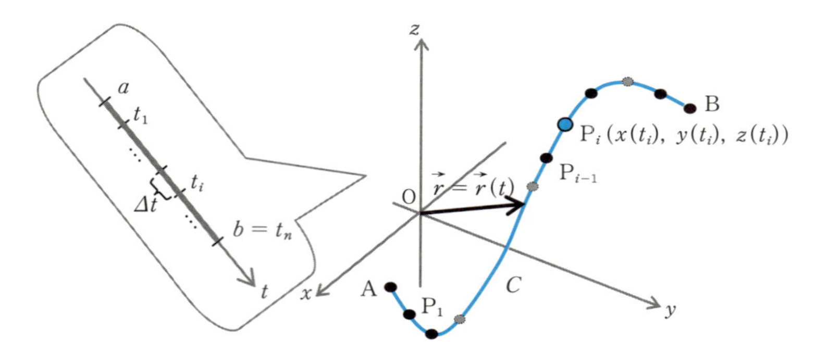

すると、曲線Cはn個の点P_1、P_2、…、P_i、…、P_nによってn個の弧に分割される。ここで、点P_{i-1}とP_iを結ぶ線分（弦）の長さをΔs_iとすると、Δs_iはピタゴラスの定理より、次のように書ける。

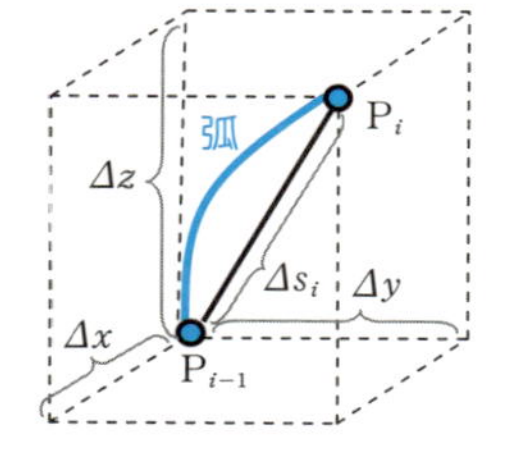

$$\Delta s_i=\overline{\mathrm{P}_{i-1}\mathrm{P}_i}=\sqrt{(\Delta x)^2+(\Delta y)^2+(\Delta z)^2}$$

ただし、$\Delta x,\ \Delta y,\ \Delta z$は$t$が$\Delta t$だけ増えたとき

の$\vec{r}=\vec{r}(t)=(x(t),y(t),z(t))$の各成分の増分である。そこで、この式を次のように変形してみる。

$$\Delta s_i=\sqrt{(\Delta x)^2+(\Delta y)^2+(\Delta z)^2}=\sqrt{\left(\frac{\Delta x}{\Delta t}\right)^2+\left(\frac{\Delta y}{\Delta t}\right)^2+\left(\frac{\Delta z}{\Delta t}\right)^2}\Delta t$$

ここで、nを限りなく大きくし、分割を細かくすると次の式を得る。

$$ds=\sqrt{\left(\frac{dx}{dt}\right)^2+\left(\frac{dy}{dt}\right)^2+\left(\frac{dz}{dt}\right)^2}dt \quad \cdots\cdots ④$$

この④は**線素**と呼ばれ、ベクトル解析ではよく使われる量である。したがって、曲線Cの長さsは先の定義より次のようになる。

$$s=\int_C ds=\int_a^b\sqrt{\left(\frac{dx}{dt}\right)^2+\left(\frac{dy}{dt}\right)^2+\left(\frac{dz}{dt}\right)^2}dt=\int_a^b\left|\frac{d\vec{r}}{dt}\right|dt \quad \cdots\cdots ⑤$$

⑤では、$\frac{d\vec{r}}{dt}=\left(\frac{dx(t)}{dt},\ \frac{dy(t)}{dt},\ \frac{dz(t)}{dt}\right)$より、

$$\left|\frac{d\vec{r}}{dt}\right|=\sqrt{\left(\frac{dx}{dt}\right)^2+\left(\frac{dy}{dt}\right)^2+\left(\frac{dz}{dt}\right)^2}$$

である。

● $d\vec{r}/dt$は接線ベクトル

ベクトル$\vec{r}=\vec{r}(t)$の導関数$\frac{d\vec{r}}{dt}$は微分の定義（§3−7）より、

$$\frac{d\vec{r}}{dt}=\lim_{\Delta t\to 0}\frac{\Delta\vec{r}}{\Delta t}=\lim_{\Delta t\to 0}\frac{\vec{r}(t+\Delta t)-\vec{r}(t)}{\Delta t}$$

ここで、$\frac{\Delta\vec{r}}{\Delta t}$は$\Delta\vec{r}$に平行なベクトルである。$\Delta t$が限りなく0に近づくとき、右図の点Qは限りなく点Pに近づき、$\Delta\vec{r}$の方向は点Pにおける接線の方向に一致する。したがって、ベクトル$\frac{d\vec{r}}{dt}$は接線方向をもつので**接線ベクトル**（tangential vector）である。

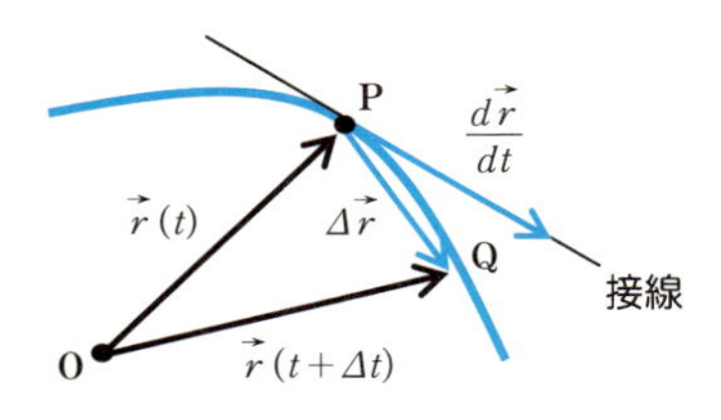

● $d\vec{r}/ds$は単位接線ベクトル

曲線$\vec{r}=\vec{r}(t)$の$a \leqq t \leqq b$における曲線の長さsは次の式で表わされた（前ページの⑤式を参照）。

$$s=\int_a^b \sqrt{\left(\frac{dx}{dt}\right)^2+\left(\frac{dy}{dt}\right)^2+\left(\frac{dz}{dt}\right)^2}\,dt=\int_a^b \left|\frac{d\vec{r}}{dt}\right|dt$$

この式の積分の上端bを変数tに置き換えると、曲線の長さsはtの関数となる。

$$s(t)=\int_a^t \sqrt{\left(\frac{dx}{dt}\right)^2+\left(\frac{dy}{dt}\right)^2+\left(\frac{dz}{dt}\right)^2}\,dt=\int_a^t \left|\frac{d\vec{r}}{dt}\right|dt \quad \cdots\cdots ⑥$$

この式の両辺をtで微分すると、次の⑦を得る（§3−10）。

$$\frac{ds}{dt}=\left|\frac{d\vec{r}}{dt}\right| \quad \cdots\cdots ⑦$$

$\dfrac{d\vec{r}}{dt}\neq\vec{0}$のとき$\left|\dfrac{d\vec{r}}{dt}\right|>0$ だから、⑥より$\dfrac{ds}{dt}>0$といえる。

したがって、sはtの増加関数となり、sとtは1：1に対応するから逆関数$t=g(s)$が存在する（§3−3）。つまり、tは曲線の長さsの関数となる。ゆえに、$\vec{r}=\vec{r}(t)$はsの関数

$$\vec{r}=\vec{r}(t)=\vec{r}(g(s))$$

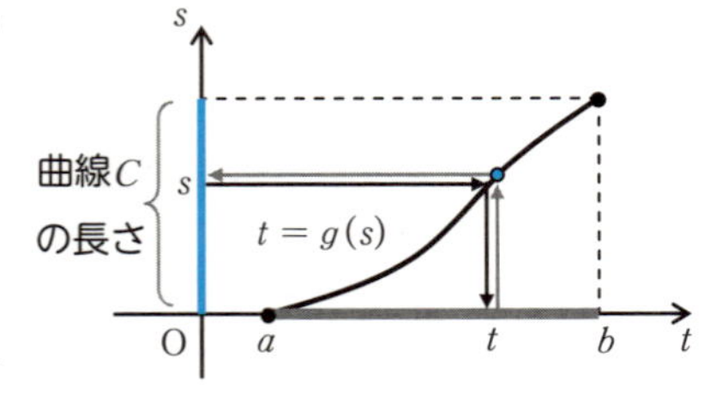

となり、⑦と合成関数、逆関数の微分法より、

$$\frac{d\vec{r}}{ds}=\frac{d\vec{r}}{dt}\frac{dt}{ds}=\frac{d\vec{r}}{dt}\frac{1}{\dfrac{ds}{dt}}=\frac{\dfrac{d\vec{r}}{dt}}{\left|\dfrac{d\vec{r}}{dt}\right|}$$

が成立する。これは$\dfrac{d\vec{r}}{ds}$が$\dfrac{d\vec{r}}{dt}$に**平行で、大きさが1のベクトル**であることを意味している。ゆえに、$\dfrac{d\vec{r}}{ds}$は**単位接線ベクトル**である。

以上から、「曲線の長さsをパラメータとした曲線$\vec{r}=\vec{r}(s)$の場合、$\dfrac{d\vec{r}}{ds}$は単位接線ベクトルである」といえる。

（注） 任意のベクトル$\vec{v}$について$\dfrac{\vec{v}}{|\vec{v}|}$は単位ベクトルである。

〔例〕 右のような円柱螺旋$\vec{r}=\vec{r}(t)=(a\sin t,\ a\cos t,\ bt)$の$0 \leqq t \leqq 2\pi$における長さ$s$を求めてみる。

$$s=\int_0^{2\pi}\sqrt{\left(\frac{dx}{dt}\right)^2+\left(\frac{dy}{dt}\right)^2+\left(\frac{dz}{dt}\right)^2}\,dt$$

$$=\int_0^{2\pi}\sqrt{(a\cos t)^2+(-a\sin t)^2+b^2}\,dt$$

$$=\int_0^{2\pi}\sqrt{a^2+b^2}\,dt$$

$$=\sqrt{a^2+b^2}\,[t]_0^{2\pi}=2\pi\sqrt{a^2+b^2}$$

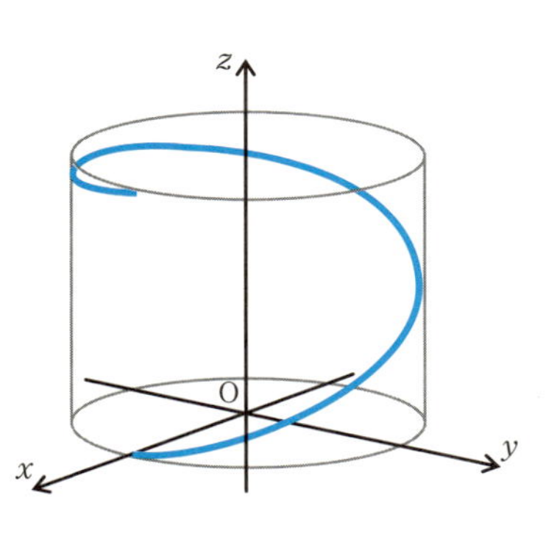

となる。

〔例〕 xy平面上のサイクロイド曲線$\vec{r}=\vec{r}(t)=(a(t-\sin t),\ a(1-\cos t))$の$0 \leqq t \leqq 2\pi$における長さ$s$を求めてみよう。ただし、$a>0$とする。

$$s=\int_0^{2\pi}\sqrt{\left(\frac{dx}{dt}\right)^2+\left(\frac{dy}{dt}\right)^2}\,dt$$

$$=\int_0^{2\pi}\sqrt{a^2(1-\cos t)^2+a^2\sin^2 t}\,dt$$

$$=\int_0^{2\pi}2a\left|\sin\frac{t}{2}\right|dt=\int_0^{\pi}4a\sin u\,du$$

半角の公式 $\sin^2\dfrac{\alpha}{2}=\dfrac{1-\cos\alpha}{2}$

$t=2u$ と置換

$$=4a[-\cos u]_0^{\pi}=8a$$

となる。

なお、サイクロイド曲線とは、円を線上でなめらかに（滑らないように）転がしたとき、その円周上の1点が描く軌跡のことをいう。自転車のタイヤの1点が描く軌跡を想像すればよい。

曲線の長さ

●空間の曲線 C がパラメータ t を用いて次の式で与えられている。

$\vec{r}=\vec{r}(t)=(x(t),\ y(t),\ z(t))$　　　ただし、$a \leqq t \leqq b$

このとき、この曲線 C の長さ s は次の式で求められる。

$$s=\int_a^b \sqrt{\left(\frac{dx}{dt}\right)^2+\left(\frac{dy}{dt}\right)^2+\left(\frac{dz}{dt}\right)^2}\,dt=\int_a^b \left|\frac{d\vec{r}}{dt}\right| dt$$

●$\vec{r}=\vec{r}(t)$ で表わされる曲線においてベクトル $\dfrac{d\vec{r}}{dt}$ はこの曲線の接線ベクトル（tangential vector）である。

（注）接線ベクトルは $\vec{t}$ と書き表わされることが多いが、本書では単位接線ベクトルを $\vec{m}$ と書くことにしている。

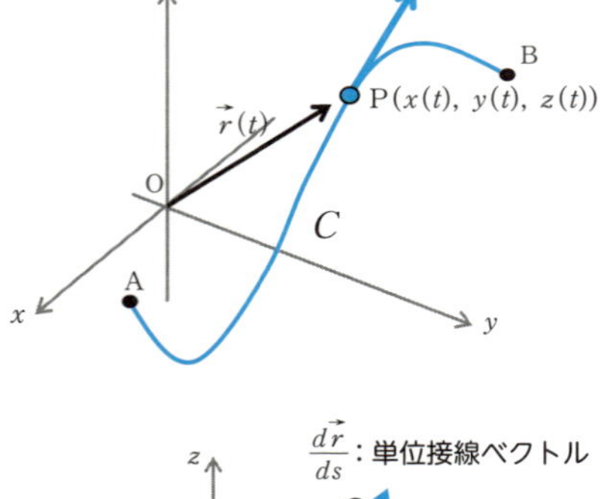

●曲線上に適当に選んだ定点から曲線に沿って測った長さ s をパラメータとする曲線 $\vec{r}=\vec{r}(s)$ において、ベクトル $\dfrac{d\vec{r}}{ds}$ はこの曲線の単位接線ベクトルである。

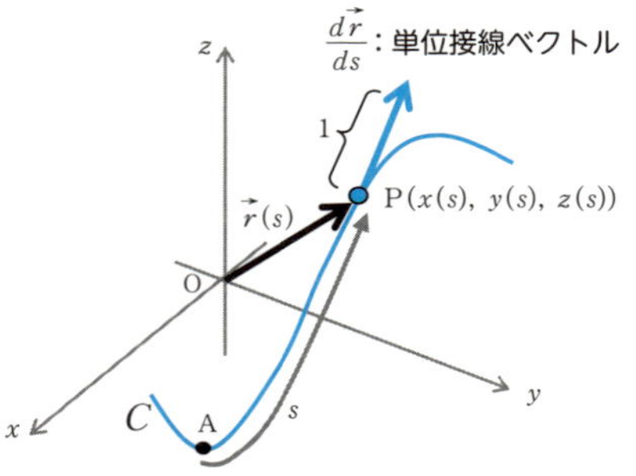

4-2 スカラー場での線積分とは

スカラー場fに曲線Cがあるとき、このfを曲線Cに沿って積分することについて調べてみよう。

●2次元スカラー場$f(x,y)$での線積分

関数$f(x)$の積分 といえば、微小な長方形$f(x)\Delta x$（右図）を**x軸に沿ってaからbまで加えたものの極限**であった（§3−10）。

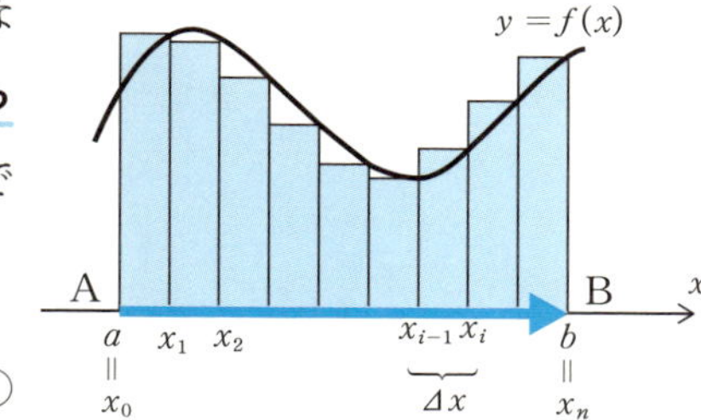

$$\int_a^b f(x)dx = \lim_{n\to\infty}\sum_{i=1}^{n} f(x_i)\Delta x \quad \cdots\cdots ①$$

つまり、直線x軸上の点aからbまでの経路を考えてきたが、これを平面上の曲線Cに変更（拡張）したら積分はどうなるだろうか。

このとき積分する関数は数直線上で定義された1変数の関数$f(x)$から平面で定義された2変数の関数$f(x, y)$に変更となる。ここでは、この$f(x, y)$はスカラー場fを表わす関数とみなすことができる。

また、**曲線C上の定点Aから曲線Cに沿って点Bに向かって測った曲線の長さをsとする**と、曲線C上の任意の点Pの位置はsの関数として表わすことができる。すると、sが決まれば点Pのx座標、y座標が決まるので、$P(x(s), y(s))$と書ける。

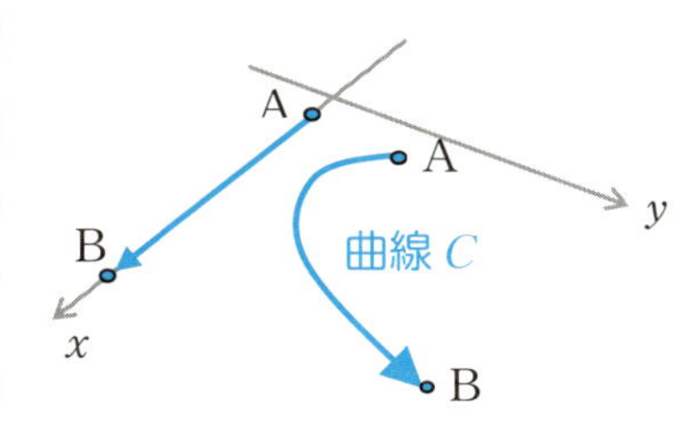

次に、この曲線CのAB間の長さをn分割してn個の弧をつくり、点Aからi番目までの弧の端点までの長さをs_iとする。すると、i番目の弧

の長さは$s_i - s_{i-1}$で表わせる。

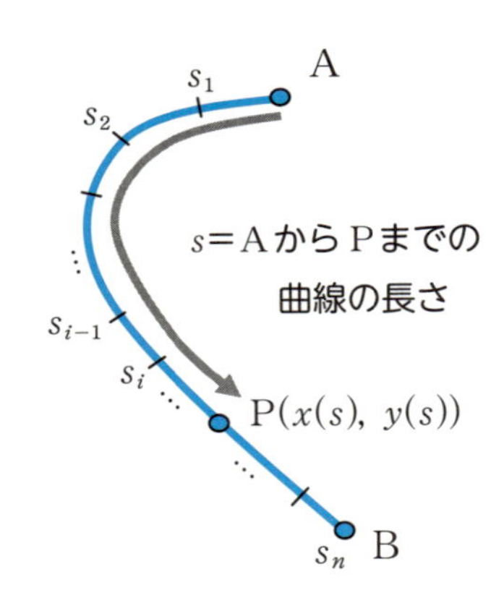

ここで、i番目の弧の両端を結ぶ線分（弦）の長さをΔs_iとする。厳密にいえば、「弧の長さ」と「弦の長さ」とは異なるが、**分割を限りなく細かくすれば、「弧の長さ」＝「弦の長さ」とみなせる**。つまり、$s_i - s_{i-1} = \Delta s_i$とみなしてよいだろう。

以上の準備のもと、次の和を考える。

$$\sum_{i=1}^{n} f(x(s_i),\ y(s_i))\Delta s_i \quad \cdots\cdots ②$$

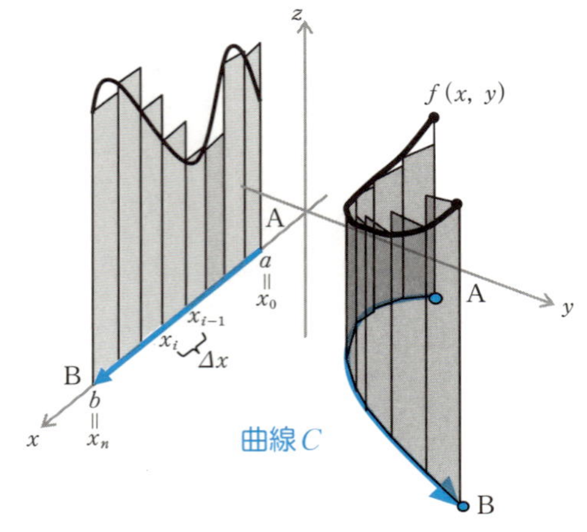

この②式は右図の右側のグラフの網掛けされたn個の長方形の面積の総和を表わしている。なお、右図の左側のグラフの網掛けされたn個の長方形の面積は、前ページ①式の$\sum_{i=1}^{n} f(x_i)\Delta x$の部分を表わしている。

ここで、どのΔs_iも0に近づくように分割を限りなく細かくしたとき（nを限りなく大きくしたとき）、②が一定の値に近づくならば、その値をスカラー場fの曲線Cに沿っての**線積分**といい、

$$\textbf{（線積分）}\quad \int_{AB} f(x(s),\ y(s))ds$$

と書くことにする。つまり、次のとおりである。

$$\int_{AB} f(x(s),\ y(s))ds = \lim_{n\to\infty}\sum_{i=1}^{n} f(x(s_i),\ y(s_i))\Delta s_i \quad \cdots\cdots ③$$

③は図の衝立（ついたて）（網掛け部分）の面積を表わしている。

$f(x(s),\ y(s)) < 0$であれば、③は面積にマイナス（−）をつけた値となる。

もし、$f(x,\ y) = f(x(s),\ y(s)) \equiv 1$であれば、③は曲線 AB の長さである。ここで線積分の記号は、

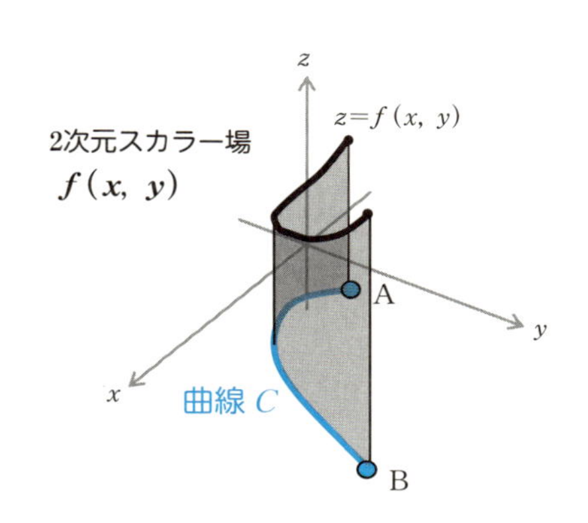

（平面での線積分の記号） $\int_{AB} f(x(s),\ y(s))ds \quad \int_C f ds \quad \int_C f(\mathrm{P})ds$

$\int_C f(x,\ y)ds \quad \int_C f(x(s),\ y(s))ds$

などで表現される。なお、**線積分記号の下端 C は「曲線 C」を意味する**。積分の向きを変えれば、前ページの$s_i - s_{i-1} = \Delta s_i$において引く順序が逆になるので$\Delta s_i$の符号が変わる。その結果、

$$\int_{BA} f ds = -\int_{AB} f ds$$

また、曲線 AB（または延長線）上の 1 点を C とすれば、次が成立する。これは②の和が 2 つに分割できることによる。

$$\int_{AB} f ds = \int_{AC} f ds + \int_{CB} f ds$$

● 3 次元空間のスカラー場 $f(x,y,z)$ での線積分

2 次元スカラー場$f(x,\ y)$の曲線 C に沿っての線積分と同様に、3 次元

スカラー場 $f(x, y, z)$ の曲線 C に沿っての線積分が考えられる。この場合、$w=f(x, y, z)$ のグラフを3次元空間では表現できないため、図形での説明は困難だが、2次元の場合と同様に考えれば、3次元スカラー場 f の線積分の定義は次のようになる。

$$\lim_{n\to\infty}\sum_{i=1}^{n} f(x(s_i),\ y(s_i),\ z(s_i))\Delta s_i \quad \cdots\cdots ④$$

ここで、Δs_i と s_i については、2次元と同様に曲線 C の AB 間の長さを n 分割して n 個の弧をつくり、i 番目の弧の両端を結ぶ線分（弦）の長さを Δs_i、点 A から i 番目までの弧の端点までの曲線 C の長さを s_i とする。④の値がスカラー場 $f(x, y, z)$ の曲線 C に沿っての線積分であり、

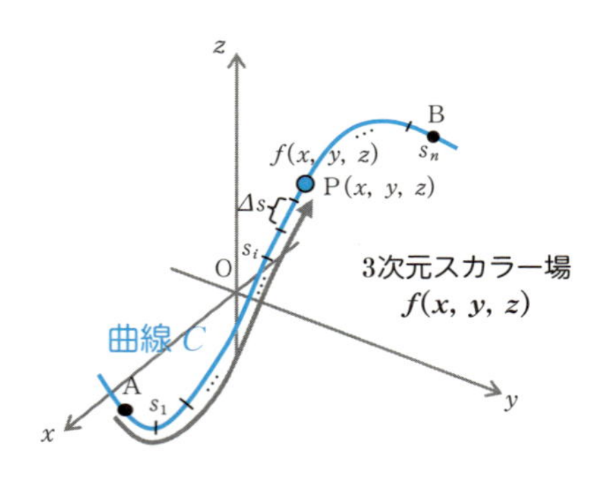

$$\int_C f(x(s),\ y(s),\ z(s))ds = \int_{AB} f(x(s),\ y(s),\ z(s))ds \quad \cdots\cdots ⑤$$

と表わす。つまり、次のとおりである。

$$\int_{AB} f(x(s),\ y(s),\ z(s))ds = \lim_{n\to\infty}\sum_{i=1}^{n} f(x(s_i),\ y(s_i),\ z(s_i))\Delta s_i$$

なお、平面の場合と同じように⑤は次のようにも書ける。

（空間の線積分の記号） $\int_C f ds \qquad \int_C f(\mathrm{P})ds \qquad \int_C f(x,\ y,\ z)ds$

●曲線 $\vec{r}=\vec{r}(t)$ に沿ってのスカラー場の線積分

以上、平面と空間のスカラー場における曲線 C についての線積分を紹介してきた。いずれの場合も曲線 C 上の点 P の位置は、その上の定点か

ら点Pまでの曲線の長さ s で表現された。その結果、線積分の積分変数も s となっていた。

ここでは、曲線 C 上の点Pの位置が一般のパラメータ t を用いて次のように表現された場合の線積分を調べてみよう。

$$\vec{r} = \vec{r}(t) = (x(t),\ y(t),\ z(t)) \qquad a \leqq t \leqq b$$

このとき、s と t は関数関係にあり、次の式が成立する（§4−1）。

$$ds = \sqrt{\left(\frac{dx}{dt}\right)^2 + \left(\frac{dy}{dt}\right)^2 + \left(\frac{dz}{dt}\right)^2}\,dt \quad \cdots\cdots ⑥$$

したがって、曲線 C に沿ってのスカラー場 $f(x,\ y,\ z)$ の線積分は先の定義⑤と、この⑥より次のようになる。

$$\int_C f(x(s),\ y(s),\ z(s))ds$$

$$= \int_a^b f(x(t),\ y(t),\ z(t))\sqrt{\left(\frac{dx}{dt}\right)^2 + \left(\frac{dy}{dt}\right)^2 + \left(\frac{dz}{dt}\right)^2}\,dt$$

このことは、$\int_C f(x(s),\ y(s),\ z(s))ds$ における s を t で置換した、と考えればよい。

問1 2次元スカラー場 $f(x,\ y) = x^2y^2$ における線積分 $\int_C x^2y^2\,ds$ を求めてみよう。ただし、曲線 C は2点(1, 1)、(3, 1)を結ぶ線分とする。

(解) 線分 C はパラメータ s を用いて　$\vec{r} = \vec{r}(s) = (1+s,\ 1)$　$0 \leqq s \leqq 2$ と書ける。このとき、s は点(1, 1)からの距離を表わす。

ゆえに、$\int_C f(x(s),\ y(s))ds = \int_0^2 (1+s)^2 1^2\,ds = \frac{26}{3}$ （次ページ左図参照）

問2 2次元スカラー場 $f(x, y) = x^2 + 2y^2$ における線積分 $\int_C (x^2 + 2y^2) ds$ を求めてみよう。ただし、曲線 C は原点中心、半径3の円とする。

(解) 曲線 C の方程式は

$$x = 3\cos t、\ y = 3\sin t \qquad 0 \leqq t \leqq 2\pi$$

と書ける。ゆえに、

$$\int_C (x^2 + 2y^2) ds = \int_0^{2\pi} f(x(t),\ y(t)) \sqrt{\left(\frac{dx}{dt}\right)^2 + \left(\frac{dy}{dt}\right)^2} dt$$

$$= \int_0^{2\pi} (3^2 \cos^2 t + 2 \times 3^2 \sin^2 t) \sqrt{(-3\sin t)^2 + (3\cos t)^2} dt$$

$$= \int_0^{2\pi} (3^2 \cos^2 t + 2 \times 3^2 \sin^2 t) \times 3 dt$$

半角の公式 $\sin^2 t = \dfrac{1 - \cos 2t}{2}$

$$= 27 \int_0^{2\pi} (\cos^2 t + 2\sin^2 t) dt = 27 \int_0^{2\pi} (1 + \sin^2 t) dt = 81\pi \text{（右下図）}$$

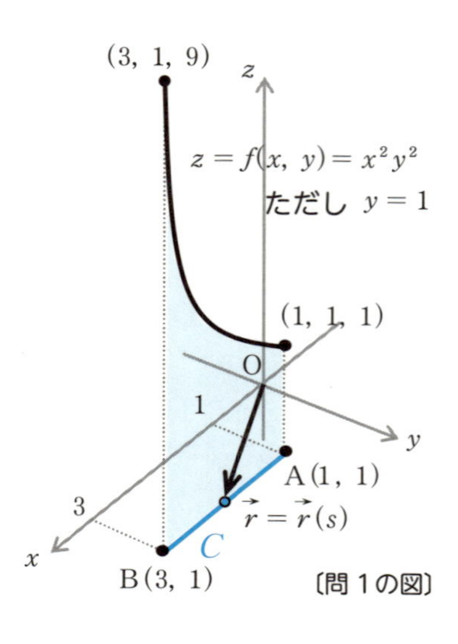

〔問1の図〕

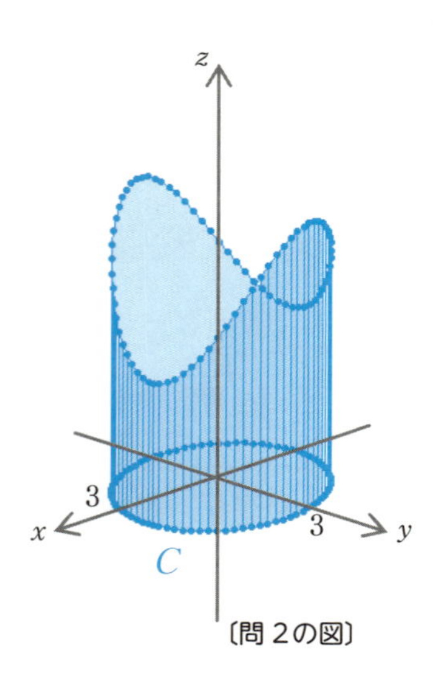

〔問2の図〕

スカラー場での線積分

●曲線 C がその曲線の長さ s をパラメータとして、

$$\vec{r}=\vec{r}(s)=(x(s),\ y(s),\ z(s))$$

と表わされたとき、スカラー場 $f(x,\ y,\ z)$ の曲線 C に沿っての線積分は、

$$\int_C f(x(s),\ y(s),\ z(s))ds$$

と定義される。

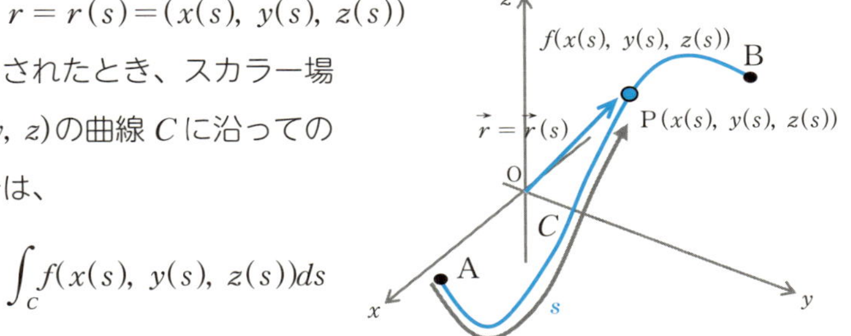

●曲線 C がパラメータ t を用いて $\vec{r}=\vec{r}(t)=(x(t),\ y(t),\ z(t))$、$a \leqq t \leqq b$ と表わされたとき、スカラー場 $f(x,\ y,\ z)$ の線積分は次のようになる。

$$\int_a^b f(x(t),\ y(t),\ z(t))\left|\frac{d\vec{r}}{dt}\right|dt$$

$$=\int_a^b f(x(t),\ y(t),\ z(t))\sqrt{\left(\frac{dx}{dt}\right)^2+\left(\frac{dy}{dt}\right)^2+\left(\frac{dz}{dt}\right)^2}dt$$

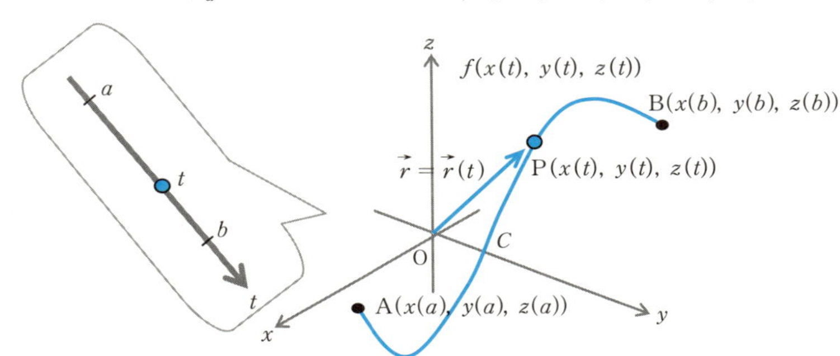

（注）上記は3次元スカラー場の線積分であるが、2次元の場合は z 成分がなくなる。

4-3 ベクトル場での線積分とは

スカラー場 f における曲線 C に沿っての線積分は $\int_C f\,ds$ で定義された。それでは今度は、「ベクトル場 $\vec{V}(x,\ y,\ z)$ における線積分」はどのように定義されるのだろうか。

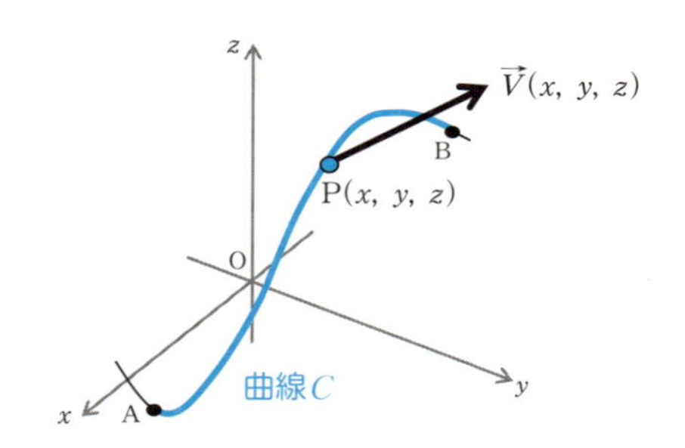

ベクトル場 $\vec{V}$ での線積分は、ベクトル $\vec{V}$ の「何を積分するか」でいろいろなものがある。ここではベクトル場の**接線線積分**といわれるものを紹介しよう。

●曲線 C に沿っての接線線積分

接線線積分では、積分されるのはベクトルそのものではなく、内積が積分されるのである。つまり、ベクトル $\vec{V}$ と曲線 C の単位接線ベクトル $\vec{m}$ との「内積 $\vec{V}\cdot\vec{m}$」が積分される。

$$\vec{V}\cdot\vec{m}=|\vec{V}||\vec{m}|\cos\theta=|\vec{V}|\cos\theta$$

というスカラーを曲線 C に沿って積分したものをベクトル場 $\vec{V}$ での**接線線積分**というのである。ここで、θ は $\vec{V}$ と $\vec{m}$ のなす角である。

$\vec{V}=(x(s),\ y(s),\ z(s))$
曲線 C
θ
$\vec{m}$
$P(x(s),\ y(s),\ z(s))$
s

したがって、曲線 C が定点Aからの長さ s をパラメータとして $\vec{r}=\vec{r}(s)$ と表わされていれば、接線線積分を式で表わすと、次のようになる。

（接線線積分の式） $\lim_{n\to\infty}\sum_{i=1}^{n}\left(\overrightarrow{V}(x(s_i),\ y(s_i),\ z(s_i))\cdot\overrightarrow{m}\right)\Delta s_i$ ……①

ここで、①の中のΔs_iとs_iについては、曲線CのAB間の長さをn分割してn個の弧をつくり、i番目の弧の両端を結ぶ線分（弦）の長さをΔs_iとし、点Aからi番目までの弧の端点までの曲線C長さをs_iとする。

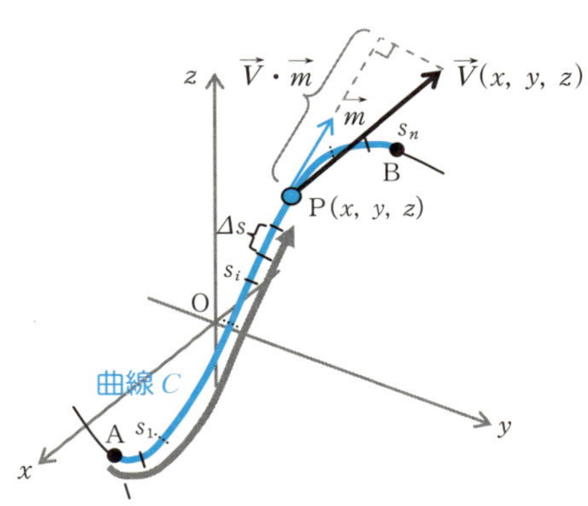

このとき、①は積分記号を使って次のように書ける。

（接線線積分の変形１） $\int_C \overrightarrow{V}\cdot\overrightarrow{m}\,ds=\int_C\left|\overrightarrow{V}\right|\cos\theta\,ds$ ……②

なお、②は別な表現もあるので以下に紹介しておこう。

曲線Cが点Aからの長さsをパラメータとして$\overrightarrow{r}=\overrightarrow{r}(s)$と表わされているので、$\overrightarrow{m}=\dfrac{d\overrightarrow{r}}{ds}$と書ける（§4−1参照）。よって、$\overrightarrow{m}ds=d\overrightarrow{r}$となるので、②は次のようにも表現される。

$$\int_C \overrightarrow{V}\cdot\overrightarrow{m}\,ds=\int_C \overrightarrow{V}\cdot d\overrightarrow{r} \quad \cdots\cdots③$$

さらに、$\overrightarrow{m}ds$を$d\overrightarrow{s}$と書けば、つまり、$d\overrightarrow{s}=\overrightarrow{m}ds$とすれば、②は次のようにも書ける。

$$\int_C \overrightarrow{V}\cdot\overrightarrow{m}\,ds=\int_C \overrightarrow{V}\cdot d\overrightarrow{s} \quad \cdots\cdots④$$

以上、まとめると次のようになる。

（接線線積分の変形２） $\int_C \overrightarrow{V}\cdot\overrightarrow{m}\,ds=\int_C \overrightarrow{V}\cdot d\overrightarrow{r}=\int_C \overrightarrow{V}\cdot d\overrightarrow{s}$

〔例〕 ベクトル$\overrightarrow{V}$を物体に働く力と考えると、接線線積分は物体が点A

から点Bまで動いたときの「物体が受けた仕事量」を表わしている。

●曲線 $\vec{r}=\vec{r}(t)$ に沿っての接線線積分

先の①式、および②の変形式における変数 s は $\vec{r}=\vec{r}(s)$ の s で、これは曲線 C 上の定点Aから点Pまでの曲線の長さである。そこで次に、曲線 C が一般のパラメータ t を用いて次のように表現された場合、そのベクトル場 $\vec{V}$ における接線線積分を調べてみることにする。

$$\vec{r}=\vec{r}(t)=(x(t),\ y(t),\ z(t)) \quad a \leqq t \leqq b \qquad \cdots\cdots⑤$$

このとき、s と t は関数関係にあり、次の式が成立する（§4−1）。

$$ds=\sqrt{\left(\frac{dx}{dt}\right)^2+\left(\frac{dy}{dt}\right)^2+\left(\frac{dz}{dt}\right)^2}\,dt=\left|\frac{d\vec{r}}{dt}\right|dt \qquad \cdots\cdots⑥$$

したがって、曲線 C に沿ってのベクトル場 $\vec{V}(x,\ y,\ z)$ の接線線積分は、先の定義②と、この⑥より次のようになる。

$$\int_C \vec{V}\cdot\vec{m}\,ds=\int_a^b (V_x(t),\ V_y(t),\ V_z(t))\cdot\left(\frac{d\vec{r}}{dt}\Big/\left|\frac{d\vec{r}}{dt}\right|\right)\left|\frac{d\vec{r}}{dt}\right|dt$$

$$=\int_a^b (V_x(t),\ V_y(t),\ V_z(t))\cdot\frac{d\vec{r}}{dt}dt$$

$$=\int_a^b (V_x(t),\ V_y(t),\ V_z(t))\cdot\left(\frac{dx(t)}{dt},\ \frac{dy(t)}{dt},\ \frac{dz(t)}{dt}\right)dt$$

$$=\int_a^b \left(V_x(t)\frac{dx(t)}{dt}+V_y(t)\frac{dy(t)}{dt}+V_z(t)\frac{dz(t)}{dt}\right)dt$$

ここで、曲線の長さ s が t の関数になるので、上記の式変形は、

$$\int_C \vec{V}\cdot\vec{m}\,ds$$

における s を t で置換したと考えればよい。

その結果、ベクトル場 $\vec{V}(x,\ y,\ z)=(V_x,\ V_y,\ V_z)$ において、曲線 C

が $\vec{r}=\vec{r}(t)=(x(t),y(t),z(t))$　$a\leqq t\leqq b$ のとき、この曲線 C に沿った接線線積分は次の式で表現される。

$$\int_a^b\left(V_x\frac{dx}{dt}+V_y\frac{dy}{dt}+V_z\frac{dz}{dt}\right)dt \quad \cdots\cdots⑦$$

問 ベクトル場 $\vec{V}(x,\ y,\ z)=(yz,\ zx,\ xy)$ 内の曲線 $\vec{r}=\vec{r}(t)=(t,\ t^2,\ t^3)$ に沿っての点(1, 1, 1)から点(2, 4, 8)までの線積分を求めてみよう。

（解） $\vec{r}(1)=(1,\ 1,\ 1)$、$\vec{r}(2)=(2,\ 4,\ 8)$ より、この曲線は

$$\vec{r}=\vec{r}(t)=(t,\ t^2,\ t^3)\quad 1\leqq t\leqq 2$$

と書ける。また、$\vec{r}=\vec{r}(t)=(t,\ t^2,\ t^3)$ より $\dfrac{d\vec{r}}{dt}=(1,\ 2t,\ 3t^2)$ となる。

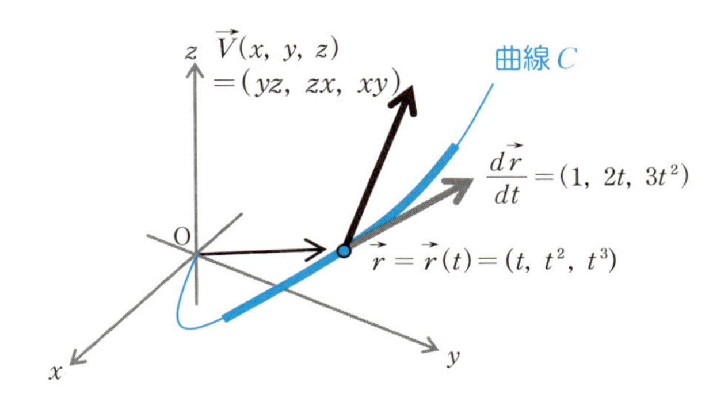

ゆえに、⑦より、

$$\int_a^b\left(V_x\frac{dx}{dt}+V_y\frac{dy}{dt}+V_z\frac{dz}{dt}\right)dt$$

$$=\int_1^2\{yz+zx(2t)+xy(3t^2)\}dt=\int_1^2\{t^2t^3+t^3t(2t)+tt^2(3t^2)\}dt$$

$$=\int_1^2(t^5+2t^5+3t^5)dt=\int_1^2 6t^5dt=\left[t^6\right]_1^2=63$$

●微分形式の線積分

先に示したように、ベクトル場 $\vec{V}(x,\ y,\ z)=(V_x,\ V_y,\ V_z)$ 内の曲線 C が $\vec{r}=\vec{r}(t)=(x(t), y(t), z(t))\quad a\leqq t\leqq b$ と表わされるとき、曲線 C に沿った接線線積分は、

$$\int_C \vec{V}\cdot\vec{m}ds=\int_a^b\left(V_x\frac{dx}{dt}+V_y\frac{dy}{dt}+V_z\frac{dz}{dt}\right)dt \quad \cdots\cdots ⑧$$

となる。⑧の右辺の被積分関数は、

$\left(V_x\dfrac{dx}{dt}+V_y\dfrac{dy}{dt}+V_z\dfrac{dz}{dt}\right)dt=V_xdx+V_ydy+V_zdz$ と変形できる。

よって、⑧は次のように書き換えられ、とくに⑨式の右辺の式を曲線 C に沿っての**微分形式の線積分**という。

（微分形式の線積分） $\displaystyle\int_C \vec{V}\cdot\vec{m}ds=\int_C(V_xdx+V_ydy+V_zdz)$ …⑨

単純で覚えやすい式である。以下に、⑨の利用例を紹介しよう。

〔例〕 ベクトル場 $\vec{V}(x,\ y,\ z)=(y+z,\ z+x,\ x+y)$ における接線線積分 $\displaystyle\int_C \vec{V}\cdot\vec{m}\,ds$ を求めてみる。ただし、曲線 C は $\vec{r}=\vec{r}(t)=(t,\ 2t,\ 3t)$ $0\leqq t\leqq 1$ とする。このとき、

$$\int_C \vec{V}\cdot\vec{m}ds$$

$$=\int_C\{(y+z)dx+(z+x)dy+(x+y)dz\}$$

$$=\int_0^1\left\{(y(t)+z(t))\frac{dx}{dt}+(z(t)+x(t))\frac{dy}{dt}+(x(t)+y(t))\frac{dz}{dt}\right\}dt$$

$$=\int_0^1\{(2t+3t)\times 1+(3t+t)\times 2+(t+2t)\times 3\}dt$$

$$=\int_0^1 22tdt=\left[11t^2\right]_0^1=11$$

●ベクトル場の線積分の他の定義

ベクトル場$\vec{V}(x, y, z)=(V_x, V_y, V_z)$の線積分を「各成分ごとの線積分」とみなす次の定義もある。

$$\int_C \vec{V} ds = \left(\int_C V_x ds,\ \int_C V_y ds,\ \int_C V_z ds\right)$$

ここで、右辺の3つの成分は、それぞれ関数$V_x(s)$、$V_y(s)$、$V_z(s)$の曲線Cに沿っての線積分である。

ベクトル場の線積分

曲線Cがパラメータtを用いて、

$$\vec{r} = \vec{r}(t) = (x(t),\ y(t),\ z(t)) \quad a \leqq t \leqq b$$

と表わされたとき、ベクトル場$\vec{V}(x, y, z)=(V_x, V_y, V_z)$の接線線積分は次の式で与えられる。

$$\int_C \vec{V}\cdot\vec{m}\,ds = \int_a^b \left(V_x\frac{dx}{dt} + V_y\frac{dy}{dt} + V_z\frac{dz}{dt}\right)dt$$

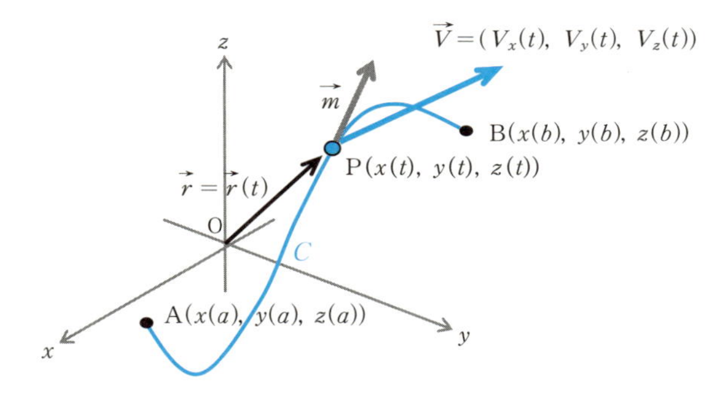

（注）上式の左辺の$\vec{m}$は単位接線ベクトル。積分変数sは、曲線Cがその弧の長さsを媒介変数として$\vec{r}=\vec{r}(s)$と表わされた場合のパラメータsである。

第5章

面積分とは曲面に沿った積分

スカラー場f、あるいはベクトル場$\overrightarrow{V}$が定義された3次元空間に曲面Sがある。このとき、この曲面に沿ってスカラー場fのスカラーf、あるいはベクトル場$\overrightarrow{V}$のベクトル$\overrightarrow{V}$を積分するにはどうすればいいのだろうか。

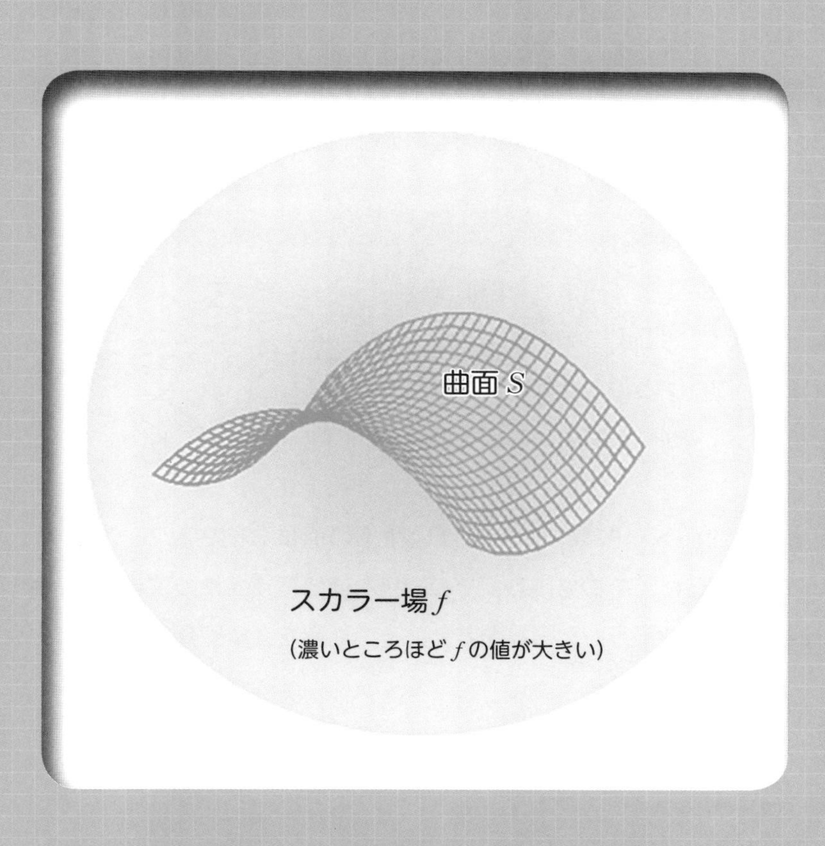

5-1 「曲面の面積」を求めるアイデア

球面や放物面*注) など、曲面の面積はどうやって求めればいいのだろうか。

（注）放物線が回転してできる面。

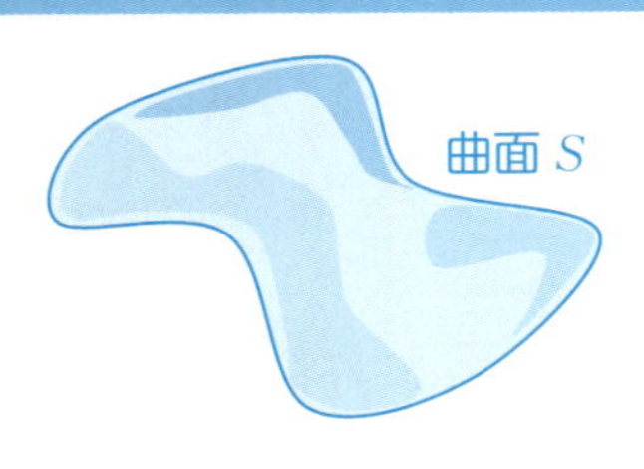

曲線で囲まれた平面図形の面積は、どのようにして求められたのだろうか。

積分の考え方を使うと、まず、図形を長方形（または正方形）に細かく分割し（右図)、それらの長方形の面積の和を求める。

その後、分割をドンドン細かくしたときにそれらの長方形（正方形）の面積の和が一定の値に限りなく近づけば、この値を曲線によって囲まれた平面図形の面積と定義するわけだ。

●曲面の面積を求める

では、曲線によって囲まれた図形が平面ではなく、曲面 S の場合はどうすればよいのか。このときは網目が四角形のネットを曲面 S にかぶせてみる（右図)。

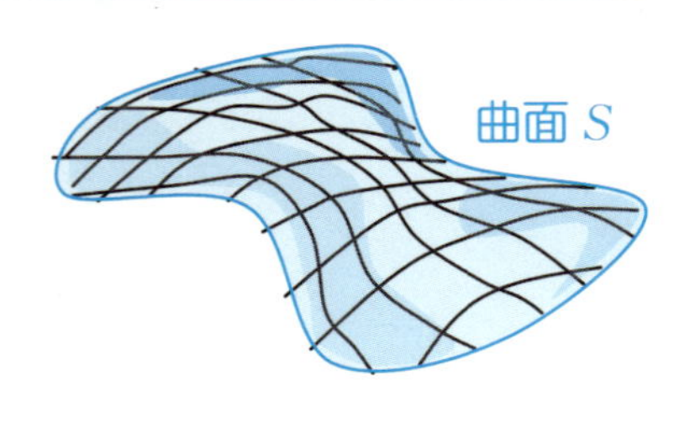

すると、曲面 S が多数の四角っぽい微小の面に分割される。ここで、個々の網目ごとに、そこで接し、その網目をほぼ覆う面積の求めやすい微小な四角形（図は平行四辺形）を考え、その面積を ΔS とする。

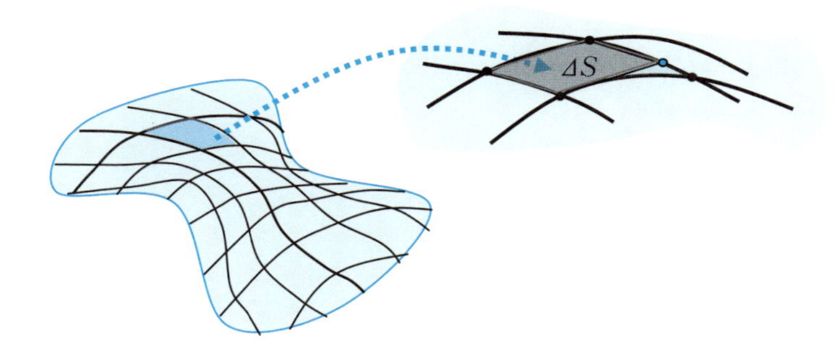

こうして得られる微小な四角形の面積ΔSを曲面のすべての網目で求め、これらをすべて加えた$\sum\Delta S$を求める。その後、網目の幅を限りなく0に近づけたときの$\sum\Delta S$の極限を考える。つまり、

$$\lim_{\text{網目幅}\to 0}\sum\Delta S \quad \cdots\cdots①$$

を考えるのだ。この①が一定の値に近づくならば、その値をこの曲面Sの**曲面積**と定義し、①式を積分記号で

(曲面積の定義) $\displaystyle\iint_S dS$

と書くことにする。つまり、次のとおりである。

$$\text{曲面}S\text{の面積} = \iint_S dS = \lim_{\text{網目幅}\to 0}\sum\Delta S \quad \cdots\cdots②$$

●曲面の方程式

曲面Sの方程式は、一般に2つのパラメータu、vを用いて次のように表わされる。

$$\vec{r} = \vec{r}(u,\ v) = (x(u,\ v),\ y(u,\ v),\ z(u,\ v)) \quad \cdots\cdots③$$

$u_1 \leqq u \leqq u_2 \qquad v_1 \leqq v \leqq v_2 \quad \cdots\cdots④$ (この変域をDと表わす)

ここでは、このベクトル方程式が曲面を表わすことを説明しておこう。

まず、u、vの一方を固定して考えてみる。たとえば、vを定数とみな

すのである。すると、③は1つの媒介変数 u のみの方程式になる。

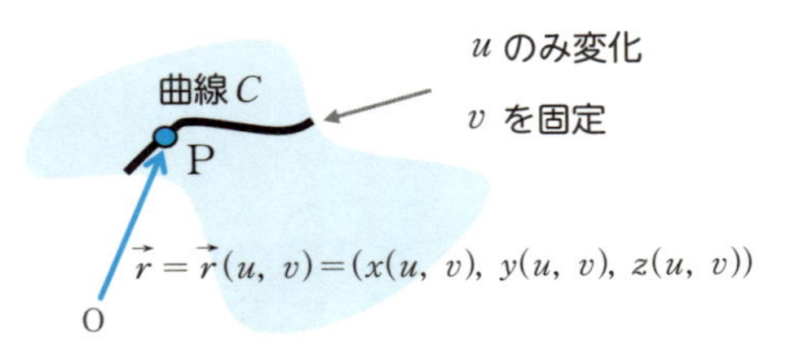

そこで、u を $u_1 \leqq u \leqq u_2$ の範囲で変化させると、③は1本の曲線 C を表わすことになる。

次に固定する v を少しずつ変化させれば曲線 C は少しずつズレて描かれ、その結果、曲面 S が形成されることがわかる（左図）。なお、このように v を固定し、**u を変化させて描かれる曲線は u 曲線**と呼ばれている。もし、u を固定し v を変化させれば **v 曲線**が描かれることになる（右図）。

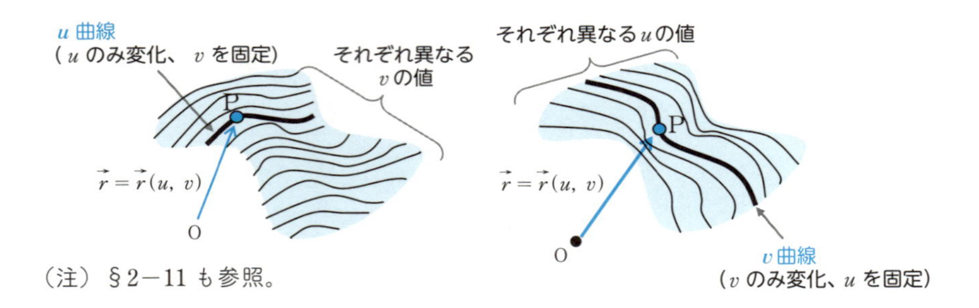

（注）§2−11 も参照。

●曲面積を求める

次に、曲面 S：$\vec{r}=\vec{r}(u,\ v)=(x(u,\ v), y(u,\ v), z(u,\ v))$ の面積を求めることにする。ただし、u、v の変域は先の D とする。

まず、次の4本の曲線で囲まれた部分に着目してみる（次ページ図の濃い網掛け部分である）

- 点Pを通る u 曲線 C_1
- u 曲線 C_1 における v を Δv だけ変化させてできる u 曲線 C_2
- 点Pを通る v 曲線 C_1
- v 曲線 C_1 における u を Δu だけ変化させてできる v 曲線 C_2

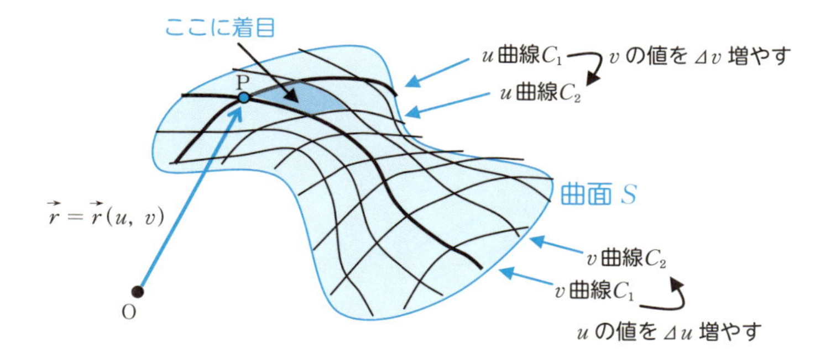

ここで、下図の3点P、G、Eを通る平行四辺形PEHGを考え、その面積をΔSとする（ここで点Hは曲面上にあるとは限らない）。

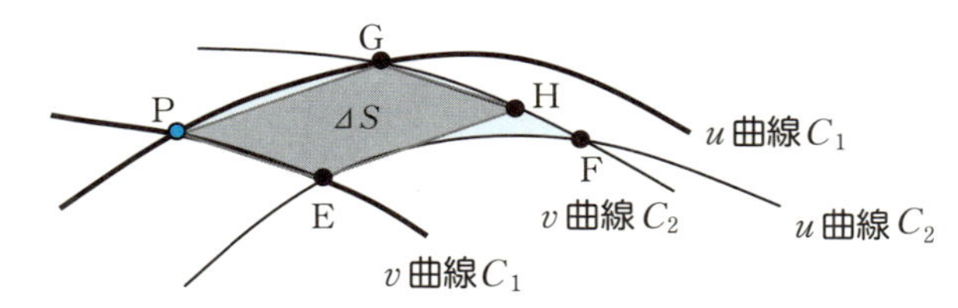

（注）点Hは曲面上にあるとは限らない。

この平行四辺形PEHGの面積ΔSを求めてみよう。

点Pにおける偏導関数$\dfrac{\partial \vec{r}}{\partial u}$、$\dfrac{\partial \vec{r}}{\partial v}$を考えると、これらは、点Pにおける$u$曲線、$v$曲線の接線ベクトルである（§4−1）。

また、$\dfrac{\partial \vec{r}}{\partial u}=\lim_{\Delta u \to 0}\dfrac{\vec{r}(u+\Delta u,\ v)-\vec{r}(u,\ v)}{\Delta u}$なので$\Delta u$が十分小さければ、

$$\text{接線ベクトル}\frac{\partial \vec{r}}{\partial u}\fallingdotseq\frac{\vec{r}(u+\Delta u,\ v)-\vec{r}(u,\ v)}{\Delta u}$$

とみなせる。ゆえに、

$$\overrightarrow{\mathrm{PG}}=\vec{r}(u+\Delta u,\ v)-\vec{r}(u,\ v)=\frac{\partial \vec{r}}{\partial u}\Delta u\quad\text{とみなせる。}$$

同様にして、

$$\overrightarrow{\mathrm{PE}} = \vec{r}(u,\ v+\Delta v) - \vec{r}(u,\ v) = \frac{\partial \vec{r}}{\partial v}\Delta v \quad \text{とみなせる。}$$

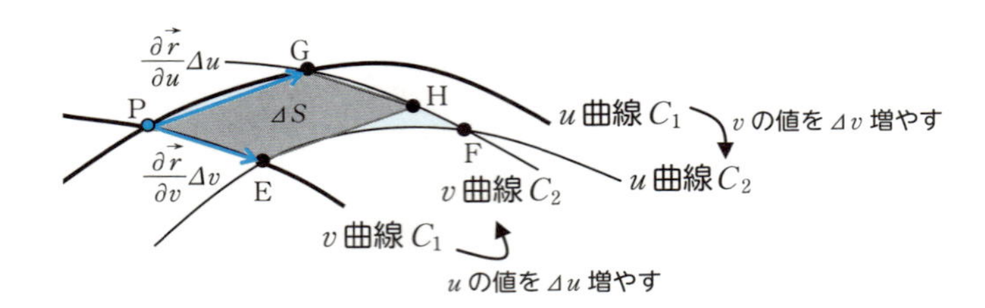

ここで、$\overrightarrow{\mathrm{PG}}$ と $\overrightarrow{\mathrm{PE}}$ の外積はベクトルで、その大きさは平行四辺形 PEHG の面積 ΔS に等しい。

ゆえに Δu、Δv が十分小さければ、次の式が成立する。

$$\Delta S = \left|\overrightarrow{\mathrm{PG}} \times \overrightarrow{\mathrm{PE}}\right| = \left|\frac{\partial \vec{r}}{\partial u}\Delta u \times \frac{\partial \vec{r}}{\partial v}\Delta v\right| = \left|\frac{\partial \vec{r}}{\partial u} \times \frac{\partial \vec{r}}{\partial v}\right|\Delta u \Delta v \quad \cdots\cdots⑤$$

これが、変域④（$u_1 \leqq u \leqq u_2$、$v_1 \leqq v \leqq v_2$）内の微小領域に対応する曲面 S の微小面積 ΔS と考えられる。

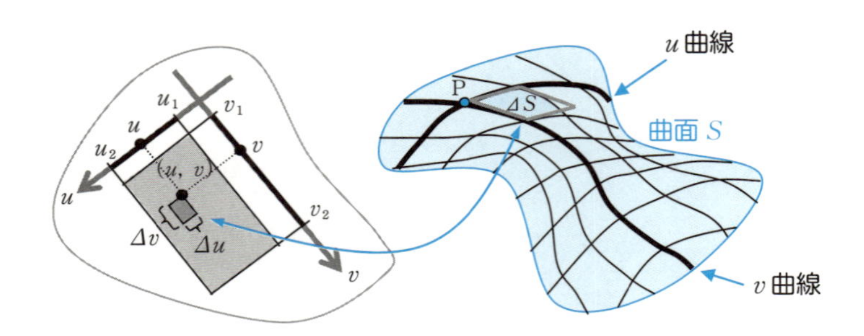

⑤式、つまり、$\Delta S = \left|\frac{\partial \vec{r}}{\partial u} \times \frac{\partial \vec{r}}{\partial v}\right|\Delta u \Delta v$ において、$\Delta u \to 0$、$\Delta v \to 0$ とすると、次の式を得る。

$$dS = \left|\frac{\partial \vec{r}}{\partial u} \times \frac{\partial \vec{r}}{\partial v}\right| dudv \quad \cdots\cdots ⑥$$

（注） dS の S は大文字である。

この⑥を、先ほどの曲面 S の面積の定義式②（下記に再掲）に代入。

$$曲面Sの面積 = \iint_S dS \quad \cdots\cdots ②$$

すると、変域が D になったことを考慮して次の式を得る。

$$曲面Sの面積 = \iint_S dS = \iint_D \left|\frac{\partial \vec{r}}{\partial u} \times \frac{\partial \vec{r}}{\partial v}\right| dudv \quad \cdots\cdots ⑦$$

なお、⑥式の $dS = \left|\frac{\partial \vec{r}}{\partial u} \times \frac{\partial \vec{r}}{\partial v}\right| dudv$ を曲面 S の**面要素**という。

●$z=f(x, y)$ と表わされた曲面の面積

曲面　$z = f(x, y)$　……⑧

$x_1 \leqq x \leqq x_2$　、$y_1 \leqq y \leqq y_2$　……⑨（この変域を D と表わす）

については、先の曲面の方程式③、④と対比させて書き直すと、

$$\begin{cases} \vec{r} = \vec{r}(x, y, z) = (x, y, f(x, y)) & \cdots\cdots ⑩ \\ x_1 \leqq x \leqq x_2, \quad y_1 \leqq y \leqq y_2 & \cdots\cdots ⑨ \end{cases}$$

したがって、u、v を x、y とみなせば、⑦の公式が使える。

⑩より $\frac{\partial \vec{r}}{\partial x} = \left(1, 0, \frac{\partial f}{\partial x}\right)$、$\frac{\partial \vec{r}}{\partial y} = \left(0, 1, \frac{\partial f}{\partial y}\right)$

ゆえに　$\frac{\partial \vec{r}}{\partial x} \times \frac{\partial \vec{r}}{\partial y} = \left(-\frac{\partial f}{\partial x}, -\frac{\partial f}{\partial y}, 1\right)$

よって、

$$\left|\frac{\partial \vec{r}}{\partial x} \times \frac{\partial \vec{r}}{\partial y}\right| = \sqrt{\left(\frac{\partial f}{\partial x}\right)^2 + \left(\frac{\partial f}{\partial y}\right)^2 + 1} = \sqrt{1 + \left(\frac{\partial f}{\partial x}\right)^2 + \left(\frac{\partial f}{\partial y}\right)^2}$$

ゆえに⑦は、

$$\iint_S dS=\iint_D\sqrt{1+\left(\frac{\partial f}{\partial x}\right)^2+\left(\frac{\partial f}{\partial y}\right)^2}\,dxdy$$

となる。

●接平面と単位法線ベクトル

曲面Sを表わす方程式

$$\vec{r}=\vec{r}(u,\ v)=(x(u,\ v), y(u,\ v), z(u,\ v))$$

において、$(u,\ v)$に対応する曲面S上の点

$$\mathrm{P}(x(u,\ v),\ y(u,\ v),\ z(u,\ v))$$

を通るu曲線、v曲線に着目してみる。このとき、それぞれの曲線に点Pを通る接線ベクトル$\dfrac{\partial\vec{r}}{\partial u}$、$\dfrac{\partial\vec{r}}{\partial v}$を考えることができる。

そこで、点Pを通り、この2つの接線ベクトル$\dfrac{\partial\vec{r}}{\partial u}$、$\dfrac{\partial\vec{r}}{\partial v}$を含む平面を考え、これを**接平面**ということにする。先の180ページ「●曲面積を求める」で利用した平行四辺形PEHGは、まさに点Pにおける接平面である。

また、2つの接線ベクトル$\dfrac{\partial\vec{r}}{\partial u}$、$\dfrac{\partial\vec{r}}{\partial v}$の外積$\dfrac{\partial\vec{r}}{\partial u}\times\dfrac{\partial\vec{r}}{\partial v}$を考えると、これは$\dfrac{\partial\vec{r}}{\partial u}$、$\dfrac{\partial\vec{r}}{\partial v}$の両方に垂直なベクトルだから、接平面の法線ベクトル（normal vector）となる。

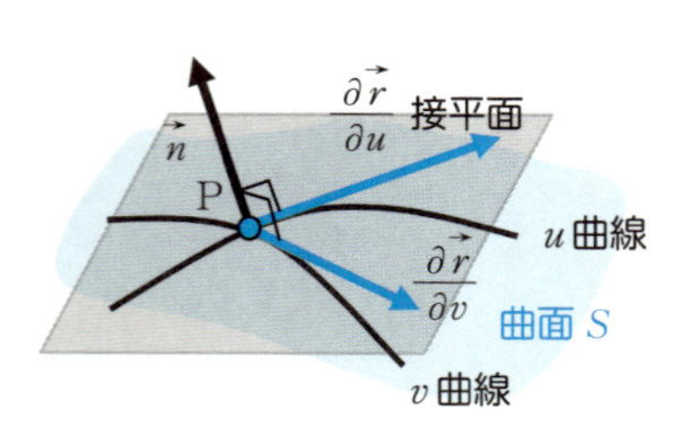

さらに、ベクトル$\dfrac{\partial\vec{r}}{\partial u}\times\dfrac{\partial\vec{r}}{\partial v}$をその大きさで割れば単位ベクトルになるので、次の$\vec{n}$は単位法線ベクトルとなる。

$$\vec{n}=\left(\frac{\partial\vec{r}}{\partial u}\times\frac{\partial\vec{r}}{\partial v}\right)\Big/\left|\frac{\partial\vec{r}}{\partial u}\times\frac{\partial\vec{r}}{\partial v}\right|$$

問1 半径 a の球面の面積を求めてみよう。

(解) 原点中心、半径 a の球面の方程式は次の式で与えられる（§2－2）。

$$\vec{r}=\vec{r}(\theta,\ \varphi)=(a\sin\theta\cos\varphi,\ a\sin\theta\sin\varphi,\ a\cos\theta)$$

$$0\leqq\theta\leqq\pi\qquad 0\leqq\varphi\leqq 2\pi$$

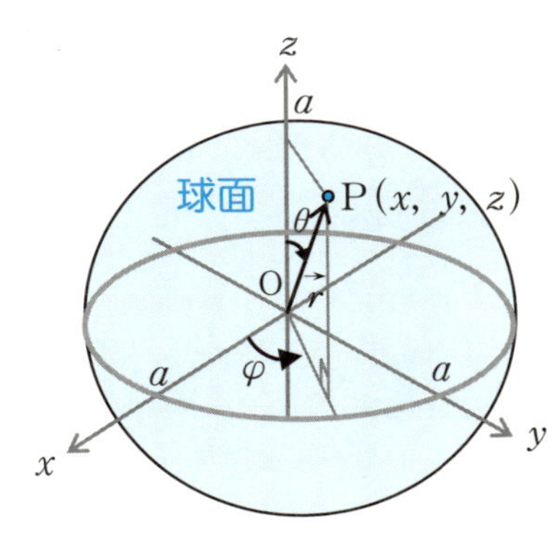

よって、

$$\frac{\partial\vec{r}}{\partial\theta}=(a\cos\theta\cos\varphi,\ a\cos\theta\sin\varphi,\ -a\sin\theta)$$

$$\frac{\partial\vec{r}}{\partial\varphi}=(-a\sin\theta\sin\varphi,\ a\sin\theta\cos\varphi,\ 0)$$

ゆえに、

$$\frac{\partial\vec{r}}{\partial\theta}\times\frac{\partial\vec{r}}{\partial\varphi}$$

$$=a^2(\sin^2\theta\cos\varphi,\sin^2\theta\sin\varphi,\sin\theta\cos\theta\cos^2\varphi+\sin\theta\cos\theta\sin^2\varphi)$$

$$=a^2(\sin^2\theta\cos\varphi,\sin^2\theta\sin\varphi,\sin\theta\cos\theta)$$

よって、

$$\left|\frac{\partial\vec{r}}{\partial\theta}\times\frac{\partial\vec{r}}{\partial\varphi}\right|=a^2\sqrt{\sin^4\theta\cos^2\varphi+\sin^4\theta\sin^2\varphi+\sin^2\theta\cos^2\theta}$$

$$=a^2\sqrt{\sin^4\theta+\sin^2\theta\cos^2\theta}$$

$$=a^2\sqrt{\sin^2\theta}=a^2|\sin\theta|$$

ゆえに、球面の表曲面 S は

$$S=\int_D dS=\iint_D\left|\frac{\partial\vec{r}}{\partial\theta}\times\frac{\partial\vec{r}}{\partial\varphi}\right|d\theta d\varphi=\int_0^{2\pi}\int_0^{\pi}a^2\,|\sin\theta|d\theta d\varphi$$

$$=a^2\int_0^{2\pi}\int_0^{\pi}\sin\theta d\theta d\varphi=a^2\int_0^{2\pi}\left(\left[-\cos\theta\right]_0^{\pi}\right)d\varphi=2a^2\int_0^{2\pi}d\varphi=4\pi a^2$$

問2 半径 a、高さ h の円柱の側面積を求めてみよう。

(解) この円柱の側面のベクトル方程式は次のように書ける（§2−3）。

$$\vec{r}=\vec{r}(u,\ v)=(a\cos u,\ a\sin u, v)\qquad 0\leqq u\leqq 2\pi\quad 0\leqq v\leqq h$$

このとき、

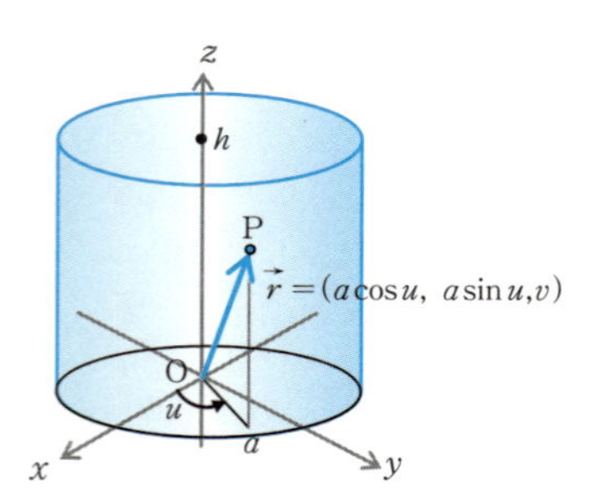

$$\frac{\partial\vec{r}}{\partial u}=(-a\sin u,\ a\cos u,\ 0)$$

$$\frac{\partial\vec{r}}{\partial v}=(0,\ 0,\ 1)$$

ゆえに、

$$\frac{\partial\vec{r}}{\partial u}\times\frac{\partial\vec{r}}{\partial v}=(a\cos u,\ a\sin u,\ 0)$$

よって、

$$\left|\frac{\partial\vec{r}}{\partial u}\times\frac{\partial\vec{r}}{\partial v}\right|=a\sqrt{\cos^2 u+\sin^2 u}=a$$

ゆえに、

側面の面積 $S=\int_D dS=\iint_D\left|\frac{\partial\vec{r}}{\partial u}\times\frac{\partial\vec{r}}{\partial v}\right|dudv=\int_0^{2\pi}\int_0^{h}adudv=2\pi ah$

曲面積

●曲面 S を　$\vec{r}=\vec{r}(u,\ v)=(x(u,\ v),\ y(u,\ v),\ z(u,\ v))$　……①

$u_1 \leqq u \leqq u_2 \quad v_1 \leqq v \leqq v_2$　……②

とし、D を変域②とするとき、

$$\text{曲面}S\text{の面積}=\int_D dS=\iint_D\left|\frac{\partial\vec{r}}{\partial u}\times\frac{\partial\vec{r}}{\partial v}\right|dudv$$

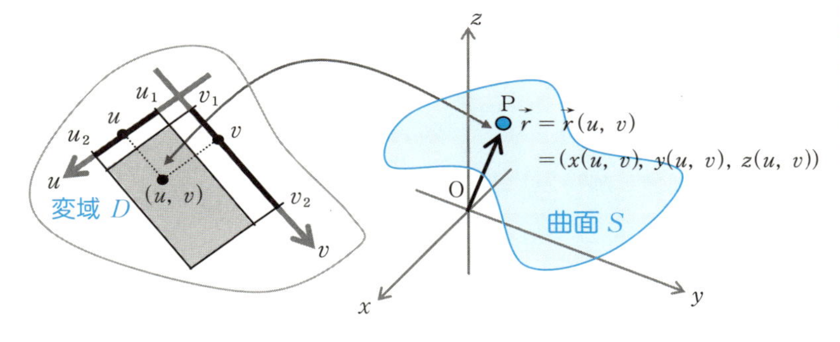

●$z=f(x,\ y)$ と表わされた曲面の面積

曲面　$z=f(x,\ y)$、$x_1 \leqq x \leqq x_2$、$y_1 \leqq y \leqq y_2$　のとき

$$\text{曲面積}=\iint_D\sqrt{1+\left(\frac{\partial f}{\partial x}\right)^2+\left(\frac{\partial f}{\partial y}\right)^2}dxdy$$

ただし、D は変域

$x_1 \leqq x \leqq x_2$、$y_1 \leqq y \leqq y_2$　とする。

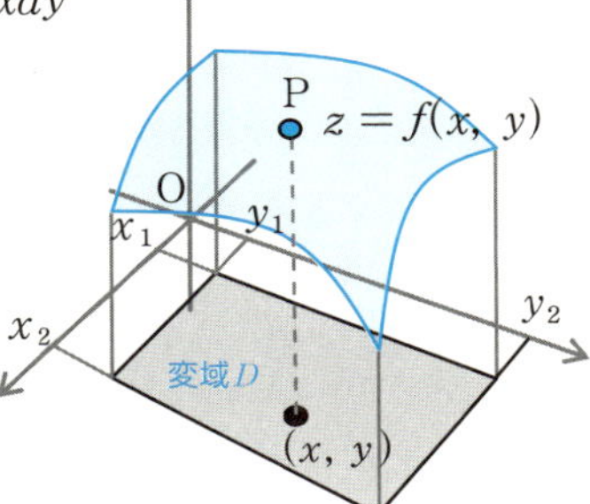

5-2 スカラー場の面積分とは

スカラー場fの曲線Cに沿った線積分とは、次のように表わされた。

$$\int_C f\,ds$$

これは、曲線C上のfの値と、そこでの曲線Cの微小線分の長さdsの積を、この曲線Cに沿って積分したものである。では、「曲面Sが与えられたときのスカラー場fの面積分」はどう定義されるのだろうか。

3次元空間のスカラー場fにおける面積分の考え方は、線積分の場合と同様で、**線上での積分（線積分）が、面上での積分（面積分）に変わっただけ**である。つまり、図の曲面S上のfの値と、そこでの曲面Sの微小面積dSの積を、この曲面Sに沿って積分したものを**スカラー場fの面積分**といい、

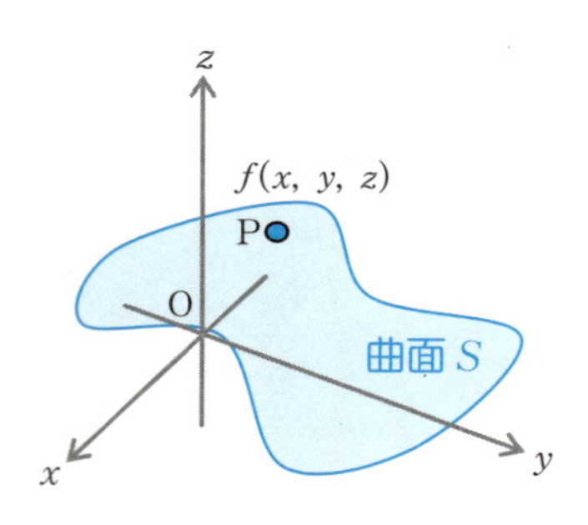

（面積分の記号） $\iint_S f\,dS$

と書く。ただし、**線積分では記号ds（sは小文字）を使ったが、面積分では記号dS（Sが大文字）を使う**違いがある。

●スカラー場fの面積分の計算

曲面Sが次の式で与えられたときの面積分$\iint_S f\,dS$を計算する式を求めてみよう。

$$\vec{r}=\vec{r}(u,\ v)=(x(u,\ v),\ y(u,\ v),\ z(u,\ v)) \quad \cdots\cdots①$$

$$u_1 \leqq u \leqq u_2 \qquad v_1 \leqq v \leqq v_2 \quad \cdots\cdots②$$

このとき、u、vに対する曲面上の点$P(x,\ y,\ z)$の位置ベクトルはu、vを用いて①と書ける。したがって、点Pにおけるスカラー場の値は$f(x(u,\ v), y(u,\ v), z(u,\ v))$となり、これは$u$、$v$の関数だから簡単に$f(u,\ v)$と書ける。また、前節（§5−1）で紹介したように、曲面S上の微小面積dSはパラメータu、vを用いた次の式で与えられる。

$$dS=\left|\frac{\partial \vec{r}}{\partial u}\times\frac{\partial \vec{r}}{\partial v}\right|dudv$$

よって、$\displaystyle\iint_S f\,dS=\iint_D f(u,\ v)\left|\frac{\partial \vec{r}}{\partial u}\times\frac{\partial \vec{r}}{\partial v}\right|dudv$となる。

ここで、Dはパラメータu、vの変域（前ページの②）を表わしている。

問 スカラー場$f(x,\ y,\ z)=z^2$において、曲面Sが$x^2+y^2+z^2=a^2\ (z\geqq 0)$のとき、面積分$\displaystyle\iint_S f\,dS$を求めてみよう。ただし、$a>0$とする。

（解） 原点中心、半径aの球面の上半分の方程式は次の式で与えられる。

$$\vec{r}=\vec{r}(\theta,\ \varphi)=(a\sin\theta\cos\varphi,\ a\sin\theta\sin\varphi,\ a\cos\theta)$$

$$0\leqq\theta\leqq\frac{\pi}{2}、\ 0\leqq\varphi\leqq 2\pi$$

よって、

$$\frac{\partial \vec{r}}{\partial \theta}=(a\cos\theta\cos\varphi,\ a\cos\theta\sin\varphi,\ -a\sin\theta)$$

$$\frac{\partial \vec{r}}{\partial \varphi}=(-a\sin\theta\sin\varphi,\ a\sin\theta\cos\varphi,\ 0)$$

ゆえに、

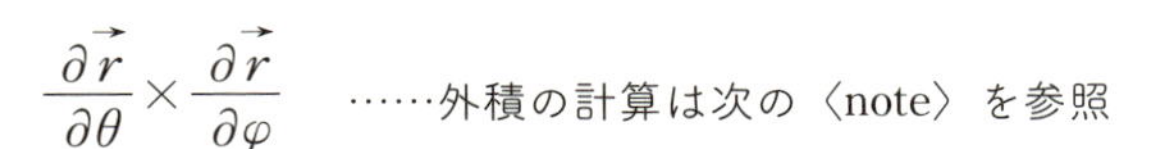

$$\frac{\partial \vec{r}}{\partial \theta}\times\frac{\partial \vec{r}}{\partial \varphi}$$ ……外積の計算は次の〈note〉を参照

$$=a^2(\sin^2\theta\cos\varphi,\ \sin^2\theta\sin\varphi,\ \sin\theta\cos\theta\cos^2\varphi+\sin\theta\cos\theta\sin^2\varphi)$$

$$=a^2(\sin^2\theta\cos\varphi,\ \sin^2\theta\sin\varphi,\ \sin\theta\cos\theta)$$

よって、

$$\left|\frac{\partial \vec{r}}{\partial \theta}\times\frac{\partial \vec{r}}{\partial \varphi}\right| = a^2\sqrt{\sin^4\theta\cos^2\varphi+\sin^4\theta\sin^2\varphi+\sin^2\theta\cos^2\theta}$$

$$= a^2\sqrt{\sin^4\theta+\sin^2\theta\cos^2\theta} = a^2\sqrt{\sin^2\theta} = a^2|\sin\theta|$$

また、$f(x,\ y,\ z) = z^2 = a^2\cos^2\theta$ である。

ゆえに、スカラー場 f の半球面 S に沿う面積分は

$$\int_D f dS = \iint_D f(\theta,\ \varphi)\left|\frac{\partial \vec{r}}{\partial \theta}\times\frac{\partial \vec{r}}{\partial \varphi}\right| d\theta d\varphi$$

$$= \int_0^{2\pi}\int_0^{\frac{\pi}{2}}(a^2\cos^2\theta)a^2|\sin\theta| d\theta d\varphi$$

$$= a^4\int_0^{2\pi}\int_0^{\frac{\pi}{2}}\cos^2\theta\sin\theta d\theta d\varphi$$

$\cos\theta = t$ と置換すると、
$-\sin\theta d\theta = dt$

$$= a^4\int_0^{2\pi}\int_1^0 t^2(-dt)d\varphi$$

$$= a^4\int_0^{2\pi}\int_0^1 t^2 dt d\varphi = \frac{a^4}{3}\int_0^{2\pi} d\varphi = \frac{2\pi a^4}{3}$$

スカラー場の面積分

スカラー場$f(x,\ y,\ z)$における曲面Sを表わす式が

$$\vec{r}=\vec{r}(u,\ v)=(x(u,\ v),\ y(u,\ v),\ z(u,\ v))$$

$$u_1 \leqq u \leqq u_2 \quad v_1 \leqq v \leqq v_2$$

であるとき、スカラー場fの面積分は

$$\iint_S f\,dS=\iint_D f(u,\ v)\left|\frac{\partial \vec{r}}{\partial u}\times\frac{\partial \vec{r}}{\partial v}\right|dudv$$ となる。

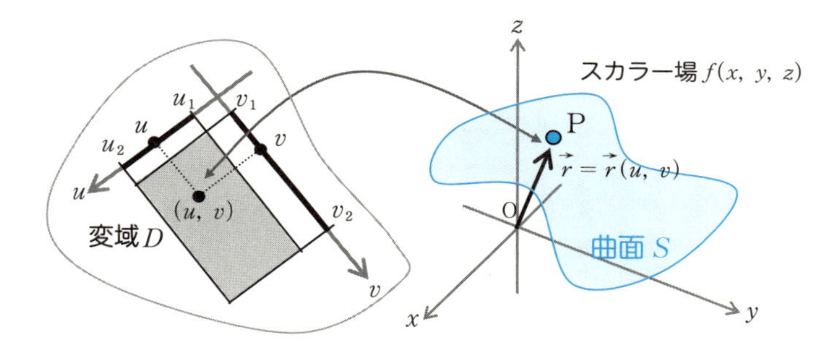

なお、参考までに外積の定義（§1−5）を再掲しておこう。

$\vec{a}=(a_x,\ a_y,\ a_z)$、$\vec{b}=(b_x,\ b_y,\ b_z)$　のとき、

$$\vec{a}\times\vec{b}=(a_y b_z-a_z b_y,\ a_z b_x-a_x b_z,\ a_x b_y-a_y b_x)$$

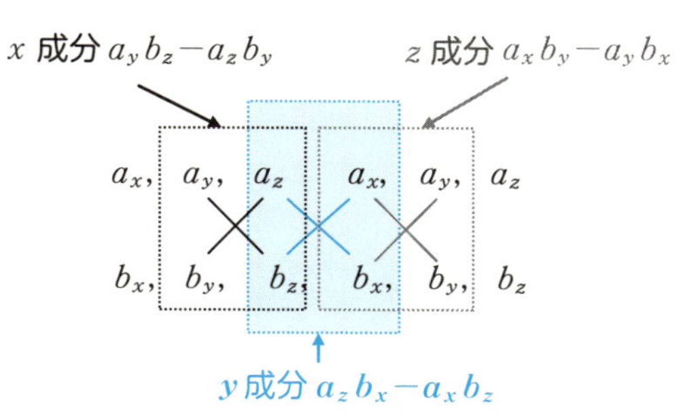

第5章
面積分とは曲面に沿った積分

5-3 ベクトル場の面積分とは

スカラー場 $f(x, y, z)$ において、f の値を曲面 S に沿って積分したものを面積分といい、$\iint_S f\,dS$ と書いた。それでは、ベクトル場の面積分とはどういうものだろうか。

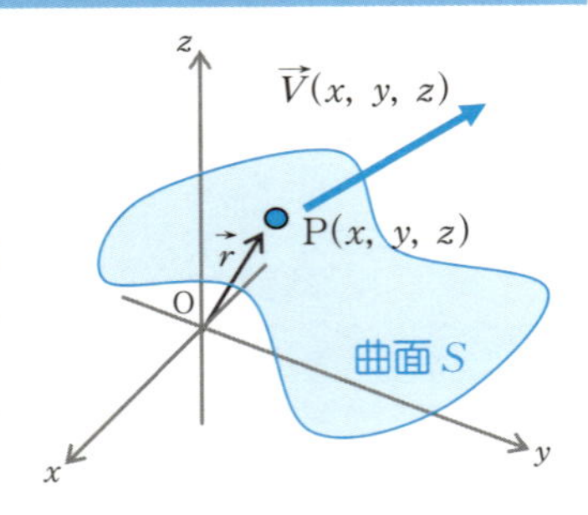

スカラー場 f の面積分では、f を曲面に沿ってそのまま積分したが、ベクトル場 $\vec{V}$ の場合はいろいろな面積分が考えられる。その1つに、**曲面 S 上の単位法線ベクトル $\vec{n}$ と $\vec{V}$ の内積を曲面 S に沿って積分する**という考え方がある。つまり、ベクトル場 $\vec{V}$ の曲面 S に沿っての内積 $\vec{V}\cdot\vec{n}$ を積分したもので、これをベクトル場 $\vec{V}$ の**法線面積分**といい、次のように書く。

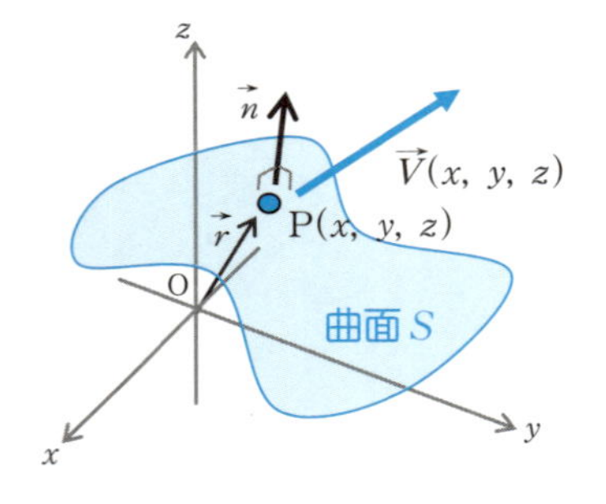

（法線面積分） $\iint_S \vec{V}\cdot\vec{n}\,dS$

（注）「面に垂直なベクトル」が法線ベクトル、その大きさ1のものが単位法線ベクトル。

●法線面積分の計算

曲面 S 上の任意の点Pの位置ベクトルが u、v を媒介変数として

$$\vec{r}=\vec{r}(u, v)=(x(u, v), y(u, v), z(u, v)) \quad \cdots\cdots①$$

$$u_1 \leqq u \leqq u_2 \qquad v_1 \leqq v \leqq u_2 \quad \cdots\cdots②$$

で与えられたとき、$\iint_S \vec{V}\cdot\vec{n}dS$はどう計算されるのだろうか。まず、ベクトル$\vec{V}$と単位法線ベクトル$\vec{n}$の内積$\vec{V}\cdot\vec{n}$とは何かを調べてみよう。

$$\vec{V}\cdot\vec{n}=|\vec{V}||\vec{n}|\cos\theta=|\vec{V}|\cos\theta$$

より、$\vec{V}\cdot\vec{n}$はベクトル$\vec{V}$を曲面Sに垂直なものと、接するものの2つに分解したとき、垂直なベクトルの大きさを表わしている。この垂直なベクトルの大きさを曲面Sに沿って積分したのがベクトル場$\vec{V}$の法線面積分、

$$\iint_S \vec{V}\cdot\vec{n}dS$$

である。この**法線面積分とは、ベクトル$\vec{V}$が流体の流速などを表わすとすれば、曲面Sから流出する流体の総量を表わすもの**である。

内積$\vec{V}\cdot\vec{n}$はスカラーなので、$\iint_S \vec{V}\cdot\vec{n}dS$は前節で扱ったスカラー場の面積分（§5−2）において、スカラーfを$\vec{V}\cdot\vec{n}$に書き換えたものである。つまり、

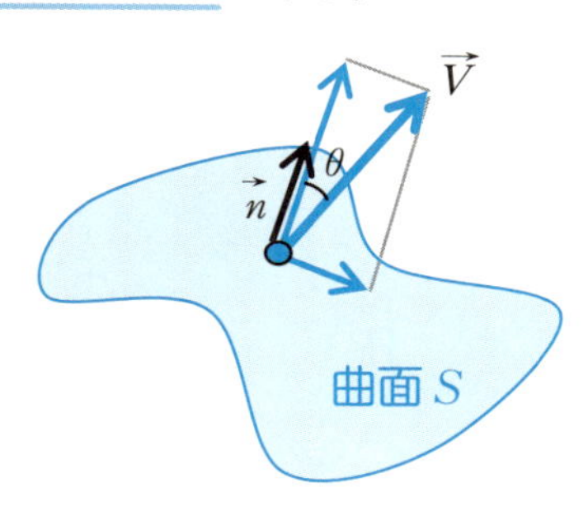

$$\iint_S \vec{V}\cdot\vec{n}dS=\iint_D(\vec{V}\cdot\vec{n})\left|\frac{\partial\vec{r}}{\partial u}\times\frac{\partial\vec{r}}{\partial v}\right|dudv \quad \cdots\cdots③$$

ただし、Dはu、vの変域、つまり、②を表わす。

ここで、$\vec{V}\cdot\vec{n}$をu、vで表現してみることにしよう。ベクトル$\vec{V}$のx成分、y成分、z成分をV_x、V_y、V_zと書けば、これらは曲面S上ではu、vの関数なので、

$$\vec{V}(x, y, z)=(V_x(u, v), V_y(u, v), V_z(u, v))$$

と書ける。また、単位法線ベクトル$\vec{n}$は法線ベクトル$\frac{\partial\vec{r}}{\partial u}\times\frac{\partial\vec{r}}{\partial v}$の大きさを1にしたもので、次のように書ける（§5−1）。

$$\vec{n}=\left(\frac{\partial\vec{r}}{\partial u}\times\frac{\partial\vec{r}}{\partial v}\right)\Big/\left|\frac{\partial\vec{r}}{\partial u}\times\frac{\partial\vec{r}}{\partial v}\right|$$

したがって、前ページの③は次のようになる。

$$\iint_S \vec{V}\cdot\vec{n}dS$$
$$=\iint_D\left((V_x(u,\ v),\ V_y(u,\ v),\ V_z(u,\ v))\cdot\left(\frac{\partial\vec{r}}{\partial u}\times\frac{\partial\vec{r}}{\partial v}\right)\right)dudv \quad \cdots④$$

なお、$\vec{n}dS$は大きさが面要素dSの法線ベクトルなので、これを$d\vec{S}$と書けば、$\iint_S \vec{V}\cdot\vec{n}dS$は$\iint_S \vec{V}\cdot d\vec{S}$と書ける。

●微分形式の面積分

ベクトル場$\vec{V}(x,\ y,\ z)=(V_x,\ V_y,\ V_z)$において、$\vec{V}$の**法線面積分**は次の式で定義された。ただし、$\vec{n}$は点P$(x,\ y,\ z)$における曲面の単位法線ベクトルとする。

$$\iint_S \vec{V}\cdot\vec{n}dS$$

この式は、微分形式で次のように書き換えることができる。

$$\iint_S \vec{V}\cdot\vec{n}dS=\iint_S(V_x dydz+V_y dzdx+V_z dxdy) \quad \cdots\cdots⑤$$

この⑤（右辺は微分形式の面積分）の成立理由を以下に調べてみよう。

$\vec{n}$を方向余弦（§1−7）を用いて$\vec{n}=(\cos\alpha,\ \cos\beta,\ \cos\gamma)$と表わすと、

$$\iint_S \vec{V}\cdot\vec{n}dS=\iint_S(V_x\cos\alpha+V_y\cos\beta+V_z\cos\gamma)dS$$
$$=\iint_S(V_x\cos\alpha dS+V_y\cos\beta dS+V_z\cos\gamma dS) \quad \cdots⑥$$

となる。ここで、面要素dSのyz平面、zx平面、xy平面への正射影を考えると、次の式が成立する（§1−8）。

$$dydz = \cos\alpha dS、dzdx = \cos\beta dS、dxdy = \cos\gamma dS$$

ゆえに、⑥は次のように書ける。

$$\iint_S \vec{V}\cdot\vec{n}\,dS = \iint_S (V_x dydz + V_y dzdx + V_z dxdy)$$

これは⑤式である。

右図において、x 軸および y 軸に垂直な平面で曲面を微小な面積に分割し、その1つを dS とする。

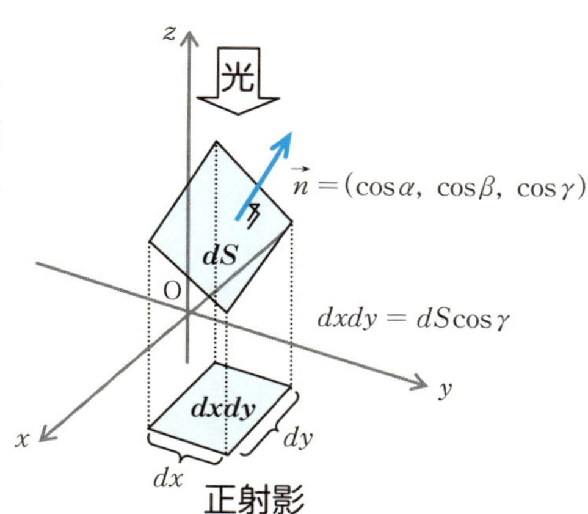

●その他の面積分

ベクトル場 $\vec{V}$ の面積分は「法線面積分」の他に、次の面積分がある。

(1)　ベクトルをそのまま面積分

ベクトル場 $\vec{V}(x, y, z) = (V_x, V_y, V_z)$ における曲面 S に対してベクトル $\vec{V}$ そのものを曲面 S に沿って積分した面積分 $\iint_S \vec{V}\,dS$ がある。これについては次のように定義される。

$$\iint_S \vec{V}\,dS = \left(\iint_S V_x dS,\ \iint_S V_y dS,\ \iint_S V_z dS\right) \quad \cdots\cdots ⑦$$

この場合、ベクトル $\vec{V}$ の面積分はベクトルで、その成分はベクトル $\vec{V}$ の各成分をそれぞれ面積分したものである。

ここで、$\vec{V}(x, y, z) = (V_x, V_y, V_z)$ の各成分は単なる u、v の関数なので、⑦の右辺の各成分の計算は§5−2で紹介したスカラー場での面積分と同じである。

つまり、次のとおりである。

$$\iint_S V_x dS = \iint_D V_x(u,\ v)\left|\frac{\partial \vec{r}}{\partial u}\times\frac{\partial \vec{r}}{\partial v}\right| dudv$$

（D は領域　$u_1 \leqq u \leqq u_2$、$v_1 \leqq v \leqq v_2$）

同様にして、ベクトル $\vec{V}$ の y 成分、z 成分も次の通りとなる。

$$\iint_S V_y d\mathrm{S} = \iint_D V_y(u,\ v)\left|\frac{\partial \vec{r}}{\partial u}\times\frac{\partial \vec{r}}{\partial v}\right| dudv$$

$$\iint_S V_z d\mathrm{S} = \iint_D V_z(u,\ v)\left|\frac{\partial \vec{r}}{\partial u}\times\frac{\partial \vec{r}}{\partial v}\right| dudv$$

(2) 外積 $\vec{V}\times\vec{n}$ を面積分

ベクトル $\vec{V}$ と曲面 S の**単位法線ベクトル** $\vec{n}$ の外積を曲面 S に沿って積分したものが考えられる。つまり、

$$\iint_S \vec{V}\times\vec{n}\, dS \quad \cdots\cdots ⑧$$

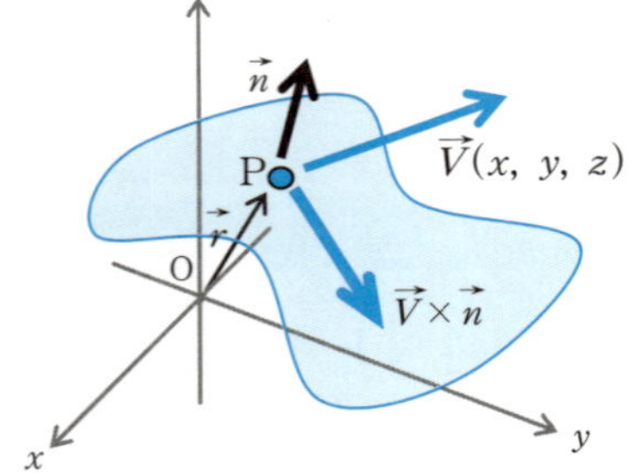

この場合の計算を調べてみよう。曲面 S 上の点Pにおける単位法線ベクトルは次のように書ける（§5−1）。

$$\vec{n} = \left(\frac{\partial \vec{r}}{\partial u}\times\frac{\partial \vec{r}}{\partial v}\right)\bigg/\left|\frac{\partial \vec{r}}{\partial u}\times\frac{\partial \vec{r}}{\partial v}\right|$$

よって、ベクトル $\vec{V}$ と $\vec{n}$ の外積は、

$$\vec{V}\times\vec{n} = \vec{V}\times\left(\frac{\partial \vec{r}}{\partial u}\times\frac{\partial \vec{r}}{\partial v}\right)\bigg/\left|\frac{\partial \vec{r}}{\partial u}\times\frac{\partial \vec{r}}{\partial v}\right|$$

これを⑧に代入すると、

$$\iint_S \vec{V}\times\vec{n}\, d\mathrm{S} = \iint_D \vec{V}\times\vec{n}\left|\frac{\partial \vec{r}}{\partial u}\times\frac{\partial \vec{r}}{\partial v}\right| dudv \quad \leftarrow §5-1 の\ dS = \left|\frac{\partial \vec{r}}{\partial u}\times\frac{\partial \vec{r}}{\partial v}\right| dudv$$

$$= \iint_D \left(\vec{V} \times \left(\left(\frac{\partial \vec{r}}{\partial u} \times \frac{\partial \vec{r}}{\partial v} \right) \Big/ \left| \frac{\partial \vec{r}}{\partial u} \times \frac{\partial \vec{r}}{\partial v} \right| \right) \left| \frac{\partial \vec{r}}{\partial u} \times \frac{\partial \vec{r}}{\partial v} \right| dudv \right)$$

$$= \iint_D \left(\vec{V} \times \left(\frac{\partial \vec{r}}{\partial u} \times \frac{\partial \vec{r}}{\partial v} \right) \right) dudv$$

となる。ここで $\vec{V} \times \left(\frac{\partial \vec{r}}{\partial u} \times \frac{\partial \vec{r}}{\partial v} \right)$ はベクトルなので、

$$\iint_D \left(\vec{V} \times \left(\frac{\partial \vec{r}}{\partial u} \times \frac{\partial \vec{r}}{\partial v} \right) \right) dudv$$

の計算は (1) の⑦のように成分ごとになる。

問 1 ベクトル場 $\vec{V}(x, y, z) = (x, 2y, 3z)$ において、曲面 S が $x + y + z = 1 \quad 0 \leqq x \leqq 1 \quad 0 \leqq y \leqq -x + 1 \quad z \geqq 0$ のとき、法線面積分 $\iint_S \vec{V} \cdot \vec{n} dS$ を求めてみよう。

(解) 本文①、②において $u = x$、$v = y$ とみなすと、曲面 S は

$$\vec{r} = \vec{r}(x, y) = (x, y, 1 - x - y)$$

$$0 \leqq x \leqq 1 \qquad 0 \leqq y \leqq -x + 1$$

となる。また、このとき

$$z = 1 - x - y \geqq 0$$

となる。

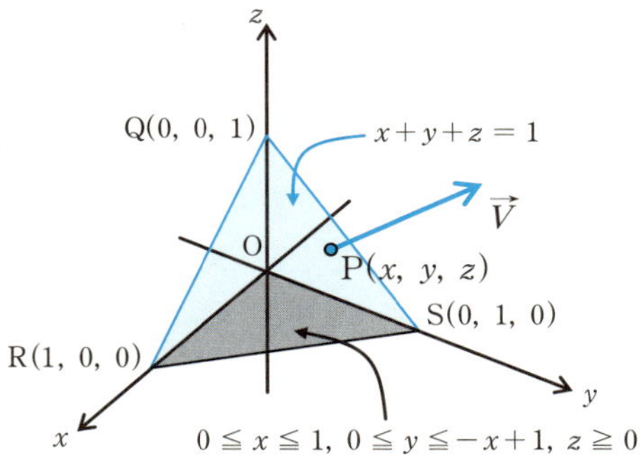

ここで、

$$\frac{\partial \vec{r}}{\partial x} = (1, 0, -1)、\frac{\partial \vec{r}}{\partial y} = (0, 1, -1)、よって、\frac{\partial \vec{r}}{\partial x} \times \frac{\partial \vec{r}}{\partial y} = (1, 1, 1)$$

また、$\vec{V}(x, y, z) = (x, 2y, 3z) = (x, 2y, 3(1 - x - y))$、ゆえに、

$$\vec{V} \cdot \left(\frac{\partial \vec{r}}{\partial x} \times \frac{\partial \vec{r}}{\partial y} \right) = x + 2y + 3(1 - x - y) = 3 - 2x - y$$

よって、本文④より

$$\iint_S (\vec{V}\cdot\vec{n})dS$$

$$=\iint_D \left((V_x(x,\ y),\ V_y(x,\ y),\ V_z(x,\ y))\cdot\left(\frac{\partial \vec{r}}{\partial x}\times\frac{\partial \vec{r}}{\partial y}\right)\right)dxdy$$

$$=\iint_D (3-2x-y)dxdy=\int_0^1\int_0^{-x+1}(3-2x-y)dydx$$

$$=\int_0^1\left[(3-2x)y-\frac{1}{2}y^2\right]_0^{-x+1}dx=\int_0^1\left(\frac{3}{2}x^2-4x+\frac{5}{2}\right)dx$$

$$=\left[\frac{1}{2}x^3-2x^2+\frac{5}{2}x\right]_0^1=1$$

問2 ベクトル場$\vec{V}(x,\ y,\ z)=(x,\ y,\ z)$において、曲面$S$が半径$a$の球面の一部$x^2+y^2+z^2=a^2$　$x \geqq 0$　$y \geqq 0$　$z \geqq 0$のとき、法線面積分$\iint_S \vec{V}\cdot\vec{n}dS$を求めてみよう。

（解） この球面上の任意の点Pの位置ベクトルは次の式で与えられる。

$\vec{r}=\vec{r}(\theta,\ \varphi)=a(\sin\theta\cos\varphi,\ \sin\theta\sin\varphi,\ \cos\theta)$

ただし$0 \leqq \theta \leqq \frac{\pi}{2}$、$0 \leqq \varphi \leqq \frac{\pi}{2}$

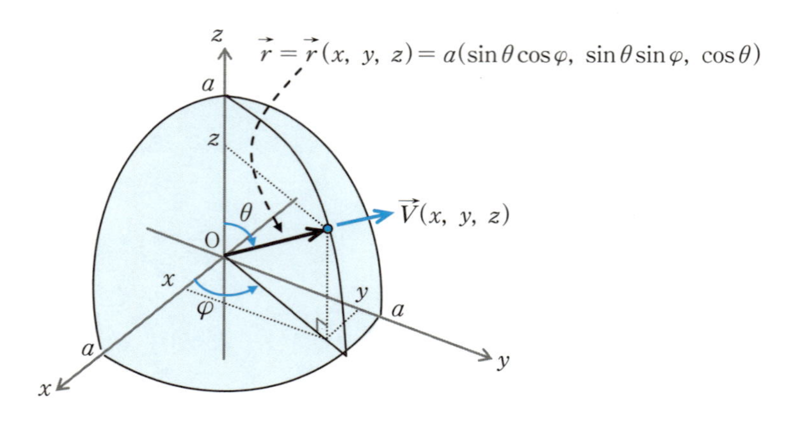

このとき、$\dfrac{\partial\vec{r}}{\partial\theta}=a(\cos\theta\cos\varphi,\ \cos\theta\sin\varphi,\ -\sin\theta)$

$$\frac{\partial\vec{r}}{\partial\varphi}=a(-\sin\theta\sin\varphi,\ \sin\theta\cos\varphi,\ 0)$$

ゆえに、$\dfrac{\partial\vec{r}}{\partial\theta}\times\dfrac{\partial\vec{r}}{\partial\varphi}=a^2\sin\theta(\sin\theta\cos\varphi,\ \sin\theta\sin\varphi,\ \cos\theta)=(a\sin\theta)\vec{r}$

よって、単位法線ベクトル$\vec{n}$は

$$\vec{n}=\left(\frac{\partial\vec{r}}{\partial\theta}\times\frac{\partial\vec{r}}{\partial\varphi}\right)\Big/\left|\frac{\partial\vec{r}}{\partial\theta}\times\frac{\partial\vec{r}}{\partial\varphi}\right|$$

$$=\frac{(a\sin\theta)\vec{r}}{a^2\sin\theta}=(\sin\theta\cos\varphi,\ \sin\theta\sin\varphi,\ \cos\theta)$$

また、$\vec{V}(x,\ y,\ z)=a(\sin\theta\cos\varphi,\ \sin\theta\sin\varphi,\ \cos\theta)$

ゆえに、$\vec{V}\cdot\vec{n}=a$

$$\iint_S\vec{V}\cdot\vec{n}dS=\iint_D(\vec{V}\cdot\vec{n})\left|\frac{\partial\vec{r}}{\partial\theta}\times\frac{\partial\vec{r}}{\partial\varphi}\right|d\theta d\varphi=\iint_D aa^2\sin\theta d\theta d\varphi$$

$$=a^3\int_0^{\frac{\pi}{2}}\int_0^{\frac{\pi}{2}}\sin\theta d\theta d\varphi=a^3\int_0^{\frac{\pi}{2}}d\varphi=\frac{1}{2}\pi a^3$$

なお、球面における単位法線ベクトルは$\vec{n}=\dfrac{\vec{r}}{|\vec{r}|}$であり、これを使うと$\vec{n}$を簡単に求めることができる。

ベクトル場 $\vec{V}$ の法線面積分

ベクトル場 $\vec{V}(x, y, z)=(V_x, V_y, V_z)$ において、曲面 S 上の任意の点Pの位置ベクトルが u、v を媒介変数として

$$\vec{r}=\vec{r}(u, v)=(x(u, v), y(u, v), z(u, v))$$

$$u_1 \leqq u \leqq u_2 \quad v_1 \leqq v \leqq u_2$$

と表わされるとき、ベクトル場 $\vec{V}$ の**法線面積分**は次の式で求められる。

$$\iint_S \vec{V}\cdot\vec{n}dS$$

$$=\iint_D\left((V_x(u, v), V_y(u, v), V_z(u, v))\cdot\left(\frac{\partial\vec{r}}{\partial u}\times\frac{\partial\vec{r}}{\partial v}\right)\right)dudv$$

ただし、$\vec{n}$ は単位法線ベクトル、D は②の変域を表わす。

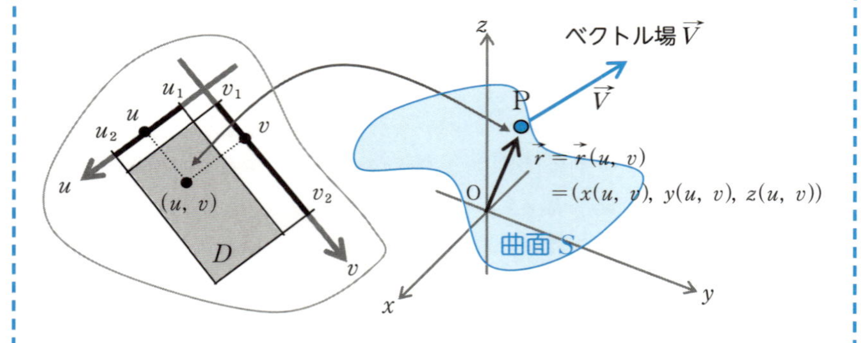

5-4 スカラー場やベクトル場の体積分とは

スカラー場やベクトル場の線積分や面積分を調べてきたが、「線」「面」とくれば、次は「体」である。そこで、ここでは、スカラー場やベクトル場での立体に対する積分について調べることにする。

3次元空間内の点P(x, y, z)における密度が$f(x, y, z)$であるとき、この空間の立体Vの質量を求めるには、$f(x, y, z)$を立体Vに対して積分する必要がある。このときに使われるのが**体積分**（体積積分）である。

●スカラー場の体積分

スカラー場$f(x, y, z)$内の立体Vに対する体積分を調べてみよう。そのために、まず、この立体Vを辺の長さがΔx, Δy, Δzのたくさんの微小直方体に分割する。右図は、そのうちの1つの直方体で、点P(x_i, y_i, z_i)を頂点としたものである。

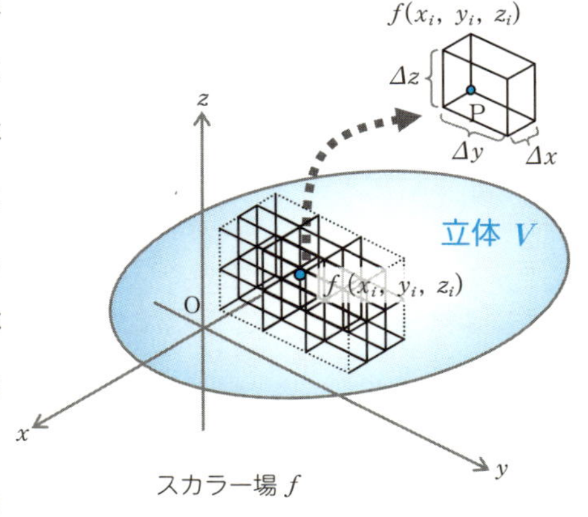

この微小直方体におけるスカラーfの値は場所によって微妙に異なるが、これを点P(x_i, y_i, z_i)における$f(x_i, y_i, z_i)$の値で代表する。つまり、この微小直方体ではどこでもスカラーfの値は$f(x_i, y_i, z_i)$とみなし、この$f(x_i, y_i, z_i)$に微小直方体の体積$\Delta x\ \Delta y\ \Delta z$を掛けたものを、立体$V$の中の微小直方体の全部について、その和をとる。

$$\sum f(x_i,\ y_i,\ z_i)\Delta x\Delta y\Delta z \quad \cdots\cdots ①$$

ここで分割をドンドン細かくしていったとき（Δx, Δy, Δzを限りなく0に近づけたとき）、①が極限値をもてばその値をスカラー場fの立体Vに対する**体積分**と定義する。このとき、①の極限値は、

$$\iiint_V f(x,\ y,\ z)dxdydz \quad \cdots\cdots ②$$

と**3重積分**で表わされ、**体積 $dxdydz$ の直方体は体積要素と呼ばれる**。

なお、スカラーfとしてベクトル場$\vec{A}$の発散$\mathrm{div}\vec{A}$を採用すれば、②はベクトル場$\vec{A}$の立体Vからの湧き出し量（流出量）といえる（§6−4）。

●ベクトル場の体積分

ベクトル場$\vec{A}(x,\ y,\ z)=(A_x,\ A_y,\ A_z)$内の立体$V$に対して、まずは、この立体$V$*注）を辺の長さが$\Delta x$, Δy, Δzの微小直方体に分割する。

（注）本書ではベクトル場のことを$\vec{V}$と名付けたが、この節ではVを立体の意味に使っているため、ベクトル場を$\vec{A}$と表わした。

この微小直方体内におけるベクトル$\vec{A}$は場所によって異なるが、これを点P$(x_i,\ y_i,\ z_i)$におけるベクトル

$$\vec{A}(x_i,\ y_i,\ z_i)=(A_{x_i},\ A_{y_i},\ A_{z_i})$$

で代表する。そして、この$\vec{A}(x_i,\ y_i,\ z_i)$に直方体の体積$\Delta x\Delta y\Delta z$を掛けた$\vec{A}(x_i,\ y_i,\ z_i)\Delta x\Delta y\Delta z$を立体$V$の中の微小直方体の全部について、その和をとると、

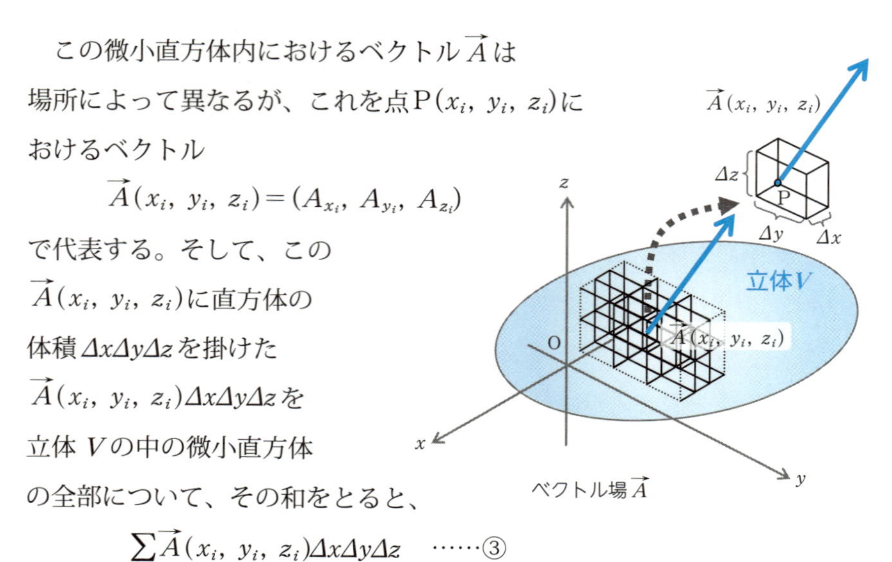

$$\sum \vec{A}(x_i,\ y_i,\ z_i)\Delta x\Delta y\Delta z \quad \cdots\cdots ③$$

このとき、③はベクトルで、これを成分表示すると、

$$\sum \vec{A}(x_i,\ y_i,\ z_i)\Delta x\Delta y\Delta z$$
$$=\left(\sum A_x\Delta x\Delta y\Delta z,\ \sum A_y\Delta x\Delta y\Delta z,\ \sum A_z\Delta x\Delta y\Delta z\right) \quad \cdots\cdots④$$

である。ここで、$\Delta x,\ \Delta y,\ \Delta z$を限りなく0に近づけたときの④の極限値をベクトル場$\vec{A}$の立体Vに対する**体積分**と定義する。④の極限値は**3重積分の記号**を使って次のように書く。

$$\iiint_V \vec{A}\,dxdydz=\left(\iiint_V A_x\,dxdydz,\ \iiint_V A_y\,dxdydz,\ \iiint_V A_z\,dxdydz\right) \quad \cdots⑤$$

（注）A_x、A_y、A_zはいずれもx、y、zの関数である。

問　立体V：$-1 \leqq x \leqq 1$、$-1 \leqq y \leqq 1$、$-1 \leqq z \leqq 1$　について、次の2つの体積分を求めてみよう。

(1) スカラー場$f(x,\ y,\ z)=x^2+y^2+z^2$における体積分

(2) ベクトル場$\vec{A}(x,\ y,\ z)=(x^2,\ y^2,\ z^2)$における体積分

（1の解）　スカラー場の体積分の式②（前ページ）に代入すると、

$$\int_V f(x,\ y,\ z)dV \overset{*注)}{=} \iiint_V (x^2+y^2+z^2)dzdydx$$
$$=\int_{-1}^{1}\int_{-1}^{1}\int_{-1}^{1}(x^2+y^2+z^2)dzdydx$$
$$=\int_{-1}^{1}\int_{-1}^{1}\left[(x^2+y^2)z+\frac{1}{3}z^3\right]_{-1}^{1}dydx$$
$$=2\int_{-1}^{1}\int_{-1}^{1}\left(x^2+y^2+\frac{1}{3}\right)dydx$$

（注）　$\int_V f(x,\ y,\ z)dV$は$\iiint_V f(x,\ y,\ z)dxdydz$の意味である。

$$= 2\int_{-1}^{1}\left[\left(x^2+\frac{1}{3}\right)y+\frac{1}{3}y^3\right]_{-1}^{1}dx = 4\int_{-1}^{1}\left(x^2+\frac{2}{3}\right)dx$$

$$= 4\left[\frac{1}{3}x^3+\frac{2}{3}x\right]_{-1}^{1} = 8$$

となる。

（2の解） ベクトル場の体積分の式⑤に代入すると、

$$\iiint_V \vec{A}\,dxdydz = \left(\iiint_V x^2\,dxdydz,\ \iiint_V y^2\,dxdydz,\ \iiint_V z^2\,dxdydz\right)$$

$$= \left(\frac{8}{3},\ \frac{8}{3},\ \frac{8}{3}\right)$$

なお、上記 (2) の計算では次の方法を利用した。

$$\iiint_V x^2\,dxdydz = \int_{-1}^{1}\int_{-1}^{1}\int_{-1}^{1}x^2\,dxdydz = \int_{-1}^{1}\int_{-1}^{1}\left[\frac{x^3}{3}\right]_{-1}^{1}dydz = \cdots = \frac{8}{3}$$

Note スカラー場やベクトル場の体積分

●スカラー場の体積分

スカラー場 $f(x,\ y,\ z)$ 内の立体 V に対する体積分は次の計算による。

$$\iiint_V f(x,\ y,\ z)dxdydz$$

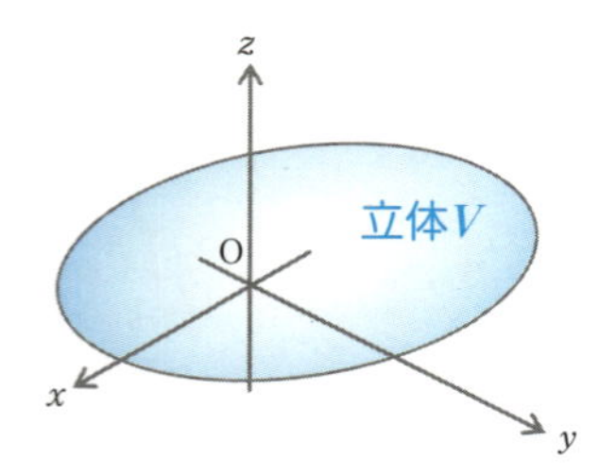

●ベクトル場の体積分

ベクトル場 $\vec{A}(x,\ y,\ z) = (A_x,\ A_y,\ A_z)$

の立体 V に対する体積分は次の計算による。

$$\iiint_V \vec{A}\,dxdydz = \left(\iiint_V A_x\,dxdydz,\ \iiint_V A_y\,dxdydz,\ \iiint_V A_z\,dxdydz\right)$$

（注） A_x、A_y、A_z はいずれも x、y、z の関数。

第6章

勾配 grad、発散 div、回転 rot

ここでは、「場の微分」について調べてみよう。スカラー場の微分として得られる勾配、ベクトル場の微分として得られる発散と回転を紹介する。いずれもベクトル解析の基本となる計算で、理工系だけでなく経済学などの社会科学系にも利用されている。

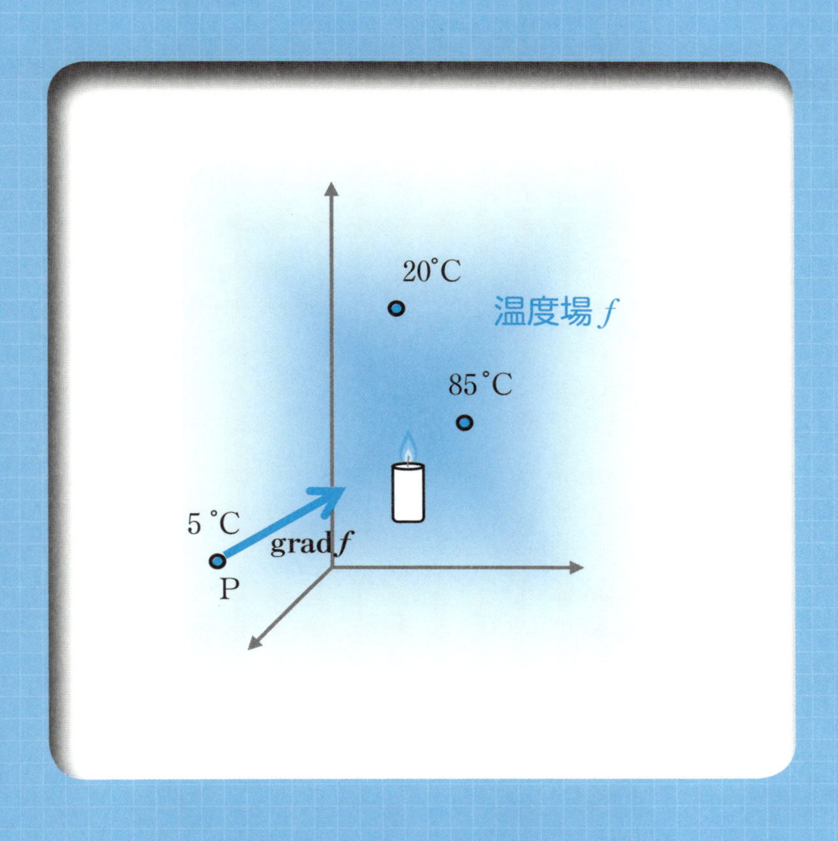

6-1 2次元スカラー場の勾配とは

平面におけるスカラー場fが与えられたとき、fの変化の最大方向とその大きさを示す勾配といわれるベクトルを調べることにする。

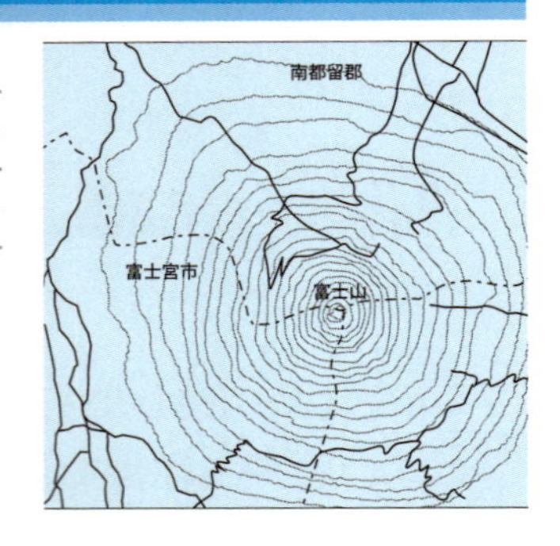

スカラー場は我々の生活と無縁ではない。たとえば、平面上の各点に、そこでの標高や気圧、温度などを対応させれば、この平面は2次元スカラー場となる。下の左図は**気圧の分布を示した気圧場**であり、下の右図は**海水面の温度を表わした温度場**を表わしている。

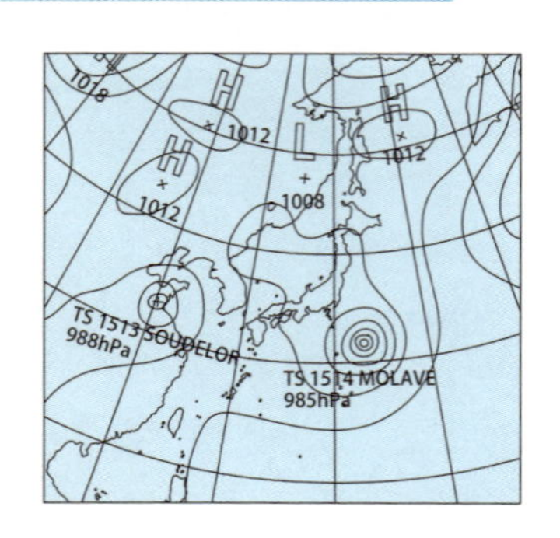

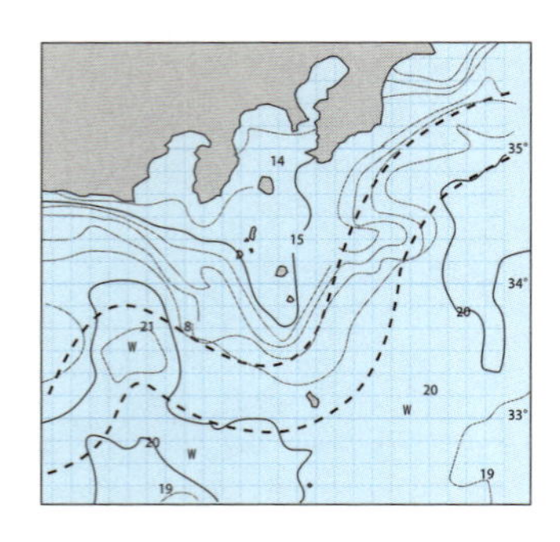

この例でもわかるように、スカラー場では、ある点から周囲を見渡したとき、その向きによってスカラー場の変化が大きかったり、そうでなかったりする。そこで、平面上の点Pから周囲を見渡したとき、どの向きに見ればスカラーfの変化が一番大きいのかを調べることにする。その向きと大きさを表現するのが「**勾配**」といわれるベクトルである。

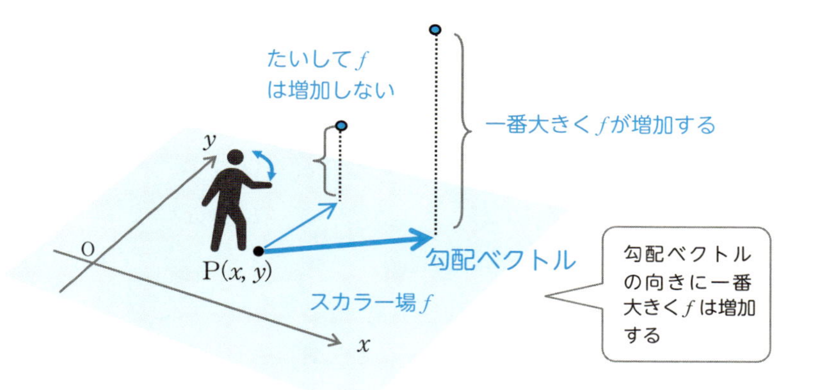

●標高場を例に「勾配」を求めてみよう

平面におけるスカラー場を表現した例としては、地図に描かれた等高線がある。地図上の点P(x, y)における標高が$f(x, y)$であるとき、等高線とは方程式 $f(x, y)=c$（一定）を満たす曲線のことである。ここで、cは10メートルや100メートルなどの間隔で、離散的なトビトビの値をとる定数である。下の左図は、xy平面上に聳（そび）える山（右図）の高さの状態を等高線で表わしたものである。

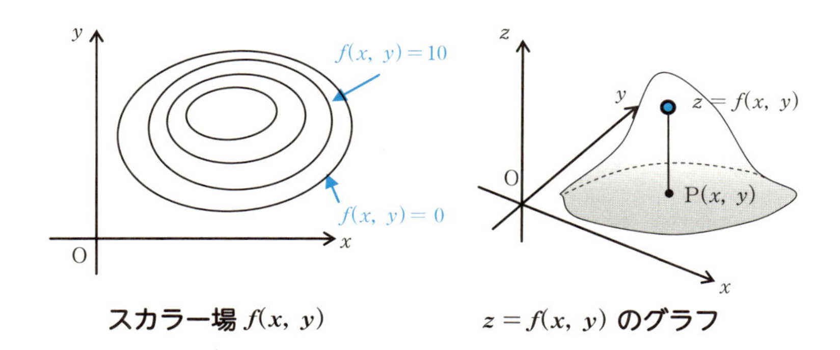

スカラー場 $f(x, y)$　　**$z=f(x, y)$ のグラフ**

ここでは、標高$f(x, y)$という2次元スカラー場の与えられた平面地図をもとに「勾配」というものについて調べてみることにする。

●スカラー場 $f(x, y)$ の微小変化 df を求める

点 $\mathrm{P}(x, y)$ における標高が $f(x, y)$ とする。このとき、点 $\mathrm{P}(x, y)$ から x 軸方向に Δx、y 軸方向に Δy だけ移動した点 $\mathrm{Q}(x+\Delta x, y+\Delta y)$ における標高は $f(x+\Delta x, y+\Delta y)$ である。したがって、PからQに移動したときの標高の増分 Δf は次のように書ける。

$$\Delta f = f(x+\Delta x, y+\Delta y) - f(x, y)$$

なお、上記の式は $\mathrm{A}-\mathrm{B}=\mathrm{A}-\mathrm{C}+\mathrm{C}-\mathrm{B}$、あるいは $\mathrm{A}=\dfrac{\mathrm{A}}{\mathrm{B}}\times\mathrm{B}$ などを利用して次のように変形できる。

$$\begin{aligned}\Delta f &= f(x+\Delta x, y+\Delta y) - f(x, y)\\ &= f(x+\Delta x, y+\Delta y) - f(x, y+\Delta y) + f(x, y+\Delta y) - f(x, y)\end{aligned}$$

ゆえに、標高の増分 Δf は次のように書ける。

$$\Delta f = \frac{f(x+\Delta x, y+\Delta y) - f(x, y+\Delta y)}{\Delta x}\Delta x + \frac{f(x, y+\Delta y) - f(x, y)}{\Delta y}\Delta y$$

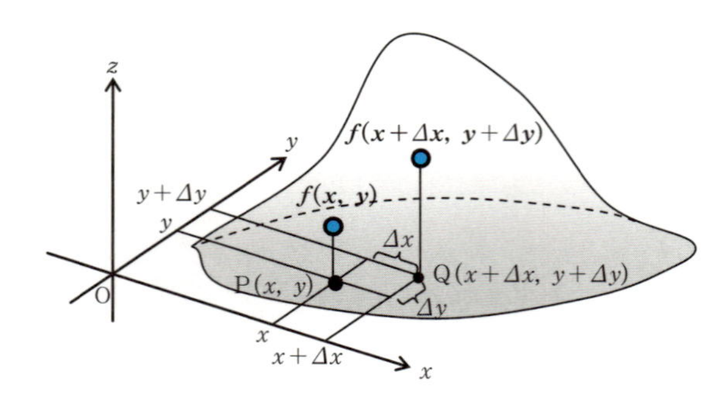

よって、Δx、Δy が十分小さければ次の関係が成立する。

$$\Delta f \fallingdotseq \frac{\partial f}{\partial x}\Delta x + \frac{\partial f}{\partial y}\Delta y$$

この右辺は2変数関数 $f(x, y)$ の**全微分** df である（§3−6）。

つまり、$df = \dfrac{\partial f}{\partial x}\Delta x + \dfrac{\partial f}{\partial y}\Delta y$

1変数の場合と同様、2変数関数 $f(x,\ y)$ の独立変数 x、y では微分 dx、dy と差分 Δx、Δy は同じである。したがって df は次のように書ける。

$$df=\frac{\partial f}{\partial x}dx+\frac{\partial f}{\partial y}dy \quad \cdots\cdots ①$$

この①は内積を用いると

$$df=\left(\frac{\partial f}{\partial x},\ \frac{\partial f}{\partial y}\right)\cdot(dx,\ dy) \quad \cdots\cdots ②$$

と書くことができる。

(注) dx、dy が十分小さければ $\Delta f=df$ とみなせる。

● $(\partial f/\partial x,\ \partial f/\partial y)$ は何を表わしているのか

それでは、この②式における $\left(\frac{\partial f}{\partial x},\ \frac{\partial f}{\partial y}\right)$ は平面のスカラー場 f において、いったい何を表わしているのだろうか。

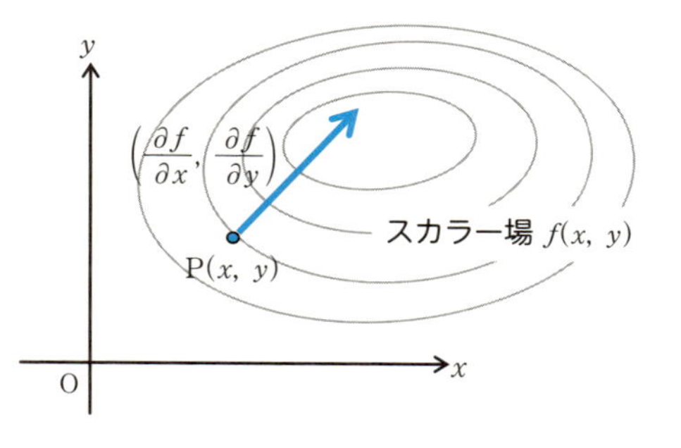

$\left(\frac{\partial f}{\partial x},\ \frac{\partial f}{\partial y}\right)$ をそのまま解釈すれば、これは点 $\mathrm{P}(x,\ y)$ における標高 $f(x,\ y)$ の偏微分 $\frac{\partial f}{\partial x}$、$\frac{\partial f}{\partial y}$ をそれぞれ x 成分、y 成分にもつ点 $\mathrm{P}(x,\ y)$ における平面のベクトルである。しかし、このように解釈しただけでは $\left(\frac{\partial f}{\partial x},\ \frac{\partial f}{\partial y}\right)$ の意味はよくわからない。そこで、もう少し、この図形的な意味を探ってみよう。

簡単のために $\left(\frac{\partial f}{\partial x},\ \frac{\partial f}{\partial y}\right)$ を $\vec{v}$ と書くことにする。すると、②は、

$$df=\vec{v}\cdot(dx,\ dy) \quad \cdots\cdots ③$$

と書ける。よって、内積の定義より、

$$df = |\vec{v}| \times dl \times \cos\theta \quad \cdots\cdots④$$

ただし $dl = \sqrt{(dx)^2 + (dy)^2}$

θ はベクトル $\vec{v}$ とベクトル $\overrightarrow{PQ} = (dx,\ dy)$ のなす角である。④より、

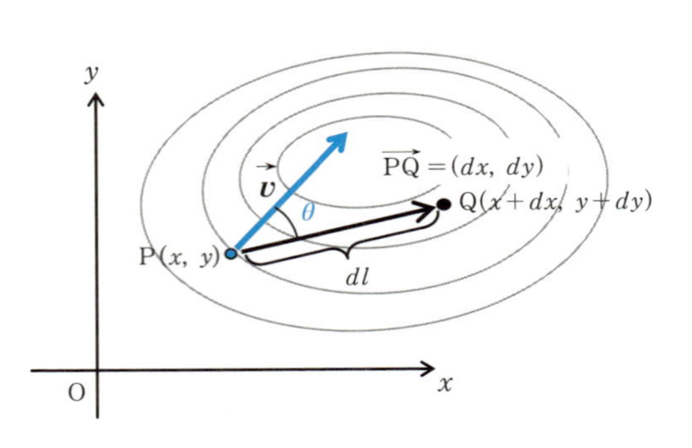

$$\frac{df}{dl} = |\vec{v}|\cos\theta \quad \cdots\cdots⑤$$

この⑤式の意味は右図ではわかりにくい。なぜならば、df は2点P、Qにおける標高差だから、$f(x,\ y)$ の値を高さ z とする3次元のグラフが必要となるからである（下図）。このとき、⑤式の左辺 $\frac{df}{dl}$ は、2点P、Qにおける標高差 df を移動距離 $dl = |\overrightarrow{PQ}|$ で割ったものと考えられる。これは、まさに、点Pから点Qの方向に見たときの標高 f の傾き、つまり、山の傾きを表わしている。

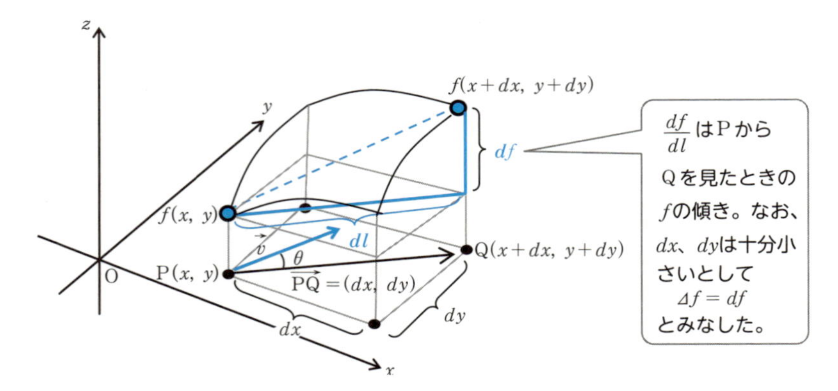

この⑤の右辺 $|\vec{v}|\cos\theta$ が最大になるのは $\cos\theta$ が $1\ (\theta = 0)$ のときである。これは点Pに対して、そこでの $\vec{v} = \left(\frac{\partial f}{\partial x},\ \frac{\partial f}{\partial y}\right)$ と同じ向き上に点Qが位置しているときである。このとき、標高 f の傾きが最大、つまり山が最大傾斜になることを意味している。そのときの傾きの大きさは、

$$\frac{df}{dl} = |\vec{v}| = \left| \left(\frac{\partial f}{\partial x}, \frac{\partial f}{\partial y} \right) \right|$$

となる。つまり、この$\vec{v}$の向きは関数$f(x, y)$の値が最も大きく増加する向きである。なお、$\vec{v}$の方向を**最大傾斜方向**という。そこで、このベクトル$\vec{v} = \left(\frac{\partial f}{\partial x}, \frac{\partial f}{\partial y} \right)$のことをスカラー場$f$の**勾配**（gradient: **グラディエント**）といい、これを

勾配（グラディエント）　grad f

と書くことにする。つまり、

$$\mathrm{grad}\, f = \left(\frac{\partial f}{\partial x}, \frac{\partial f}{\partial y} \right) = \frac{\partial f}{\partial x} \vec{i} + \frac{\partial f}{\partial y} \vec{j}$$

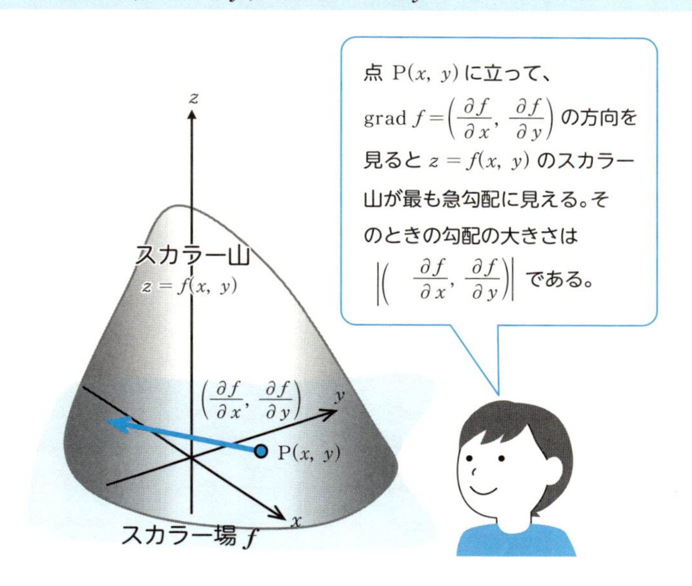

以上、標高の話を例にして、スカラー場fの話をしてきたが、温度場やその他のスカラー場でも同じことがいえる。

●grad f は等位曲線に垂直

⑤式の $\frac{df}{dl}=|v|\cos\theta$ は、θが90°$\left(=\frac{\pi}{2}\right)$のとき$\cos\theta$が0になる。すなわち、先の点Qが点Pに対してgrad fと直角な位置にあるときには傾きが0になる。つまり、点Pの接線方向に対しては、スカラー場fは変化しないと考えられる。したがって、**grad f は等高線に対して垂直となる**（右図）。

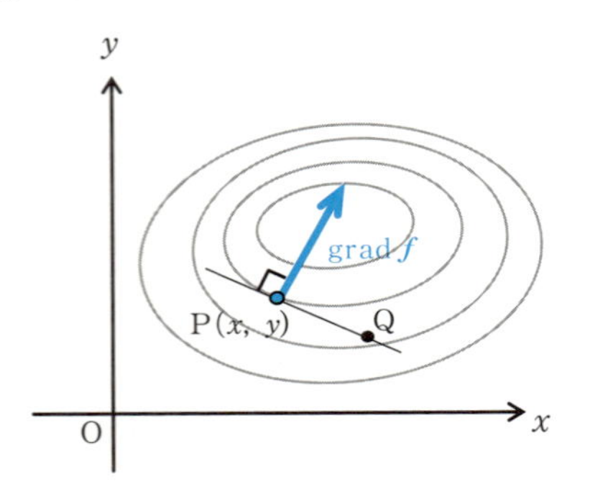

これは、もちろん標高$f(x, y)$に限った話ではない。一般のスカラー場でも成り立つ。スカラー場$f(x, y)$に対して曲線$f(x, y)=k$（定数）を**等位曲線**というが、Pにおけるgrad fはPを通る等位曲線に対して垂直なベクトルになっているのである。

●記号∇の導入

記号 $\nabla=\left(\frac{\partial}{\partial x}, \frac{\partial}{\partial y}\right)$ を用いて、勾配 $\left(\frac{\partial f}{\partial x}, \frac{\partial f}{\partial y}\right)$ を∇fと書くことにする。このとき、grad f は∇fと書ける。

$$\nabla f=\left(\frac{\partial}{\partial x}, \frac{\partial}{\partial y}\right)f=\left(\frac{\partial f}{\partial x}, \frac{\partial f}{\partial y}\right)=\mathrm{grad}\, f$$

なお、$\nabla=\frac{\partial}{\partial x}\vec{i}+\frac{\partial}{\partial x}\vec{j}$ とも書ける。

ベクトル解析ではfの勾配を表現するのに∇fを用いることが多い。

∇は微分演算子でナブラと読む。**ナブラ∇**（nabla）とはギリシア語で楽器の竪琴（たてごと）という意味である。

問 1 2次元スカラー場 $f(x, y) = 2x + y$ について grad f を求め、このベクトルは P(x, y) を通る f の等位曲線に垂直であることを確かめよ。

(解) まず、勾配ベクトルを求めると、

$$\mathrm{grad}\, f = \left(\frac{\partial f}{\partial x}, \frac{\partial f}{\partial y}\right) = (2, 1)$$

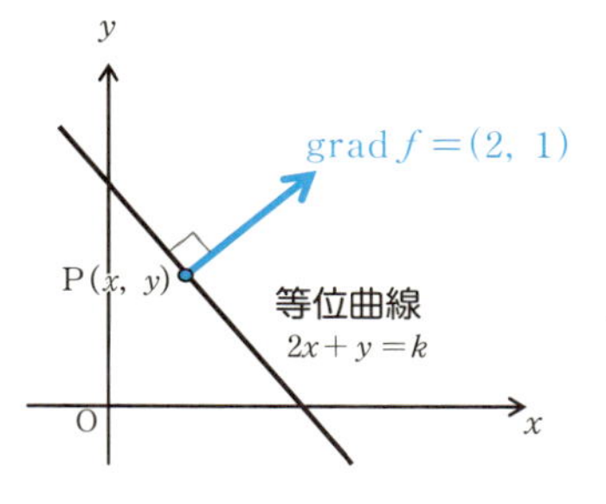

等位曲線 $f(x, y) = 2x + y = k$ の法線ベクトルは $\vec{n} = (2, 1)$ である。これは grad f に平行である。よって、grad f は等位曲線に垂直である。

(注) これは直線 $ax + by + c = 0$ がベクトル (a, b) に垂直 (§2−9)。

問 2 次のスカラー場 f において grad f を求め、このベクトルは P(x, y) を通る f の等位曲線に垂直であることを確かめよ。

(1) $f(x, y) = x^2 + y^2$

(2) $f(x, y) = -(x^2 + y^2)$

(1) の場合

$$\mathrm{grad}\, f = \left(\frac{\partial f}{\partial x}, \frac{\partial f}{\partial y}\right) = (2x, 2y)$$

等位曲線 $f(x, y) = x^2 + y^2 = k$ は円なので、その法線ベクトルは次ページの上の左図より、$\overrightarrow{\mathrm{OP}} = (x, y)$ となる。これは grad f に平行である。よって、grad f は等位曲線に垂直である。また、次ページの上の右図を見ると grad f は f の値が大きいところを目指していることがわかる。

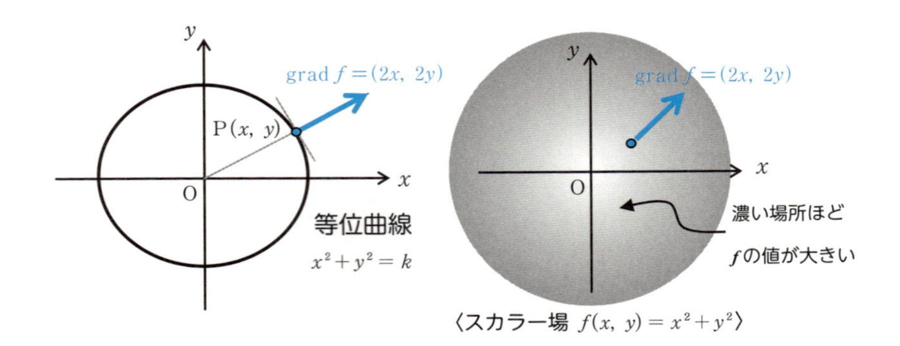

〈スカラー場 $f(x,\ y)=x^2+y^2$〉

なお、右の図はスカラー場である xy 平面に z 軸を垂直に設定し、$z=f(x,\ y)=x^2+y^2$（放物面）のグラフを書き添えたものである。スカラー場における grad f は f が最も大きくなる方向を向き、放物面の傾斜が大きくなるにしたがって grad f の大きさも大きくなることがわかる。

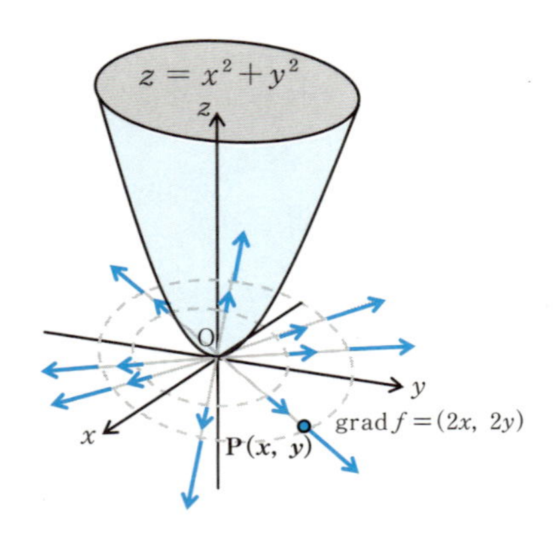

(2) の場合

$$\mathrm{grad}\, f=\left(\frac{\partial f}{\partial x},\ \frac{\partial f}{\partial y}\right)=(-2x,\ -2y)$$

等位曲線 $f(x,\ y)=-(x^2+y^2)=k$　$k<0$ は円なので、その法線ベクトルは次ページの上の左図より $\overrightarrow{\mathrm{OP}}=(x,\ y)$ で、これは grad f に平行である。よって、grad f は等位曲線に垂直である。また、次ページの上の右図を見ると grad f は f の値の大きいところを目指していることがわかる。

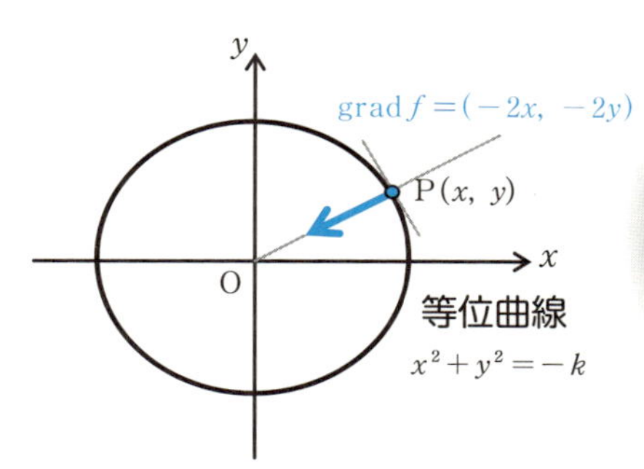

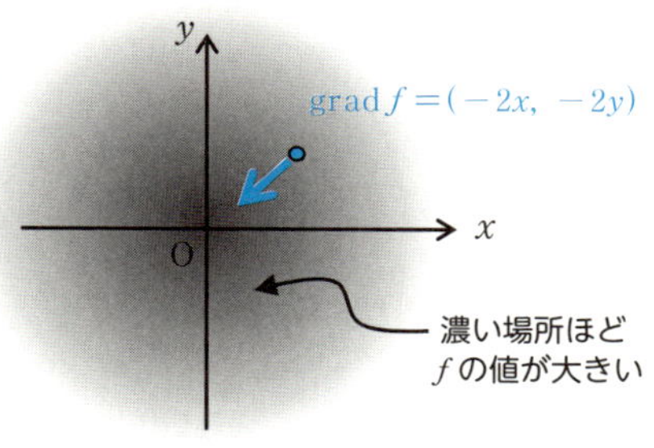

〈スカラー場 $f(x,\ y)=-(x^2+y^2)$〉

なお、右の図はスカラー場であるxy平面にz軸を垂直に設定し、

$z=f(x,\ y)=-(x^2+y^2)$という放物面のグラフを書き添えたものである。スカラー場におけるgrad fはfが最も大きくなる方を向き、放物面の傾斜が小さくなるにしたがってgrad fの大きさも小さくなることがわかる。

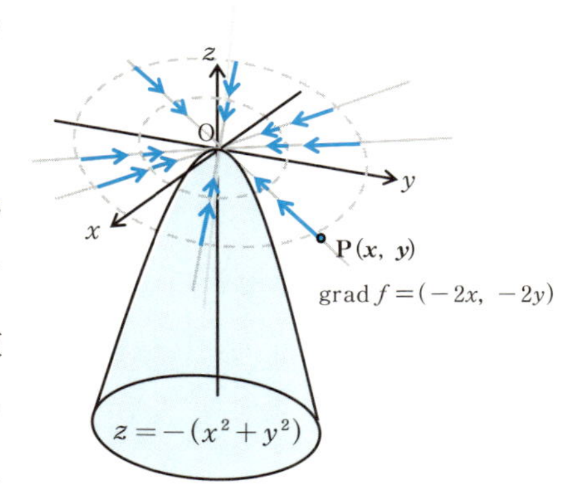

Note 2次元スカラー場の勾配

●「勾配」の定義

平面上の各点P$(x,\ y)$に対してスカラー$f(x,\ y)$が与えられているとする。このとき、ベクトル$\left(\frac{\partial f}{\partial x},\ \frac{\partial f}{\partial y}\right)$をスカラー場$f$の勾配といい、grad fで表わす。

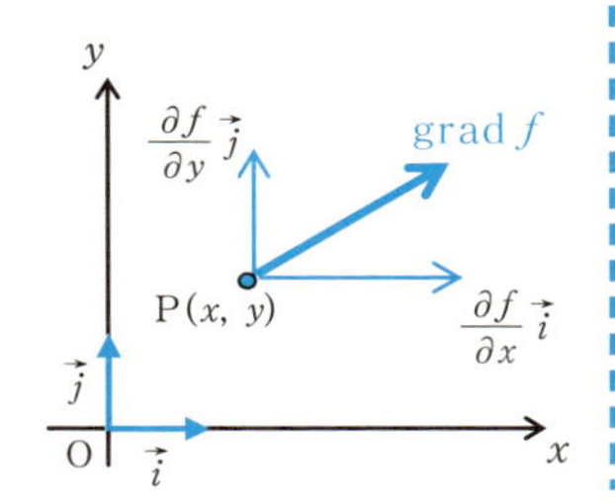

$$\mathrm{grad}\, f = \nabla f = \left(\frac{\partial f}{\partial x},\ \frac{\partial f}{\partial y}\right) = \frac{\partial f}{\partial x}\vec{i} + \frac{\partial f}{\partial y}\vec{j}$$

ここで、∇はナブラと読み、微分演算子$\left(\dfrac{\partial}{\partial x},\ \dfrac{\partial}{\partial y}\right)$を意味する。

●勾配は等位曲線に垂直

スカラー場fの勾配$\left(\dfrac{\partial f}{\partial x},\ \dfrac{\partial f}{\partial y}\right)$は等位曲線$f(x,\ y) = k$に垂直である。

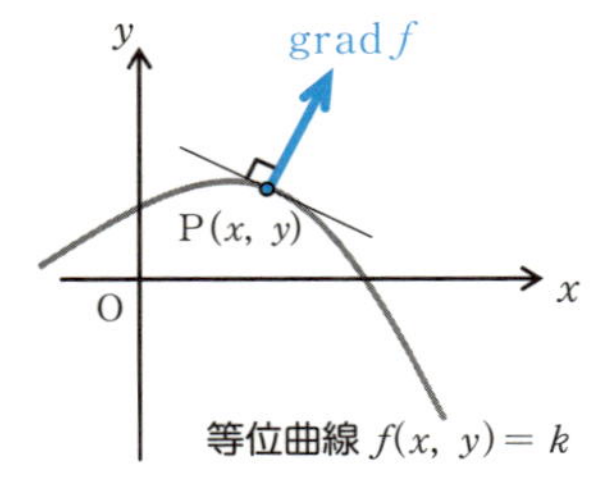

●勾配はスカラー場における最大傾き

スカラー場fの勾配$\left(\dfrac{\partial f}{\partial x},\ \dfrac{\partial f}{\partial y}\right)$はベクトルで、その向きは点P$(x,\ y)$からスカラー場$f$を眺めたとき、$f$の傾き（$f$の増加率）が最大になる方向を表わし、その大きさはそのときの傾き（つまり、fの増加率）の大きさを表わしている。

6-2 3次元スカラー場の勾配とは

平面におけるスカラー場fの「勾配」はベクトル$\left(\dfrac{\partial f}{\partial x}, \dfrac{\partial f}{\partial y}\right)$であった。

このことからすると、空間におけるスカラー場fの「勾配」は？

3次元空間で定義されたスカラー場の例として、空間の点P(x, y, z)にそこでの密度や温度$f(x, y, z)$を対応させたものがある。ここでは、温度場$f(x, y, z)$を例に、3次元スカラー場の「勾配」とは何かを調べることにする。ただし、前節の2次元スカラー場$f(x, y)$で勾配の説明に用いた$z=f(x, y)$のグラフは使えない。なぜなら、3次元スカラー場$f(x, y, z)$の値をwとした$w=f(x, y, z)$のグラフは、4次元のグラフになってしまい、これを我々は見ることができないからである。そこで、前節の2次元スカラー場でわかったことをもとに、3次元スカラー場$f(x, y, z)$の勾配を定義することにする。

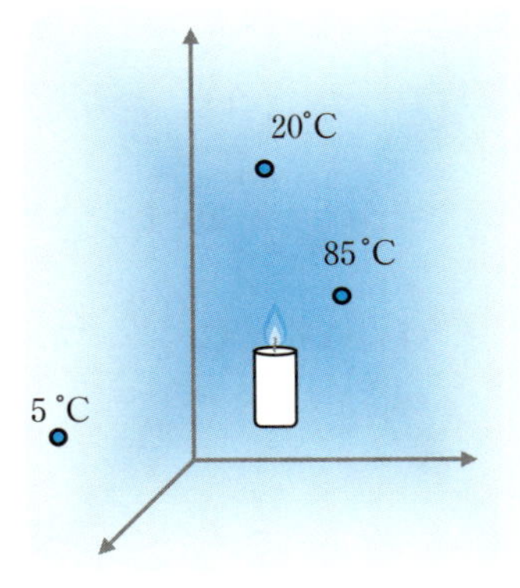

●スカラー場$f(x,y,z)$の微小変化dfを求める

点P(x, y, z)からx軸方向にΔx、y軸方向にΔy、z軸方向にΔzだけ移動した点Q$(x+\Delta x, y+\Delta y, z+\Delta z)$における$f$の値は、

$$f(x+\Delta x, y+\Delta y, z+\Delta z)$$

である。したがって、PからQに移動したときのfの増分Δfは前節と同様に、次のように書ける。

$$\Delta f = f(x+\Delta x,\ y+\Delta y,\ z+\Delta z) - f(x,\ y,\ z)$$

$$= \frac{f(x+\Delta x,\ y+\Delta y,\ z+\Delta z) - f(x,\ y+\Delta y,\ z+\Delta z)}{\Delta x}\Delta x$$

$$+ \frac{f(x,\ y+\Delta y,\ z+\Delta z) - f(x,\ y,\ z+\Delta z)}{\Delta y}\Delta y$$

$$+ \frac{f(x,\ y,\ z+\Delta z) - f(x,\ y,\ z)}{\Delta z}\Delta z$$

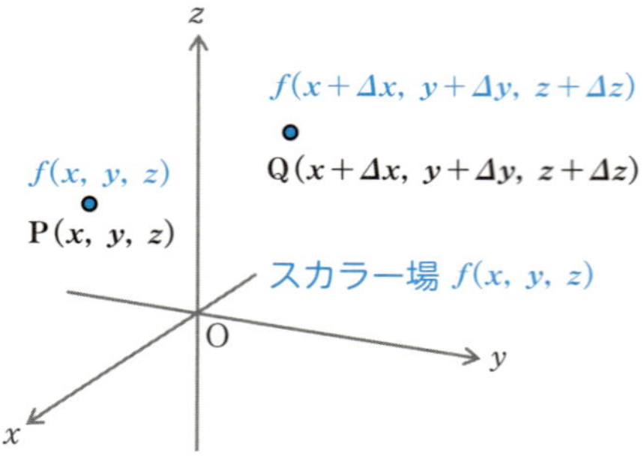

よって、Δx 、Δy 、Δz が十分小さければ次の関係が成立する。

$$\Delta f \fallingdotseq \frac{\partial f}{\partial x}\Delta x + \frac{\partial f}{\partial y}\Delta y + \frac{\partial f}{\partial z}\Delta z$$

この右辺は 3 変数関数 $f(x,\ y,\ z)$ の**全微分** df である（§3−6）。

つまり、

$$df = \frac{\partial f}{\partial x}\Delta x + \frac{\partial f}{\partial y}\Delta y + \frac{\partial f}{\partial z}\Delta z$$

1 変数の場合と同様、3 変数関数 $f(x,\ y,\ z)$ の独立変数 x、y、z の微分 dx、dy、dz と差分 Δx 、Δy 、Δz は同じである。したがって df は次のように書ける。

$$df = \frac{\partial f}{\partial x}dx + \frac{\partial f}{\partial y}dy + \frac{\partial f}{\partial z}dz \quad \cdots\cdots①$$

この①は内積を用いると

$$df = \left(\frac{\partial f}{\partial x},\ \frac{\partial f}{\partial y},\ \frac{\partial f}{\partial z}\right) \cdot (dx,\ dy,\ dz) \quad \cdots\cdots②$$

と書くことができる。

（注）dx、dy、dz が十分小さければ $\Delta f = df$ とみなせる。

この式における3次元ベクトル$\left(\frac{\partial f}{\partial x}, \frac{\partial f}{\partial y}, \frac{\partial f}{\partial z}\right)$をスカラー場$f(x, y, z)$の「**勾配**」と定義し、**grad f** 、または、∇f と書くことにする。つまり、

$$\mathrm{grad}\, f = \nabla f = \left(\frac{\partial f}{\partial x}, \frac{\partial f}{\partial y}, \frac{\partial f}{\partial z}\right) = \frac{\partial f}{\partial x}\vec{i} + \frac{\partial f}{\partial y}\vec{j} + \frac{\partial f}{\partial z}\vec{k}$$

● $(\partial f/\partial x, \partial f/\partial y, \partial f/\partial z)$は何を表わしているのか

前節で述べたように、2次元スカラー場fにおいて、ベクトル$\left(\frac{\partial f}{\partial x}, \frac{\partial f}{\partial y}\right)$はスカラー場$f$の増加率（変化率）、つまり、傾きが最大になる向きとその大きさを表わしている。そして3次元スカラー場fにおいても、ベクトル$\left(\frac{\partial f}{\partial x}, \frac{\partial f}{\partial y}, \frac{\partial f}{\partial z}\right)$が表わしているものは同じである。つまり、grad f は点Pから見て、スカラー場fの増加率（変化率）、つまり、傾きが最大になる向きとその大きさを表わしている。

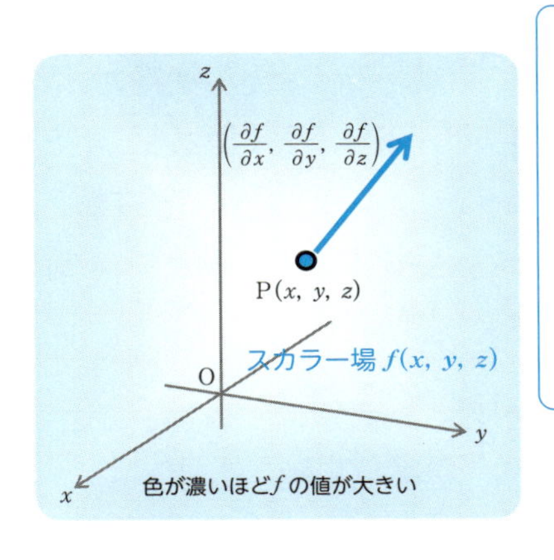

点Pに位置して
grad $f = \left(\frac{\partial f}{\partial x}, \frac{\partial f}{\partial y}, \frac{\partial f}{\partial z}\right)$の方向
を見ると$f(x, y, z)$の値が最
も大きく増加して見える。そ
のときの勾配の大きさが
$\left|\left(\frac{\partial f}{\partial x}, \frac{\partial f}{\partial y}, \frac{\partial f}{\partial z}\right)\right|$である。

（注）grad f の方向を**最大傾斜方向**という。

〔例〕　右図は、火のついたロウソクが空間にある場合の温度場fである。点Pにおける温度場fの勾配である grad f は温度の一番高い炎の部分を向いている。

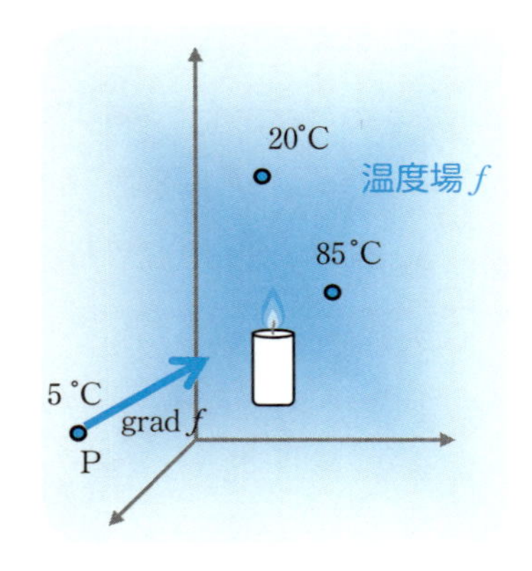

● grad f は等位面に垂直

空間にスカラー場$f(x, y, z)$が定義されているとき、$f(x, y, z)=c$（定数）は1つの曲面をつくる。これを**等位面**という。ここでは、スカラー場fの勾配grad fはP(x, y, z)を通る等位面に垂直になっていることを調べてみよう。

3次元スカラー場$f(x, y, z)$で点P(x, y, z)を通る等位面を

$$f(x, y, z)=c$$

とする（cは定数）。この等位面上で、点Pを通る任意の曲線をCとし、C上の点Pの位置ベクトル$\vec{r}$を次のように表現する。

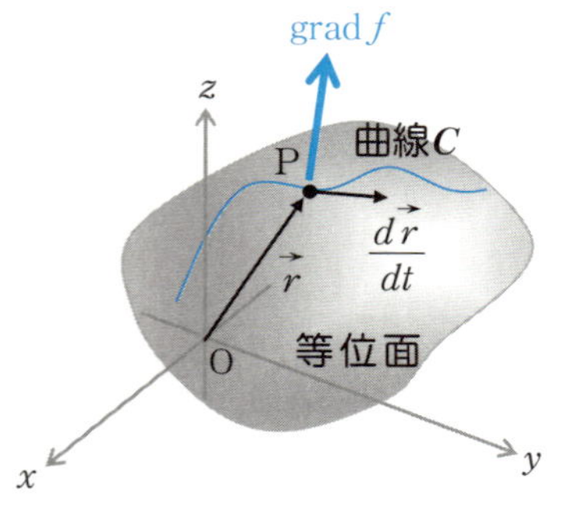

$$\vec{r}=\vec{r}(t)=(x(t),\ y(t),\ z(t)) \quad \cdots\cdots③$$

すると、$f(x, y, z)=c$より、次の式が成立する。

$$f(x(t),\ y(t),\ z(t))=c$$

この式の両辺をtについて微分すれば**偏導関数の性質**（§3−5）より、次の式を得る。

$$\frac{\partial f}{\partial x}\frac{dx}{dt}+\frac{\partial f}{\partial y}\frac{dy}{dt}+\frac{\partial f}{\partial z}\frac{dz}{dt}=0$$

これは、ベクトルの内積を用いて

$$\left(\frac{\partial f}{\partial x}, \frac{\partial f}{\partial y}, \frac{\partial f}{\partial z}\right)\cdot\left(\frac{dx}{dt}, \frac{dy}{dt}, \frac{dz}{dt}\right) \quad \cdots\cdots④$$

と書ける。

ここで、$\mathrm{grad}\, f=\left(\frac{\partial f}{\partial x}, \frac{\partial f}{\partial y}, \frac{\partial f}{\partial z}\right)$であることと、③から得た$\frac{d\vec{r}}{dt}=\left(\frac{dx}{dt}, \frac{dy}{dt}, \frac{dz}{dt}\right)$より、④は次のように書ける。

$$\mathrm{grad}\, f\cdot\frac{d\vec{r}}{dt}=0$$

これは、$\mathrm{grad}\, f$ と$\frac{d\vec{r}}{dt}$が垂直であることを示している。$\frac{d\vec{r}}{dt}$は点Pにおけるこの曲線の接線ベクトルである（§4−1）。したがって、$\mathrm{grad}\, f$ は曲線Cと垂直である。ここで、曲線Cは点Pを通る等位面上の任意の曲線であった。よって、点Pにおける$\mathrm{grad}\, f$は点Pを通る等位面に垂直であることがわかる。つまり、$\mathrm{grad}\, f$は点Pにおける等位面の法線ベクトルである。したがって、等位面の単位法線ベクトル$\vec{n}$は次のように書ける。

$$\vec{n}=\frac{\mathrm{grad}\, f}{|\mathrm{grad}\, f|}$$

なお、$\mathrm{grad}\, f$ と単位法線ベクトル$\vec{n}$の向きは、スカラー場fが最も大きく増加する方向を向いている。

問1 次のスカラー場fについて$\mathrm{grad}\,f$を求め、このベクトルはP(x, y, z)を通るfの等位面に垂直であることを確かめよ。

(1) $f(x, y, z)=x^2+y^2+z^2$　　(2) $f(x, y, z)=\dfrac{1}{x^2+y^2+z^2}$

(1の解)

$$\mathrm{grad}\,f=\left(\frac{\partial f}{\partial x}, \frac{\partial f}{\partial y}, \frac{\partial f}{\partial z}\right)$$
$$=(2x, 2y, 2z)$$

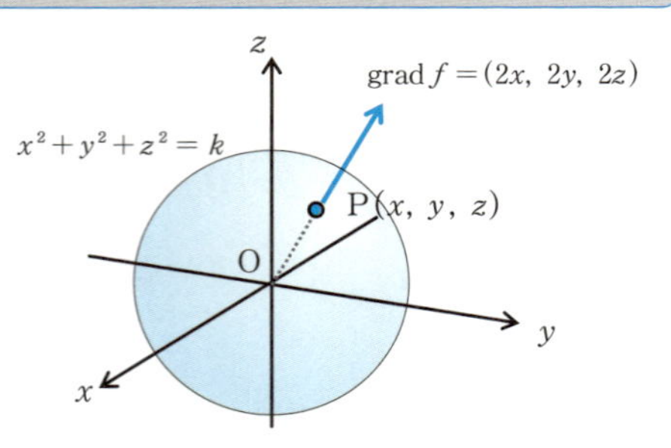

スカラー場
$f(x, y, z)=x^2+y^2+z^2$

P(x, y, z)を通る等位面$f(x, y, z)=x^2+y^2+z^2=k$は原点を中心とした球面なので、この$\mathrm{grad}\,f$は等位面に垂直であることがわかる。

右図は空間におけるスカラー場$f(x, y, z)=x^2+y^2+z^2$の大きさを色の濃淡で表現したもので、色が濃いほどfの値が大きく、原点から遠ざかるほど、$\mathrm{grad}\,f$の大きさはドンドン大きくなるのがわかる。

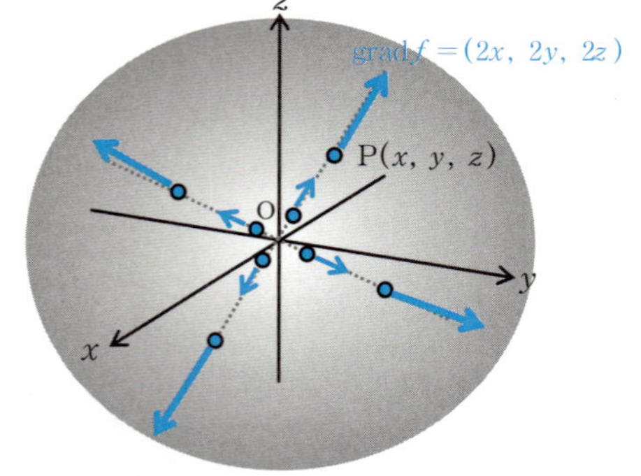

濃い所ほどfの値が大きい

(2の解)

$$\mathrm{grad}\,f=\left(\frac{\partial f}{\partial x}, \frac{\partial f}{\partial y}, \frac{\partial f}{\partial z}\right)$$
$$=\left(\frac{-2x}{(x^2+y^2+z^2)^2}, \frac{-2y}{(x^2+y^2+z^2)^2}, \frac{-2z}{(x^2+y^2+z^2)^2}\right)$$

このベクトルは下図のように、点P$(x,\ y,\ z)$を始点とすると原点を向いている。

P$(x,\ y,\ z)$を通る等位面 $f(x,\ y,\ z)=\dfrac{1}{x^2+y^2+z^2}=k$ は

$$x^2+y^2+z^2=\frac{1}{k}$$

なので、原点を中心とした球面となり、このgrad f は等位面に垂直であることがわかる。

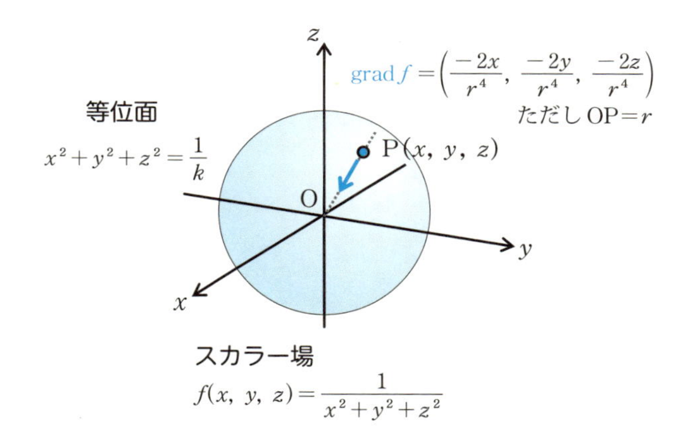

右図は空間におけるスカラー場 $f(x,\ y,\ z)=\dfrac{1}{x^2+y^2+z^2}$ の大きさを色の濃淡で表現したもので、色が濃いほど f の値が大きく、原点に近づくほどgrad f はドンドン大きくなるのがわかる。

（注） $|\text{grad}\,f|=\dfrac{2}{r^3}$

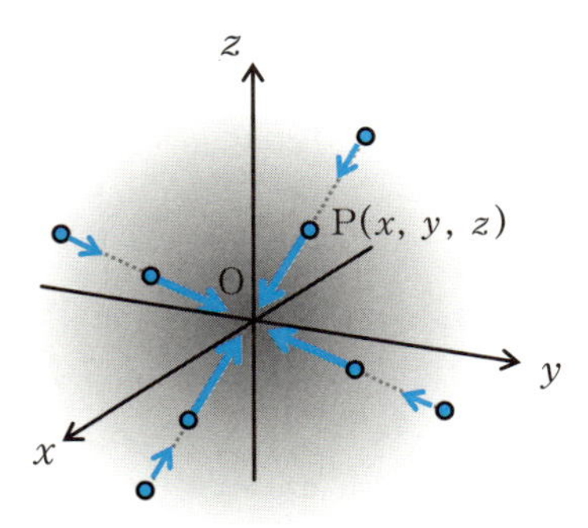

濃い所ほど f の値が大きい

問2 点P(2, 1, 1)における曲面$x^2+2y^2+3z^2=9$の単位法線ベクトルを求めてみよう。

（解） この曲面は、スカラー場$f(x, y, z)=x^2+2y^2+3z^2$における点P(2, 1, 1)を通る等位面と考えられる。なぜならば、

$$2^2+2\times1^2+3\times1^2=9$$

だからだ。ここで、$\mathrm{grad}\,f=(2x, 4y, 6z)$より、点Pにおいては

$$\mathrm{grad}\,f=(4, 4, 6)$$

よって、法線単位ベクトルは次のようになる。

$$\vec{n}=\frac{\mathrm{grad}\,f}{|\mathrm{grad}\,f|}=\frac{\sqrt{17}}{34}(4, 4, 6)$$

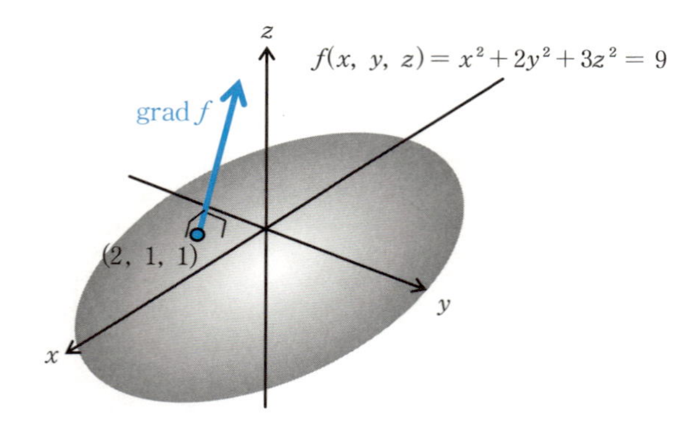

3次元スカラー場の勾配

勾配の定義

3次元空間の点$P(x, y, z)$にスカラー場$f(x, y, z)$が定義されているとする。このとき、ベクトル$\left(\frac{\partial f}{\partial x}, \frac{\partial f}{\partial y}, \frac{\partial f}{\partial z}\right)$をスカラー場$f$の勾配といい$\mathrm{grad}\, f$で表わす。すなわち、

$$\mathrm{grad}\, f = \nabla f = \left(\frac{\partial f}{\partial x}, \frac{\partial f}{\partial y}, \frac{\partial f}{\partial z}\right)$$

$$= \frac{\partial f}{\partial x}\vec{i} + \frac{\partial f}{\partial y}\vec{j} + \frac{\partial f}{\partial z}\vec{k}$$

勾配と等位面

勾配$\mathrm{grad}\, f$は等位面に垂直である。法線単位ベクトルは、

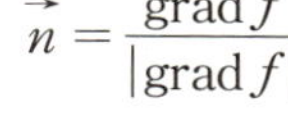

$$\vec{n} = \frac{\mathrm{grad}\, f}{|\mathrm{grad}\, f|}$$

と書ける。

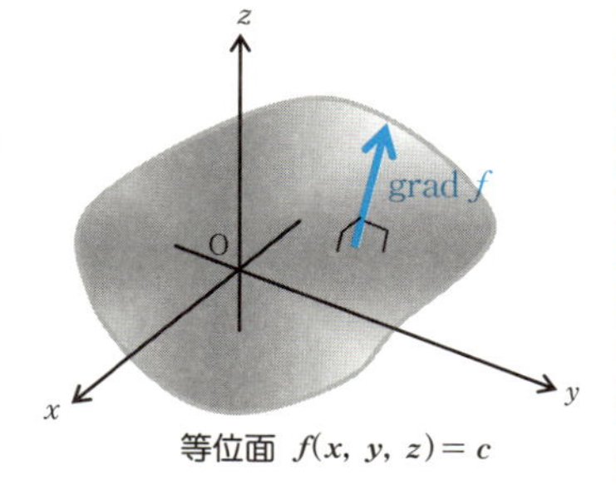

等位面 $f(x, y, z) = c$

勾配はスカラー場における最大傾き

スカラー場fの勾配$\left(\frac{\partial f}{\partial x}, \frac{\partial f}{\partial y}, \frac{\partial f}{\partial z}\right)$はベクトルで、その向きは点$P(x, y, z)$からスカラー場$f$を眺めたとき、$f$の傾き（$f$の増加率）が最大になる方向を表わし、その大きさはそのときの傾き（つまり、fの増加率）の大きさを表わしている。勾配は激しい変化を見つめていると解釈できる。

6-3 grad、∇は微分演算子

grad f と ∇f はともにスカラー場fの勾配を表わす記号であり、grad、∇は微分（d/dx）のように、ある量から別の量をつくり出す演算子と考えられる。ここでは、これらの演算子の計算法則を調べてみることにする。ただし、勾配は、多くの場合、grad より∇（ナブラ）を用いる傾向があるので、以下の説明では∇を用いることにする。

∇（ナブラ）は微分演算子$\left(\dfrac{\partial}{\partial x}, \dfrac{\partial}{\partial y}, \dfrac{\partial}{\partial z}\right)$であり、関数を微分するときに用いた多くの計算法則が∇（ナブラ）の場合も成り立つ。以下に、典型的な∇（ナブラ）の計算法則を調べてみることにする。ただし、ここでは、f、g はスカラー場、k、l は定数とする。

(1)　$\nabla(kf+lg)=k\nabla f+l\nabla g$

この法則は次のように証明できる。

$$\begin{aligned}\nabla(kf+lg)&=\left(\frac{\partial(kf+lg)}{\partial x}, \frac{\partial(kf+lg)}{\partial y}, \frac{\partial(kf+lg)}{\partial z}\right)\\&=\left(\frac{\partial(kf)}{\partial x}+\frac{\partial(lg)}{\partial x}, \frac{\partial(kf)}{\partial y}+\frac{\partial(lg)}{\partial y}, \frac{\partial(kf)}{\partial z}+\frac{\partial(lg)}{\partial z}\right)\\&=\left(\frac{k\partial f}{\partial x}+\frac{l\partial g}{\partial x}, \frac{k\partial f}{\partial y}+\frac{l\partial g}{\partial y}, \frac{k\partial f}{\partial z}+\frac{l\partial g}{\partial z}\right)\\&=k\left(\frac{\partial f}{\partial x}, \frac{\partial f}{\partial y}, \frac{\partial f}{\partial z}\right)+l\left(\frac{\partial g}{\partial x}, \frac{\partial g}{\partial y}, \frac{\partial g}{\partial z}\right)=k\nabla f+l\nabla g\end{aligned}$$

(2)　$\nabla(fg)=(\nabla f)g+f(\nabla g)$

この法則は次のように証明できる。

$$\nabla(fg)=\left(\frac{\partial(fg)}{\partial x},\ \frac{\partial(fg)}{\partial y},\ \frac{\partial(fg)}{\partial z}\right)$$

$$=\left(\frac{\partial f}{\partial x}g+f\frac{\partial g}{\partial x},\ \frac{\partial f}{\partial y}g+f\frac{\partial g}{\partial y},\ \frac{\partial f}{\partial z}g+f\frac{\partial g}{\partial z}\right)$$

$$=\left(\frac{\partial f}{\partial x},\ \frac{\partial f}{\partial x},\ \frac{\partial f}{\partial z}\right)g+f\left(\frac{\partial g}{\partial x},\ \frac{\partial g}{\partial y},\ \frac{\partial g}{\partial z}\right)$$

$$=(\nabla f)g+f(\nabla g)$$

(3) $$\boldsymbol{\nabla\left(\frac{f}{g}\right)=\frac{(\nabla f)g-f(\nabla g)}{g^2}}$$

この法則は次のように証明できる。

$$\nabla\left(\frac{f}{g}\right)=\left(\frac{\partial\left(\frac{f}{g}\right)}{\partial x},\ \frac{\partial\left(\frac{f}{g}\right)}{\partial y},\ \frac{\partial\left(\frac{f}{g}\right)}{\partial z}\right)$$

$$=\left(\frac{\frac{\partial f}{\partial x}g-f\frac{\partial g}{\partial x}}{g^2},\ \frac{\frac{\partial f}{\partial y}g-f\frac{\partial g}{\partial y}}{g^2},\ \frac{\frac{\partial f}{\partial z}g-f\frac{\partial g}{\partial z}}{g^2}\right)$$

$$=\frac{\left(\frac{\partial f}{\partial x},\ \frac{\partial f}{\partial y},\ \frac{\partial f}{\partial z}\right)g-f\left(\frac{\partial g}{\partial x},\ \frac{\partial g}{\partial y},\ \frac{\partial g}{\partial z}\right)}{g^2}=\frac{(\nabla f)g-f(\nabla g)}{g^2}$$

勾配の計算法則

勾配の演算子∇（ナブラ）には、以下の計算法則が成立する。ただし、f、g はスカラー場、k、l は定数とする。

(1) $\nabla(kf+lg)=k\nabla f+l\nabla g$

(2) $\nabla(fg)=(\nabla f)g+f(\nabla g)$

(3) $\nabla\left(\frac{f}{g}\right)=\frac{(\nabla f)g-f(\nabla g)}{g^2}$

（注）演算子∇（ナブラ）はgrad に置き換えてもよい。

6-4 ベクトル場の発散とは

空間において、液体や気体などが湧き出したり吸い込まれたりする現象を解明するにはベクトル場の「発散」と呼ばれる考え方が役に立つ。ここでは、ベクトルの「発散」について調べてみる。

●微小直方体に着目する

図のように空間に水流があり、この空間の個々の点P(x, y, z)に水流の速度ベクトル$\vec{V}(x, y, z)$が与えられている場合を考えよう。

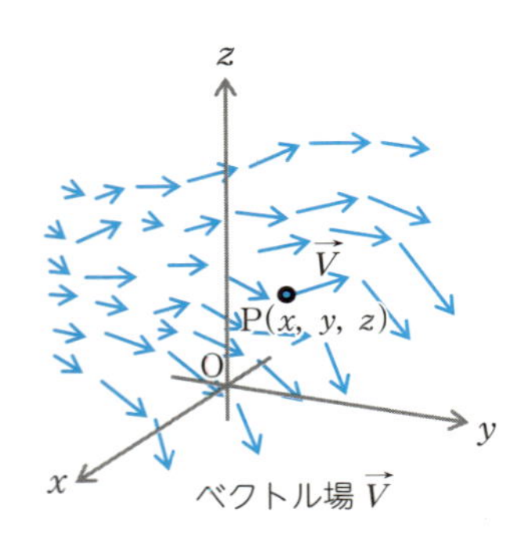

ベクトル場 $\vec{V}$

このベクトル場において、点P(x, y, z)を1つの頂点とする微小直方体に流れ込む水量と、そこから流れ出る水量の関係はどうなっているのだろうか。そこで、点P(x, y, z)における水流の速度ベクトルが

$$\vec{V}(x, y, z)=(V_x(x, y, z),\ V_y(x, y, z),\ V_z(x, y, z))$$

で与えられているとしよう。この場合、このベクトルをx方向、y方向、z方向の3つのベクトル、

$$\vec{V}_x(x, y, z)=(V_x(x, y, z),\ 0,\ 0)$$
$$\vec{V}_y(x, y, z)=(0,\ V_y(x, y, z),\ 0)$$
$$\vec{V}_z(x, y, z)=(0,\ 0,\ V_z(x, y, z))$$

に分けて調べてみることにする。

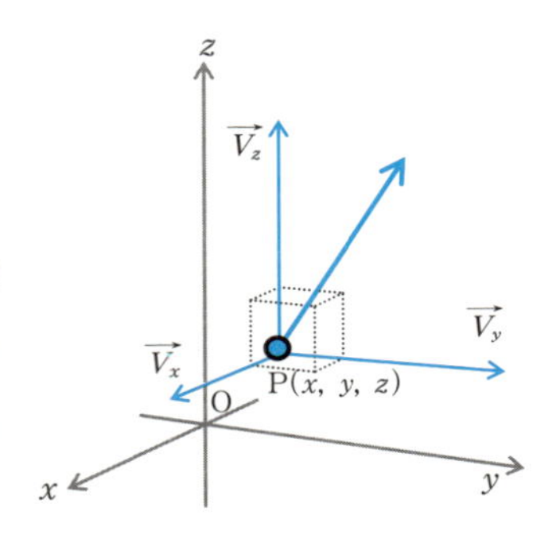

このベクトル場に点P(x, y, z)を1つの頂点とし、辺の長さがΔx、Δy、Δzである微小直方体を考えてみる（下図）。この直方体のx軸に垂直な面PQRS（グレーの面）からこの直方体に流れ込む単位時間あたりの水の量は次のようになる。

$$V_x(x, y, z)\Delta y\Delta z \quad \cdots\cdots①$$

$V_x(x, y, z)$は$\vec{V}(x, y, z)$のx成分の値

厳密には、面PQRSにおけるx軸方向の水流の速さV_xはこの面の場所によって異なる。しかし、Δy、Δzがすごく小さいので、点Pにおける水流の速さ$V_x(x, y, z)$をもって異なる水流の速さを代表させることにする。つまり、面PQRS（グレー面）のどの点においてもx軸方向の水流の速さは$V_x(x, y, z)$とみなすのである。

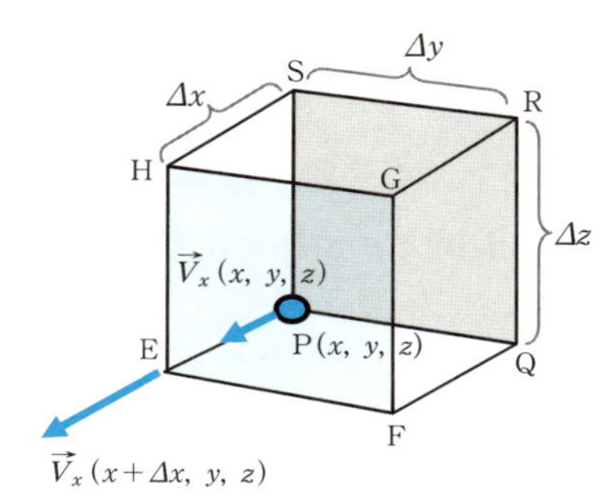

上記①の流入量に対して、この微小直方体のx軸に垂直な面EFGH（色のついた面）からこの微小直方体の外に流れ出す単位時間あたりの水の量は次のようになる。

$$V_x(x+\Delta x, y, z)\Delta y\Delta z \quad \cdots\cdots②$$

$V_x(x+\Delta x, y, z)$は$\vec{V}(x+\Delta x, y, z)$の$x$成分の値

すると、この微小直方体のx軸方向に関しては、水が①だけ流入して②だけ流出したことになる。すると、単位時間にこの微小直方体の中から湧き出した水の量（湧き出し量）は② − ①なので、次のようになる。

$$V_x(x+\Delta x, y, z)\Delta y\Delta z - V_x(x, y, z)\Delta y\Delta z \quad \cdots\cdots③^{*注)}$$

（注）③の値が負ならば、この直方体の中に水が吸い込まれたことになる。

同様に、y軸方向、z軸方向の湧き出し量は次のようになる。

$$V_y(x, y+\Delta y, z)\Delta z\Delta x - V_y(x, y, z)\Delta z\Delta x \quad \cdots\cdots④$$

$$V_z(x, y, z+\Delta z)\Delta y\Delta x - V_z(x, y, z)\Delta y\Delta x \quad \cdots\cdots⑤$$

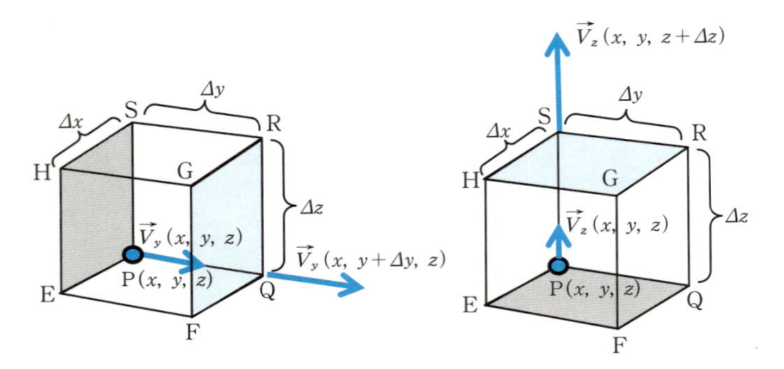

ここで、**この微小直方体全体での湧き出し量は、「x 軸方向、y 軸方向、z 軸方向の湧き出し量の総和」と考えられる**ので③、④、⑤より、

$$\{V_x(x+\Delta x, y, z)-V_x(x, y, z)\}\Delta y\Delta z$$
$$+\{V_y(x, y+\Delta y, z)-V_y(x, y, z)\}\Delta z\Delta x$$
$$+\{V_z(x, y, z+\Delta z)-V_z(x, y, z)\}\Delta y\Delta x$$

この式は次のように変形できる。

$$\frac{V_x(x+\Delta x, y, z)-V_x(x, y, z)}{\Delta x}\Delta x\Delta y\Delta z$$
$$+\frac{V_y(x, y+\Delta y, z)-V_y(x, y, z)}{\Delta y}\Delta x\Delta y\Delta z$$
$$+\frac{V_z(x, y, z+\Delta z)-V_z(x, y, z)}{\Delta z}\Delta x\Delta y\Delta z$$

ここで、Δx、Δy、Δzを限りなく0に近づけた極限を考えると、

$$\frac{\partial V_x}{\partial x}dxdydz+\frac{\partial V_y}{\partial y}dxdydz+\frac{\partial V_z}{\partial z}dxdydz$$
$$=\left(\frac{\partial V_x}{\partial x}+\frac{\partial V_y}{\partial y}+\frac{\partial V_z}{\partial z}\right)dxdydz$$

ここで $dxdydz$ は直方体の体積であるから、$\frac{\partial V_x}{\partial x}+\frac{\partial V_y}{\partial y}+\frac{\partial V_z}{\partial z}$ は点P における**湧き出し量の強さ**（単位体積あたりの湧き出し量）を表わしていると考えられる。なお、「内部から湧き出す」ということは「内部から発

散する」とも考えられる。そこで、水流の湧き出しの考え方を一般化して「発散」という量を以下のように定義する。

●発散（div）の定義

$\frac{\partial V_x}{\partial x}+\frac{\partial V_y}{\partial y}+\frac{\partial V_z}{\partial z}$ をベクトル場 $\overrightarrow{V}$ の「**発散**」といい $\mathrm{div}\,\overrightarrow{V}$ と表わす。

$$\mathrm{div}\,\overrightarrow{V}=\frac{\partial V_x}{\partial x}+\frac{\partial V_y}{\partial y}+\frac{\partial V_z}{\partial z}$$

もし、ベクトル場 $\overrightarrow{V}$ が2次元平面であれば、$\overrightarrow{V}(x,\ y)=(V_x,\ V_y)$ より、

$$\mathrm{div}\,\overrightarrow{V}=\frac{\partial V_x}{\partial x}+\frac{\partial V_y}{\partial y}$$

（注）div は divergence（ダイバージェンス：発散）の略である。

ベクトル場 $\overrightarrow{V}$ の発散 $\mathrm{div}\,\overrightarrow{V}$ は「湧き出し量」を探る方法として、応用上きわめて重要である。たとえば、次のように考えられる。

$\mathrm{div}\,\overrightarrow{V}=0$ ……その場では湧き出しはない

$\mathrm{div}\,\overrightarrow{V}>0$ ……その場で何らかの湧き出しがある

$\mathrm{div}\,\overrightarrow{V}<0$ ……何らかの吸い込みがある

ここでは、湧き出しに着目したが、膨張や圧縮などの現象もベクトル場の「発散」とみなすことができる。

問1 次のベクトル場 $\overrightarrow{V}(x,\ y,\ z)$ について $\mathrm{div}\,\overrightarrow{V}$ を求めよ。

(1) $\overrightarrow{V}(x,\ y,\ z)=(a,\ b,\ c)$ 　ただし、a、b、c は定数

(2) $\overrightarrow{V}(x,\ y,\ z)=(ax,\ 0,\ 0)$ 　ただし、a は0でない定数

(3) $\overrightarrow{V}(x,\ y,\ z)=(axyz,\ b,\ c)$ 　ただし、a、b、c は定数

(4) $\overrightarrow{V}(x,\ y,\ z)=(ax,\ ay,\ az)$ 　ただし、a は0でない定数

(5) $\overrightarrow{V}(x,\ y,\ z)=(f(y),\ g(z),\ h(x))$

（解）

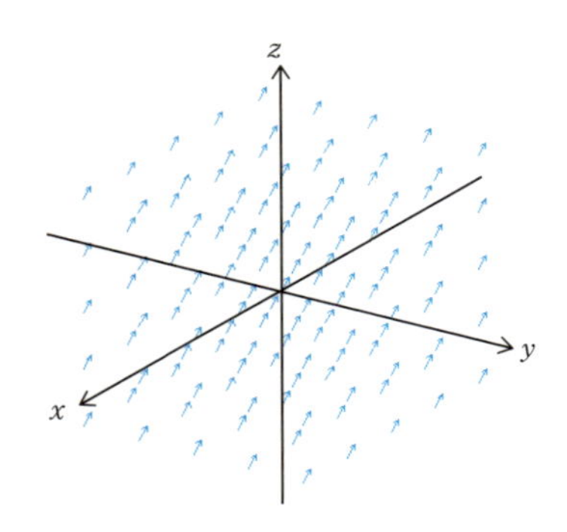

(1)　$\mathrm{div}\,\overrightarrow{V}=\dfrac{\partial V_x}{\partial x}+\dfrac{\partial V_y}{\partial y}+\dfrac{\partial V_z}{\partial z}$

$$=\frac{\partial(a)}{\partial x}+\frac{\partial(b)}{\partial y}+\frac{\partial(c)}{\partial z}$$

$$=0+0+0=0$$

このベクトル場は定ベクトル空間で、湧き出しの発生する余地がない。
図は$a=0.1$、$b=0.15$、$c=0.2$の場合に原点周辺のベクトル場$\overrightarrow{V}$を表示したものである。

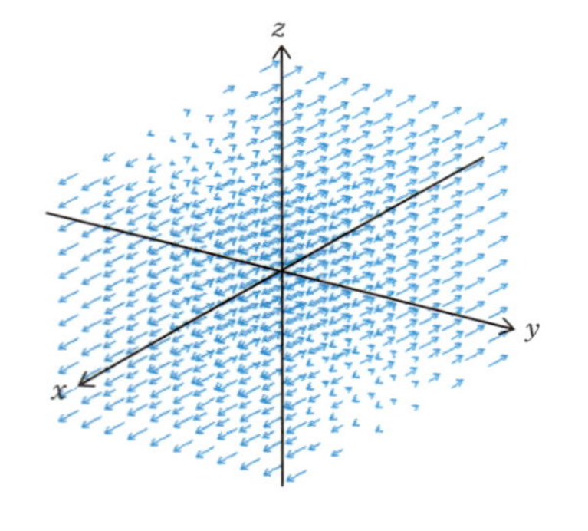

(2)　$\mathrm{div}\,\overrightarrow{V}=\dfrac{\partial V_x}{\partial x}+\dfrac{\partial V_y}{\partial y}+\dfrac{\partial V_z}{\partial z}$

$$=\frac{\partial(ax)}{\partial x}+\frac{\partial(0)}{\partial y}+\frac{\partial(0)}{\partial z}$$

$$=a+0+0=a$$

このベクトル空間は、原点から離れると、それに比例してx成分が大きくなったり小さくなったりするので、どこでも湧き出しがある。図は$a=0.2$、$b=0$、$c=0$の場合に原点周辺のベクトル場$\overrightarrow{V}$を表示したもの。

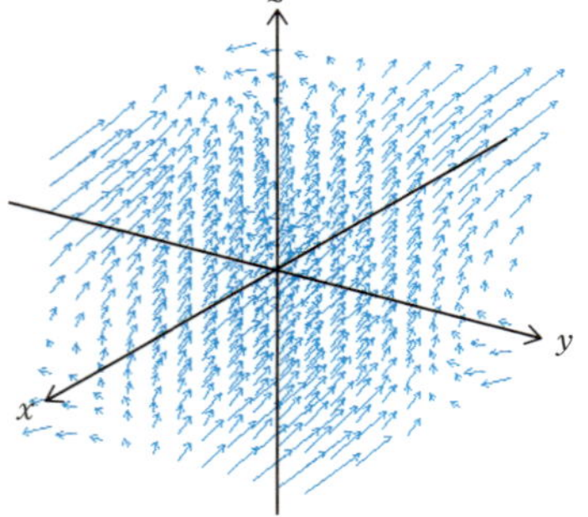

(3)　$\mathrm{div}\,\overrightarrow{V}=\dfrac{\partial V_x}{\partial x}+\dfrac{\partial V_y}{\partial y}+\dfrac{\partial V_z}{\partial z}$

$$=\frac{\partial(axyz)}{\partial x}+\frac{\partial(b)}{\partial y}+\frac{\partial(c)}{\partial z}$$

$$=ayz+0+0=ayz$$

yzが0でないところでは湧き出しがある。図は$a=0.4$、$b=0.1$、$c=0.15$

の場合に原点周辺のベクトル場 $\overrightarrow{V}$ を表示したものである。

(4) $\displaystyle \mathrm{div}\,\overrightarrow{V} = \frac{\partial V_x}{\partial x} + \frac{\partial V_y}{\partial y} + \frac{\partial V_z}{\partial z}$

$$= \frac{\partial(ax)}{\partial x} + \frac{\partial(ay)}{\partial y} + \frac{\partial(az)}{\partial z}$$

$$= a + a + a = 3a$$

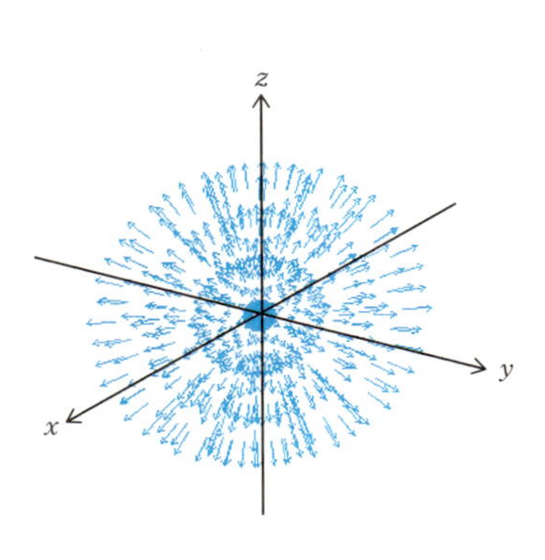

このベクトル場は原点から放射状に出て行くベクトルからなり、どの点からも同じ割合で湧き出している。図は $a = 0.2$ の場合に原点周辺のベクトル場 $\overrightarrow{V}$ を表示したものである。

(5) $\displaystyle \mathrm{div}\,\overrightarrow{V} = \frac{\partial V_x}{\partial x} + \frac{\partial V_y}{\partial y} + \frac{\partial V_z}{\partial z}$

$$= \frac{\partial f(y)}{\partial x} + \frac{\partial g(z)}{\partial y} + \frac{\partial h(x)}{\partial z}$$

$$= 0 + 0 + 0 = 0$$

0 なので、ベクトル場での湧き出しは無いことになる。図は

$$\overrightarrow{V}(x,\ y,\ z) = (-0.4y,\ -0.4z,\ 0)$$

の場合に原点周辺のベクトル場 $\overrightarrow{V}$ を表示したものである。

問 2 水中の 1 点（原点）から水が四方八方へ放射状に湧き出している。単位時間あたりの湧き出し量を Q（定数）とするとき、湧き出している点からの距離が $r(\neq 0)$ である点における流速 $\overrightarrow{V}$ の発散を求めてみよう。

（解） 湧き出し（原点）からの距離が r である点 $\mathrm{P}(\overrightarrow{r})$ での流速を $\overrightarrow{V}$ とす

る。このとき、半径rの球面の表面積$4\pi r^2$に$\vec{V}$の大きさVを掛けた$4\pi r^2 V$は単位時間あたりの湧き出し量Qに等しくなる。よって、$4\pi r^2 V = Q$　から、$V = \dfrac{Q}{4\pi r^2}$が導かれる。

$\vec{V}$は次のように書ける。

$$\vec{V} = \frac{Q}{4\pi r^2}\frac{\vec{r}}{r} = \frac{Q}{4\pi}\left(\frac{x}{r^3},\ \frac{y}{r^3},\ \frac{z}{r^3}\right) \quad \text{ただし、} r = \sqrt{x^2+y^2+z^2}$$

ゆえに、

$$\frac{\partial V_x}{\partial x} = \frac{Q}{4\pi}\left(\frac{r^3 - 3x^2 r}{r^6}\right) = \frac{Q}{4\pi}\left(\frac{1}{r^3} - \frac{3x^2}{r^5}\right)$$

同様にして、

$$\frac{\partial V_y}{\partial y} = \frac{Q}{4\pi}\left(\frac{1}{r^3} - \frac{3y^2}{r^5}\right)$$

$$\frac{\partial V_z}{\partial z} = \frac{Q}{4\pi}\left(\frac{1}{r^3} - \frac{3z^2}{r^5}\right)$$

ゆえに、

$$\mathrm{div}\,\vec{V} = \frac{\partial V_x}{\partial x} + \frac{\partial V_y}{\partial y} + \frac{\partial V_z}{\partial z}$$

$$= \frac{Q}{4\pi}\left(\frac{3}{r^3} - \frac{3(x^2+y^2+z^2)}{r^5}\right) = 0$$

よって、原点以外では湧き出しはない。

なお、ここでは$\vec{V} = k\dfrac{\vec{r}}{r^3}$の形となったが、$\vec{V} = k\dfrac{\vec{r}}{r^n}$　$(n = 1, 2, 3, 4)$

の場合には発散はそれぞれ次のようになる（kは正の定数）。

$$\vec{V} = k\frac{\vec{r}}{r}\text{のとき}\,\mathrm{div}\,\vec{V} = \frac{2k}{r} \qquad \vec{V} = k\frac{\vec{r}}{r^2}\text{のとき}\,\mathrm{div}\,\vec{V} = \frac{k}{r^2}$$

$$\vec{V} = k\frac{\vec{r}}{r^3}\text{のとき}\,\mathrm{div}\,\vec{V} = 0 \qquad \vec{V} = k\frac{\vec{r}}{r^4}\text{のとき}\,\mathrm{div}\,\vec{V} = -\frac{k}{r^4}$$

右図は、$\vec{V}=k\dfrac{\vec{r}}{r^4}$ の場合に原点周辺のベクトル場 $\vec{V}$ を表示したものである。前ページの図に比べると、わずかながら、原点から離れたときの $\vec{V}$ の大きさが小さくなっていることがわかる。つまり、途中で「吸い込み」が生じているのである。

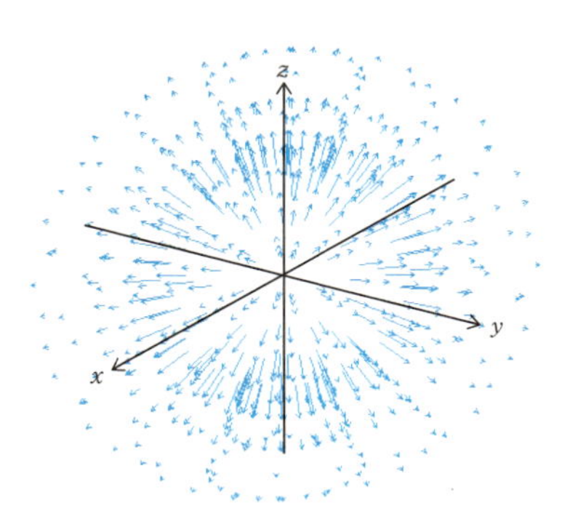

ベクトル場の発散

ベクトル場 $\vec{V}(x,\ y,\ z)=(V_x(x,\ y,\ z),\ V_y(x,\ y,\ z),\ V_z(x,\ y,\ z))$ に対して

$\dfrac{\partial V_x}{\partial x}+\dfrac{\partial V_y}{\partial y}+\dfrac{\partial V_z}{\partial z}$ を**発散**といい、$\mathbf{div}\,\vec{V}$ と書く。つまり、

$$\mathrm{div}\,\vec{V}=\frac{\partial V_x}{\partial x}+\frac{\partial V_y}{\partial y}+\frac{\partial V_z}{\partial z}$$

$\mathrm{div}\,\vec{V}$ はスカラーであり、ベクトル場 $\vec{V}$ の「湧き出し」と「吸い込み」や、「膨張」と「圧縮」などの強さの度合いを表わしている。

6-5 発散 div と勾配∇の関係は

ベクトル場 $\overrightarrow{V}(x, y, z)=(V_x, V_y, V_z)$に対して $\dfrac{\partial V_x}{\partial x}+\dfrac{\partial V_y}{\partial y}+\dfrac{\partial V_z}{\partial z}$ を「発散」と定義し、div $\overrightarrow{V}$ と書いた。この div $\overrightarrow{V}$ の性質を勾配（grad）のときに利用したナブラ演算子∇を用いて表現してみよう。

ナブラ演算子∇とは、$\left(\dfrac{\partial}{\partial x}, \dfrac{\partial}{\partial y}, \dfrac{\partial}{\partial z}\right)$のことだった（§6−1）。したがって、ベクトル場 $\overrightarrow{V}$ の発散div $\overrightarrow{V}$ は、∇（ナブラ）を用いて次のように書くことができる。

$$\begin{aligned}\mathrm{div}\,\overrightarrow{V} &= \frac{\partial V_x}{\partial x}+\frac{\partial V_y}{\partial y}+\frac{\partial V_z}{\partial z}\\ &=\left(\frac{\partial}{\partial x}, \frac{\partial}{\partial y}, \frac{\partial}{\partial z}\right)\cdot(V_x,\ V_y,\ V_z)=\nabla\cdot\overrightarrow{V}\end{aligned}$$

つまり、発散div $\overrightarrow{V}$ とは、∇とベクトル $\overrightarrow{V}$ の内積のことで、

$$\mathrm{div}\,\overrightarrow{V}=\nabla\cdot\overrightarrow{V}$$

と表現できる。ここでは、ナブラ演算子∇をベクトルとみなしている。

$$\nabla=\left(\frac{\partial}{\partial x}, \frac{\partial}{\partial y}, \frac{\partial}{\partial z}\right)$$

（注）　$\mathrm{grad}\,f=\nabla f=\left(\dfrac{\partial}{\partial x}, \dfrac{\partial}{\partial y}, \dfrac{\partial}{\partial z}\right)f=\left(\dfrac{\partial f}{\partial x}, \dfrac{\partial f}{\partial y}, \dfrac{\partial f}{\partial z}\right)$　ただし、fはx、y、zの関数

以上のことは2次元ベクトル場 $\overrightarrow{V}(x,\ y)=(V_x,\ V_y)$でも同じことがいえる。つまり、

$$\mathrm{div}\,\overrightarrow{V}=\frac{\partial V_x}{\partial x}+\frac{\partial V_y}{\partial y}=\left(\frac{\partial}{\partial x}, \frac{\partial}{\partial y}\right)\cdot(V_x,\ V_y)=\nabla\cdot\overrightarrow{V}$$

●演算子 div、∇の性質

$\mathrm{div}\,\vec{V}$ はベクトル場 $\vec{V}$ の発散を表わす記号であり、**div はベクトル $\vec{V}$ から $\dfrac{\partial V_x}{\partial x}+\dfrac{\partial V_y}{\partial y}+\dfrac{\partial V_z}{\partial z}$ というスカラーをつくり出す演算子**と考えられる。

また、この演算子は、先に紹介したように、微分演算子である

$\nabla=\left(\dfrac{\partial}{\partial x}, \dfrac{\partial}{\partial y}, \dfrac{\partial}{\partial z}\right)$ と $\mathrm{div}\,\vec{A}=\nabla\cdot\vec{A}$ という関係にある。

そこで、ここでは記号∇（ナブラ）を用いて div のもつ性質とその成立理由をいくつか示しておこう。

(1) $\nabla\cdot\left(k\vec{A}+l\vec{B}\right)=k\nabla\cdot\vec{A}+l\nabla\cdot\vec{B}$ （$\vec{A}$、$\vec{B}$ はベクトル関数、k、l は定数）

上の式が成立するのはなぜだろうか。まず、

$$\vec{A}(x, y, z)=(A_x, A_y, A_z)、\vec{B}(x, y, z)=(B_x, B_y, B_z)$$

とすると、それぞれの定数倍の和は、

$$k\vec{A}+l\vec{B}=(kA_x+lB_x, kA_y+lB_y, kA_z+lB_z)$$

となる。ゆえに、次のことがいえる。

$$\nabla\cdot\left(k\vec{A}+l\vec{B}\right)=\frac{\partial}{\partial x}(kA_x+lB_x)+\frac{\partial}{\partial y}(kA_y+lB_y)+\frac{\partial}{\partial z}(kA_z+lB_z)$$

$$=k\left(\frac{\partial}{\partial x}A_x+\frac{\partial}{\partial y}A_y+\frac{\partial}{\partial z}A_z\right)+l\left(\frac{\partial}{\partial x}B_x+\frac{\partial}{\partial y}B_y+\frac{\partial}{\partial z}B_z\right)$$

$$=k\nabla\cdot\vec{A}+l\nabla\cdot\vec{B}$$

(2) $\nabla\cdot\left(f\vec{A}\right)=(\nabla f)\cdot\vec{A}+f\left(\nabla\cdot\vec{A}\right)$ （$\vec{A}$ はベクトル関数、f は関数）

上の式が成立するのはなぜだろうか。まず、$\vec{A}$、f を

$$\vec{A}(x, y, z)=(A_x, A_y, A_z)、f(x, y, z)$$

とすると、

$$f\vec{A}=(fA_x,\ fA_y,\ fA_z)$$

となる。よって (2) の左辺は以下のようになる。

$$\begin{aligned}\nabla\cdot\left(f\vec{A}\right)&=\frac{\partial}{\partial x}(fA_x)+\frac{\partial}{\partial y}(fA_y)+\frac{\partial}{\partial z}(fA_z)\\&=\left(\frac{\partial}{\partial x}f\right)A_x+f\frac{\partial}{\partial x}A_x+\left(\frac{\partial}{\partial y}f\right)A_y\\&\qquad+f\frac{\partial}{\partial y}A_y+\left(\frac{\partial}{\partial z}f\right)A_z+f\frac{\partial}{\partial z}A_z\end{aligned}$$

また、(2) の右辺は以下のようになる。

$$\begin{aligned}&(\nabla f)\cdot\vec{A}+f\left(\nabla\cdot\vec{A}\right)\\&=\left(\frac{\partial}{\partial x}f,\ \frac{\partial}{\partial y}f,\ \frac{\partial}{\partial z}f\right)\cdot(A_x,\ A_y,\ A_z)+f\left(\frac{\partial}{\partial x}A_x+\frac{\partial}{\partial y}A_y+\frac{\partial}{\partial z}A_z\right)\\&=\left(\frac{\partial}{\partial x}f\right)A_x+\left(\frac{\partial}{\partial y}f\right)A_y+\left(\frac{\partial}{\partial z}f\right)A_z+f\frac{\partial}{\partial x}A_x+f\frac{\partial}{\partial y}A_y+f\frac{\partial}{\partial z}A_z\\&=\left(\frac{\partial}{\partial x}f\right)A_x+f\frac{\partial}{\partial x}A_x+\left(\frac{\partial}{\partial y}f\right)A_y+f\frac{\partial}{\partial y}A_y+\left(\frac{\partial}{\partial z}f\right)A_z+f\frac{\partial}{\partial z}A_z\end{aligned}$$

よって、次の（2）式が成立する。

$$\nabla\cdot\left(f\vec{A}\right)=(\nabla f)\cdot\vec{A}+f\left(\nabla\cdot\vec{A}\right)$$

(3) $\mathrm{div}(\mathrm{grad}\ f)=\nabla\cdot\nabla f=\nabla^2 f$ （f は関数）

これはすぐに示すことができる。

$$\mathrm{div}(\mathrm{grad}\ f)=\mathrm{div}(\nabla f)=\nabla\cdot\nabla f=\nabla^2 f$$

なお、(3) における**∇^2 は∇・∇のことで、これはラプラシアン（ラプラス演算子）と呼ばれ、∇（ナブラ）とは逆向きの記号△で表現される**。つまり、

$$\Delta=\nabla^2=\nabla\cdot\nabla=\left(\frac{\partial}{\partial x},\ \frac{\partial}{\partial y},\ \frac{\partial}{\partial z}\right)\cdot\left(\frac{\partial}{\partial x},\ \frac{\partial}{\partial y},\ \frac{\partial}{\partial z}\right)=\frac{\partial^2}{\partial x^2}+\frac{\partial^2}{\partial y^2}+\frac{\partial^2}{\partial z^2}$$

ベクトル場の発散

ベクトル解析では次の微分演算子がよく使われる。

$$\text{ナブラ演算子}\nabla=\left(\frac{\partial}{\partial x},\ \frac{\partial}{\partial y},\ \frac{\partial}{\partial z}\right)$$

$$\text{ラプラス演算子}\Delta=\frac{\partial^2}{\partial x^2}+\frac{\partial^2}{\partial y^2}+\frac{\partial^2}{\partial z^2}$$

これらの演算子を使うと $\mathrm{div}\vec{A}=\nabla\cdot\vec{A}$ より、発散の性質が次のように表現される。

(1) $\nabla\cdot\left(k\vec{A}+l\vec{B}\right)=k\nabla\cdot\vec{A}+l\nabla\cdot\vec{B}$

(2) $\nabla\cdot\left(f\vec{A}\right)=(\nabla f)\cdot\vec{A}+f\left(\nabla\cdot\vec{A}\right)$

(3) $\mathrm{div}(\mathrm{grad}\,f)=\nabla\cdot\nabla f=\nabla^2 f$

（注） たとえば、(1) は∇（ナブラ）を使わず、**div** を使えば次の表現になる。$\mathrm{div}\left(k\vec{A}+l\vec{B}\right)=k\mathrm{div}\vec{A}+l\mathrm{div}\vec{B}$

6-6 ベクトル場の回転とは

右は渦潮の絵である。渦潮には水中の各点に力のベクトル $\overrightarrow{V}$ があり、これによって渦の回転が生じていると考えられる。ここでは、空間のベクトル場 $\overrightarrow{V}(x, y, z)$ における「回転」というものを考えてみることにする。

● z 軸中心の回転に着目

空間の各点に力のベクトル $\overrightarrow{V}$ が定義されていて、そこには図のように蛇行した水流があると想定したとき、**空間の点 P(x, y, z) にはどのような回転の力が作用するだろうか**。

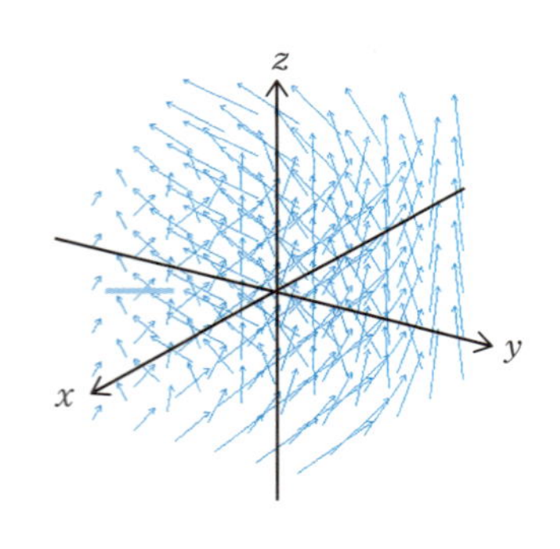

そこで、点 P(x, y, z) を通り、xy 平面に平行（z 軸に垂直）な平面 α 上に、点 P から Δx、Δy 離れた 4 点 Q、R、S、T に着目してみる。

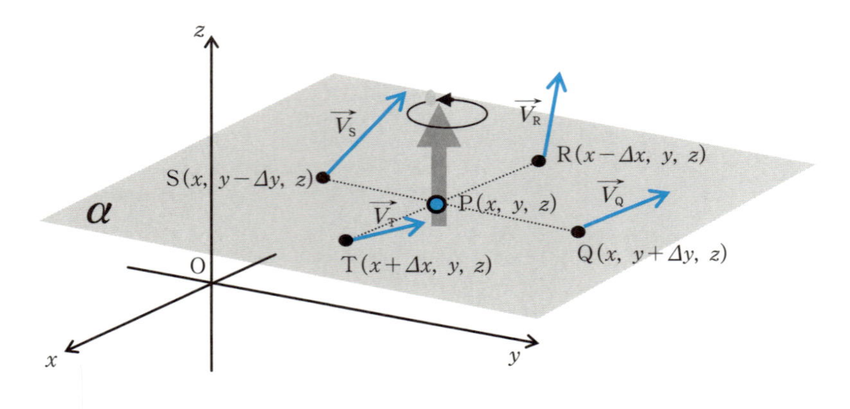

つまり、以下の4点である。

点Q$(x,\ y+\Delta y,\ z)$　　　　点R$(x-\Delta x,\ y,\ z)$

点S$(x,\ y-\Delta y,\ z)$　　　　点T$(x+\Delta x,\ y,\ z)$

これら4点における力のベクトル場$\overrightarrow{V}$でのベクトルをそれぞれ、

$\overrightarrow{V_Q}$、$\overrightarrow{V_R}$、$\overrightarrow{V_S}$、$\overrightarrow{V_T}$

とする。これらが点Pを中心にα平面上をx軸の正方向からy軸の正方向に回転させる影響を調べてみる（回転軸は点Pを通りz軸に平行な直線とする）。

●「力のモーメント」で回転方向を考える

まずは、$\overrightarrow{V_Q}=(V_x(x,\ y+\Delta y,\ z),\ V_y(x,\ y+\Delta y,\ z),\ V_z(x,\ y+\Delta y,\ z))$が点Pを中心とする回転に及ぼす影響を考えてみよう。

このとき、点Pを中心とする回転に影響を与えているのは、実は、$\overrightarrow{V_Q}$のx軸に平行な成分$V_x(x,\ y+\Delta y,\ z)$だけであり、他のy軸に平行な成分、z軸に平行な成分は、α平面上での点Pを中心とする回転になんら影響を与えていない。その大きさは**力のモーメント**（節末〈もう一歩進んで〉を参照）の考えにより、次の①のようになる。

$V_x(x,\ y+\Delta y,\ z)\Delta y$　……①

同様に、点S、点R、点Tについても次のことがいえる。

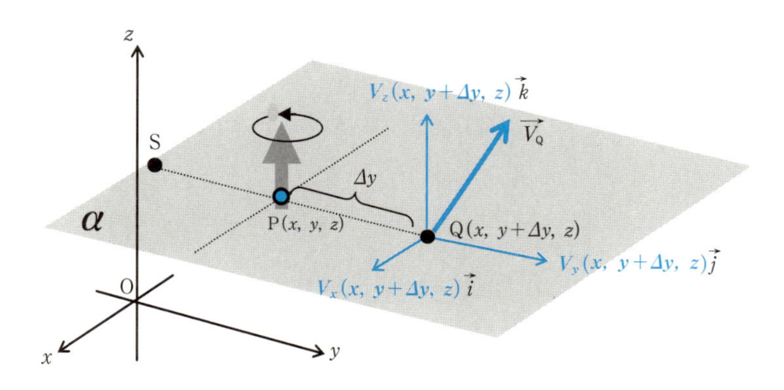

点Sでの点Pを中心とする回転に影響を与えるのは、$\overrightarrow{V_S}$のx軸に平行な成分$V_x(x,\ y-\Delta y,\ z)$だけであり、その大きさは、

$$V_x(x,\ y-\Delta y,\ z)\Delta y \quad \cdots\cdots ②$$

点Rでの点Pを中心とする回転に影響を与えるのは、$\overrightarrow{V_R}$のy軸に平行な成分$V_y(x-\Delta x,\ y,\ z)$だけであり、その大きさは、

$$V_y(x-\Delta x,\ y,\ z)\Delta x \quad \cdots\cdots ③$$

点Tでの点Pを中心とする回転に影響を与えるのは、$\overrightarrow{V_T}$のy軸に平行な成分$V_y(x+\Delta x,\ y,\ z)$だけであり、その大きさは、

$$V_y(x+\Delta x,\ y,\ z)\Delta x \quad \cdots\cdots ④$$

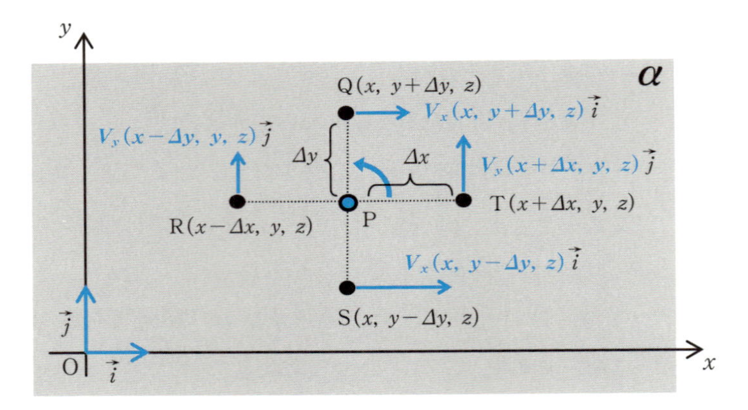

●点Pを通りxy平面に垂直な軸を中心とする回転を総合する

以上①～④が点Pを中心とし、x軸の正方向からy軸の正方向に回転させる方向（反時計回り）に影響を与えるものである。しかし、①と③は回転の向きが逆なので、4つの力のベクトルが点Pを中心に回転させる影響は、

② − ① + ④ − ③　　← (反時計回りをプラスと定めた)

$$= V_x(x,\ y-\Delta y,\ z)\Delta y - V_x(x,\ y+\Delta y,\ z)\Delta y$$
$$+ V_y(x+\Delta x,\ y,\ z)\Delta x - V_y(x-\Delta x,\ y,\ z)\Delta x \quad \cdots\cdots ⑤$$

となり、この⑤式を変形すると次のようになる。

$$⑤ = V_y(x+\Delta x,\ y,\ z) - V_y(x-\Delta x,\ y,\ z)\Delta x$$

$$-\{V_x(x,\ y+\Delta y,\ z) - V_x(x,\ y-\Delta y,\ z)\}\Delta y$$

$$=\{V_y(x+\Delta x,\ y,\ z) - V_y(x,\ y,\ z) + V_y(x,\ y,\ z) - V_y(x-\Delta x,\ y,\ z)\}\Delta x$$

$$-\{V_x(x,\ y+\Delta y,\ z) - V_x(x,\ y,\ z) + V_x(x,\ y,\ z) - V_x(x,\ y-\Delta y,\ z)\}\Delta y$$

$$= -\frac{\{V_x(x, y+\Delta y, z) - V_x(x, y, z)\} + \{V_x(x, y, z) - V_x(x, y-\Delta y, z)\}}{\Delta y}(\Delta y)^2$$

$$+\frac{\{V_y(x+\Delta x, y, z) - V_y(x, y, z)\} + \{V_y(x, y, z) - V_y(x-\Delta x, y, z)\}}{\Delta x}(\Delta x)^2$$

$$= -\left\{\frac{V_x(x, y+\Delta y,\ z) - V_x(x,\ y,\ z)}{\Delta y} + \frac{V_x(x, y, z) - V_x(x, y-\Delta y, z)}{\Delta y}\right\}(\Delta y)^2$$

$$+\left\{\frac{V_y(x+\Delta x, y, z) - V_y(x, y, z)}{\Delta x} + \frac{V_y(x, y, z) - V_y(x-\Delta x, y, z)}{\Delta x}\right\}(\Delta x)^2$$

よって、この⑤式は Δx と Δy が十分小さければ

$$-\left(\frac{\partial V_x}{\partial y} + \frac{\partial V_x}{\partial y}\right)(\Delta y)^2 + \left(\frac{\partial V_y}{\partial x} + \frac{\partial V_y}{\partial x}\right)(\Delta x)^2$$

$$= -2\frac{\partial V_x}{\partial y}(\Delta y)^2 + 2\frac{\partial V_y}{\partial x}(\Delta x)^2$$

と書ける。ここで、点Pから4点Q、R、S、Tまでの距離が等しいとすると $\Delta x = \Delta y$ となり、⑤式は

$$-2\frac{\partial V_x}{\partial y}(\Delta y)^2 + 2\frac{\partial V_y}{\partial x}(\Delta x)^2 = \left(\frac{\partial V_y}{\partial x} - \frac{\partial V_x}{\partial y}\right) \times 2(\Delta x)^2$$

と書ける。$2(\Delta x)^2$ はひし形QRSTの面積なので、この係数である次の⑥は点Pを中心に x 軸の正方向から y 軸の正方向に回転（反時計回り）させる単位面積あたりの力の本質と考えられる。

$$\frac{\partial V_y}{\partial x} - \frac{\partial V_x}{\partial y} \quad \cdots\cdots⑥$$

同様に、点Pを中心に z 軸方向から x 軸方向に回転させる力の本質は、

$$\frac{\partial V_x}{\partial z}-\frac{\partial V_z}{\partial x} \quad \cdots\cdots ⑦$$

同様に、点Pを中心に y 軸方向から z 軸方向に回転させる力の本質は、

$$\frac{\partial V_z}{\partial y}-\frac{\partial V_y}{\partial z} \quad \cdots\cdots ⑧$$

と考えられる。そこで、これら⑥、⑦、⑧を z 成分、y 成分、x 成分とするベクトルのことを**ベクトル場** $\overrightarrow{V}=(V_x,\ V_y,\ V_z)$ **の回転**と呼び、**rot** $\overrightarrow{V}$ と書くことにする。つまり、

$$\mathrm{rot}\,\overrightarrow{V}=\left(\frac{\partial V_z}{\partial y}-\frac{\partial V_y}{\partial z},\ \frac{\partial V_x}{\partial z}-\frac{\partial V_z}{\partial x},\ \frac{\partial V_y}{\partial x}-\frac{\partial V_x}{\partial y}\right) \quad \cdots\cdots ⑨$$

● rot $\overrightarrow{V}$ の意味をもう一度

ベクトル場 $\overrightarrow{V}=(V_x,\ V_y,\ V_z)$ において、その回転 rot $\overrightarrow{V}$ は上式⑨で定義された。ここで、たとえば、この**ベクトルの z 成分は「点 P(x,y,z) を通り、xy 平面に垂直な直線を回転の中心とする回転の向きと大きさ」を表わしていた**。もし、この値が正ならば、回転方向は x 軸の正の方向から y 軸の正の方向であり、負であれば逆である。

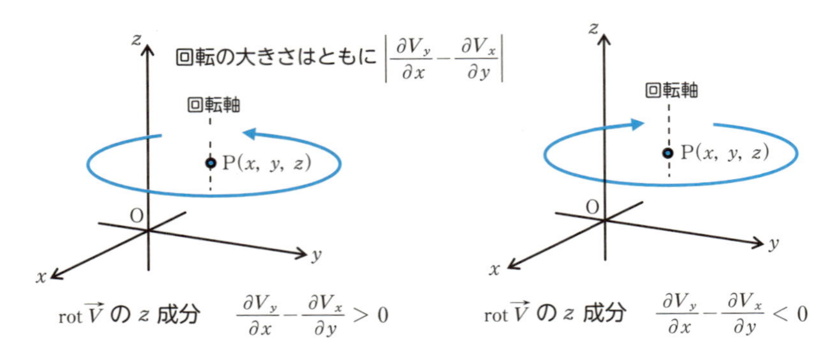

● rot $\vec{V}$ を関数の増加・減少の観点から解釈

以上のことを「力のモーメント」の考えで導いたが、ここでは導かれた式をもとに、rot $\vec{V}$ を関数の増加・減少の観点から解釈してみることにする。まずは、rot $\vec{V}$ の z 成分の $\dfrac{\partial V_y}{\partial x}-\dfrac{\partial V_x}{\partial y}$ を調べてみよう。この値が正になるのはいろいろな場合が考えられる。一番わかりやすいのは、

$\dfrac{\partial V_y}{\partial x}>0$ でかつ、$\dfrac{\partial V_x}{\partial y}<0$ のときである。

このとき、$\vec{V}$ の y 成分 V_y は x の増加とともに増加し、$\vec{V}$ の x 成分 V_x は y の増加とともに減少する。このことを図示すれば次のようになる（$\vec{i}$ は x 軸方向の基本ベクトル、$\vec{j}$ は y 軸方向の基本ベクトルを示す）。

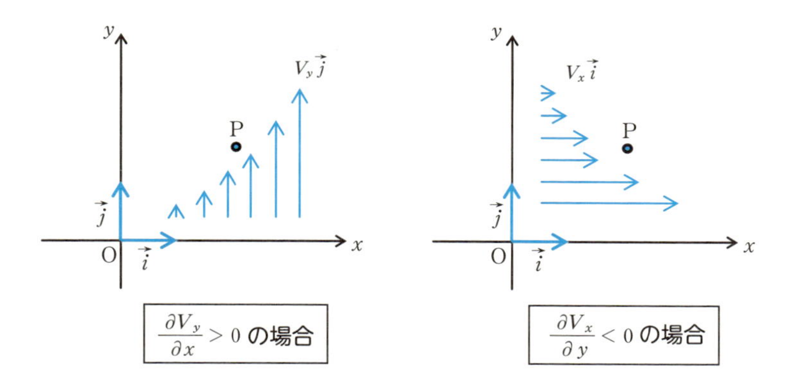

つまり、$\dfrac{\partial V_y}{\partial x}>0$、かつ、$\dfrac{\partial V_x}{\partial y}<0$ のときは、点Pの周辺で次ページ上の左図のような力が作用しているため、点Pの周囲には点Pを中心として**反時計回りの回転力が生じる**ことになる（次ページ上の右図）。

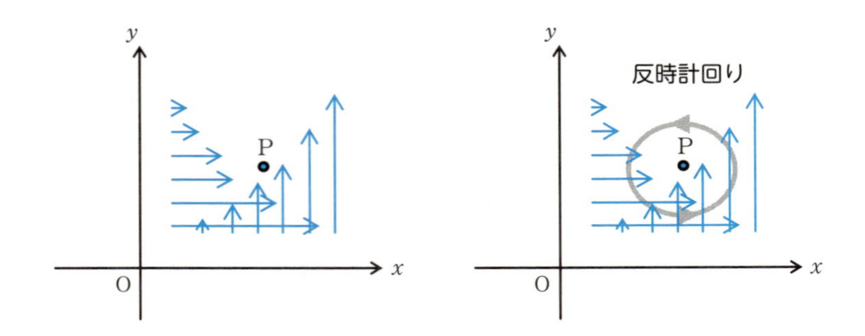

また、$\dfrac{\partial V_y}{\partial x}<0$、かつ、$\dfrac{\partial V_x}{\partial y}>0$ の場合は、rot $\vec{V}$ の z 成分 $\dfrac{\partial V_y}{\partial x}-\dfrac{\partial V_x}{\partial y}$ は「負」となる。

このときは点Pを中心に**時計回りの回転力が作用する**こともわかる。

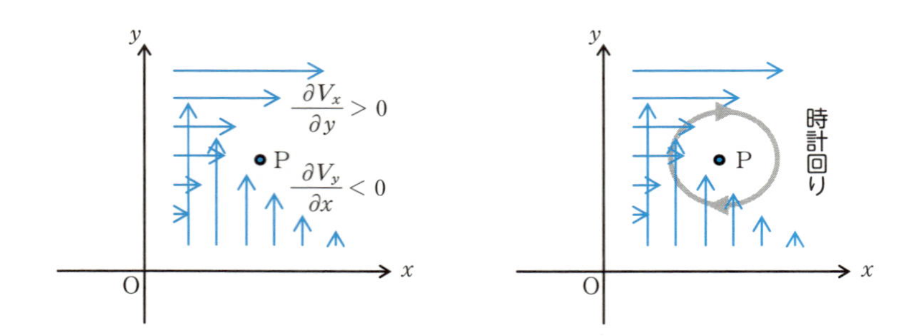

これは $\dfrac{\partial V_y}{\partial x}$、$\dfrac{\partial V_x}{\partial y}$ が異符号の場合の回転の説明であり、同符号の場合には、$\dfrac{\partial V_y}{\partial x}-\dfrac{\partial V_x}{\partial y}$ の符号が変化し、回転の向きは単純には説明できない。

以上、rot $\vec{V}$ の z 成分を解釈してきた。このことは z 成分だけでなく、x 成分、y 成分についても同様なことがいえる。

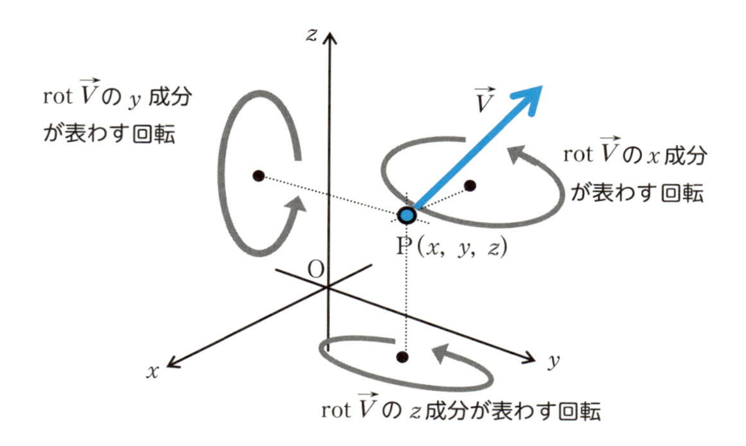

問1 ベクトル場$\vec{V}(x,\ y,\ z)$が次の場合に$\mathrm{rot}\,\vec{V}$を求めてみよう。

(1) $\vec{V}(x,\ y,\ z)=(-\omega y,\ \omega x,\ 0)$

(2) $\vec{V}(x,\ y,\ z)=(0,\ -\omega z,\ \omega y)$

(3) $\vec{V}(x,\ y,\ z)=(\omega z,\ 0,\ -\omega x)$

(4) $\vec{V}(x,\ y,\ z)=(-\omega y,\ \omega x,\ \omega x-\omega y)$

(解)

(1) $V_x=-\omega y$、$V_y=\omega x$、$V_z=0$より

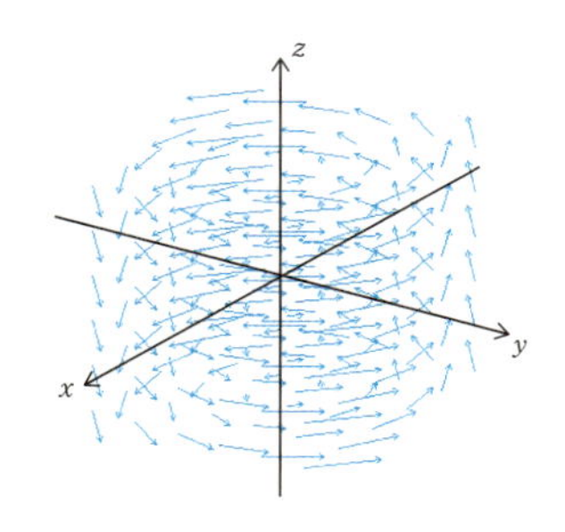

$$\mathrm{rot}\,\vec{V}$$

$$=\left(\frac{\partial V_z}{\partial y}-\frac{\partial V_y}{\partial z},\ \frac{\partial V_x}{\partial z}-\frac{\partial V_z}{\partial x},\ \frac{\partial V_y}{\partial x}-\frac{\partial V_x}{\partial y}\right)$$

$$=(0-0,\ 0-0,\ \omega+\omega)=(0,\ 0,\ 2\omega)$$

右図は$\omega=0.4$の場合に原点周辺のベクトル場$\vec{V}$を表示したものである。

(2)　$V_x = 0$ 、$V_y = -\omega z$、$V_z = \omega y$ より

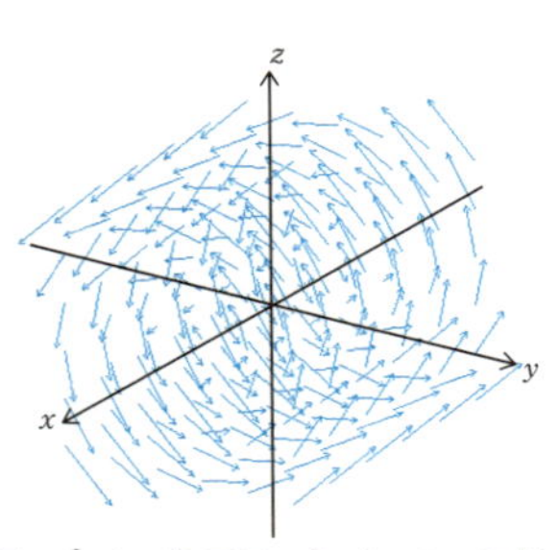

$\mathrm{rot}\,\overrightarrow{V}$

$$=\left(\frac{\partial V_z}{\partial y}-\frac{\partial V_y}{\partial z},\ \frac{\partial V_x}{\partial z}-\frac{\partial V_z}{\partial x},\ \frac{\partial V_y}{\partial x}-\frac{\partial V_x}{\partial y}\right)$$

$$=(\omega+\omega,\ 0-0,\ 0-0)=(2\omega,\ 0,\ 0)$$

右図は $\omega = 0.4$ の場合に原点周辺のベクトル場 $\overrightarrow{V}$ を表示したものである。

(3)　$V_x = \omega z$、$V_y = 0$、$V_z = -\omega x$ より

$\mathrm{rot}\,\overrightarrow{V}$

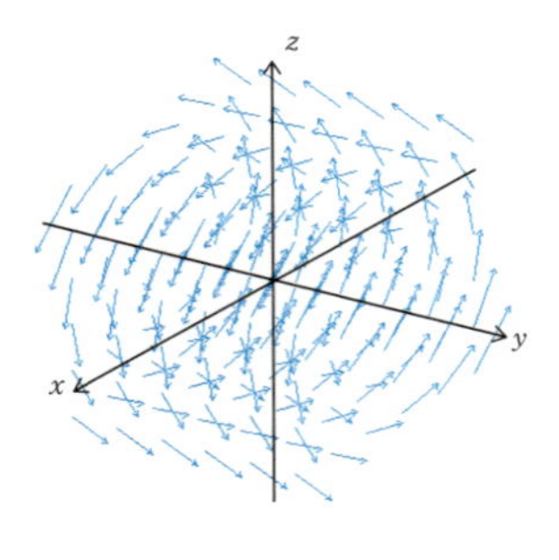

$$=\left(\frac{\partial V_z}{\partial y}-\frac{\partial V_y}{\partial z},\ \frac{\partial V_x}{\partial z}-\frac{\partial V_z}{\partial x},\ \frac{\partial V_y}{\partial x}-\frac{\partial V_x}{\partial y}\right)$$

$$=(0-0,\ \omega+\omega,\ 0-0)=(0,\ 2\omega,\ 0)$$

右図は $\omega = 0.4$ の場合に原点周辺のベクトル場 $\overrightarrow{V}$ を表示したものである。

(4)　$V_x = -\omega y$、$V_y = \omega x$、$V_z = \omega x - \omega y$ より

$\mathrm{rot}\,\overrightarrow{V}$

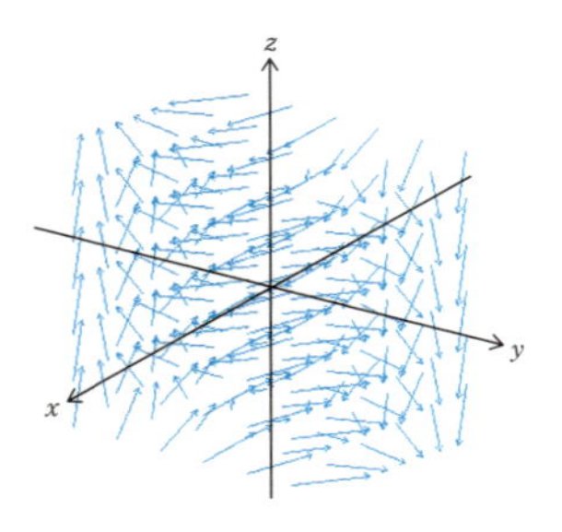

$$=\left(\frac{\partial V_z}{\partial y}-\frac{\partial V_y}{\partial z},\ \frac{\partial V_x}{\partial z}-\frac{\partial V_z}{\partial x},\ \frac{\partial V_y}{\partial x}-\frac{\partial V_x}{\partial y}\right)$$

$$=(-\omega-0,\ 0-\omega,\ \omega+\omega)=(-\omega,\ -\omega,\ 2\omega)$$

右図は $\omega = 0.4$ の場合に原点周辺のベクトル場 $\overrightarrow{V}$ を表示したものである。

問2 点P(x, y, z)の位置ベクトルを$\vec{r}$、z軸方向を向いた大きさaのベクトルを$\vec{a}$とする。この空間のベクトル場$\vec{V}(x, y, z)$が$\vec{V}=\vec{a}\times\vec{r}$と定義されているときrot$\vec{V}$を求めてみよう。

(解) $\vec{a}=(0, 0, a)$、$\vec{r}=(x, y, z)$ より、$\vec{V}=\vec{a}\times\vec{r}=(-ay, ax, 0)$

よって、$V_x=-ay$、$V_y=ax$、$V_z=0$

ゆえに、

$$\mathrm{rot}\,\vec{V}=\left(\frac{\partial V_z}{\partial y}-\frac{\partial V_y}{\partial z},\ \frac{\partial V_x}{\partial z}-\frac{\partial V_z}{\partial x},\ \frac{\partial V_y}{\partial x}-\frac{\partial V_x}{\partial y}\right)$$
$$=(0-0,\ 0-0,\ a-(-a))=(0,\ 0,\ 2a)$$

つまり、rot$\vec{V}=2\vec{a}$である。

回転はz軸の正の向きに右ねじが向かう回転で大きさは$2a$ということになる。なお、ベクトル場$\vec{V}=(-ay, ax, 0)$のイメージは先の〔問1〕の(1)と同じである。

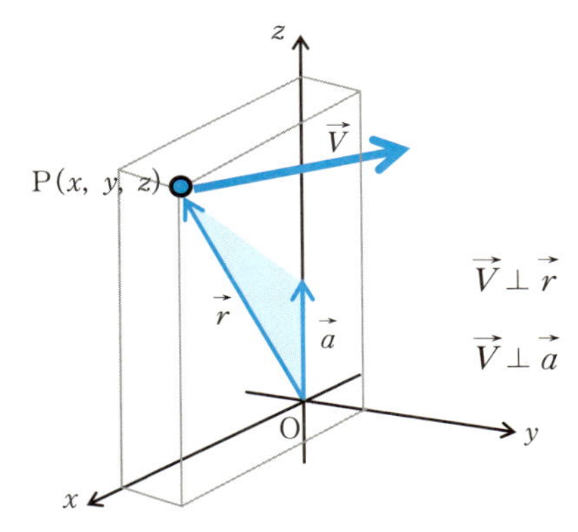

問3 ベクトル場$\vec{V}(x, y, z)=(x, y, z)$における回転を求めてみよう。

(解) $V_x=x$、$V_y=y$、$V_z=z$ より、

$$\frac{\partial V_z}{\partial y}-\frac{\partial V_y}{\partial z}=0-0=0$$

$$\frac{\partial V_x}{\partial z}-\frac{\partial V_z}{\partial x}=0-0=0$$

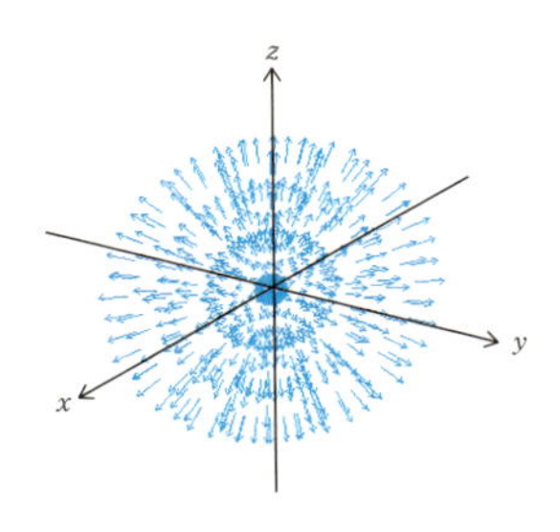

$$\frac{\partial V_y}{\partial x}-\frac{\partial V_x}{\partial y}=0-0=0$$

ゆえに、$\mathrm{rot}\,\vec{V}=0$

この例からわかるように $\vec{V}(x,\ y,\ z)=(f(x),\ g(y),\ h(z))$ のとき、$\mathrm{rot}\,\vec{V}=0$ となる。ベクトル場 $\vec{V}=(x,\ y,\ z)$ のイメージは§6−4〔問1〕(4) を参照。

Note ベクトル場 $\vec{V}$ の回転

ベクトル場 $\vec{V}(x,\ y,\ z)=(V_x,\ V_y,\ V_z)$ における次のベクトルを**回転**と呼び、$\mathrm{rot}\,\vec{V}$ と書く。

$$\mathrm{rot}\,\vec{V}=\left(\frac{\partial V_z}{\partial y}-\frac{\partial V_y}{\partial z},\ \frac{\partial V_x}{\partial z}-\frac{\partial V_z}{\partial x},\ \frac{\partial V_y}{\partial x}-\frac{\partial V_x}{\partial y}\right)$$

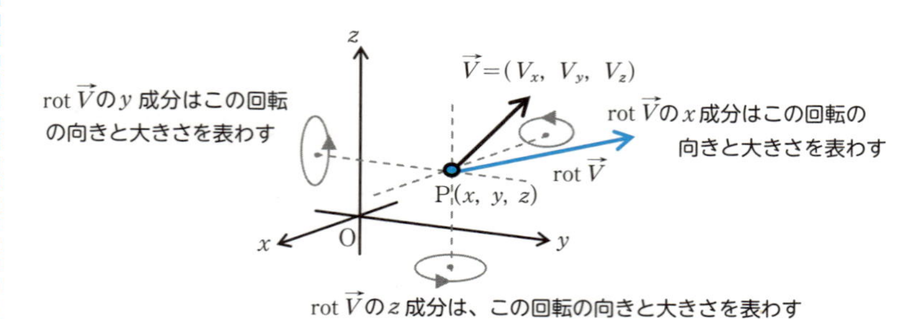

もう一歩進んで 力のモーメント

点Oで支えられた剛体の1つの点Pに大きさFの力$\vec{F}$が働いている。この力がこの剛体*注)をOの周りに回転させようとする働きは、Oからこの力の作用する方向を表わす直線（**作用線**）に引いた垂線の長さaと力の大きさFをかけ合わせたaFで表わされる。これを**力のモーメント**という。

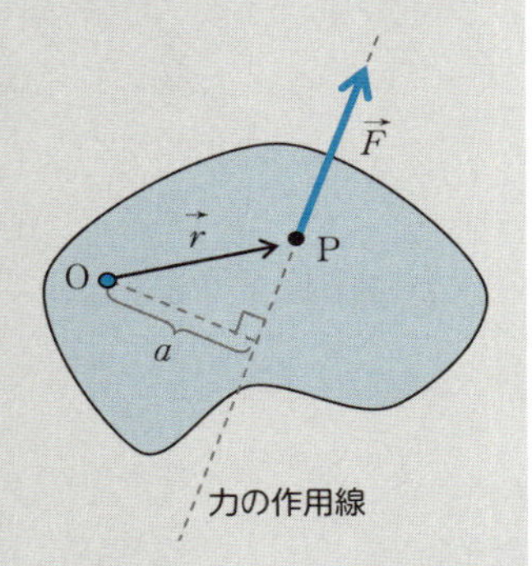

なお、この考え方を「外積」を用いて一般化した次の定義がある。

定点Oに対する点Pの位置ベクトルを$\vec{r}$とし、点Pを始点とするベクトルを$\vec{F}$とするとき、外積$\vec{r}\times\vec{F}$を点Oの周りの**ベクトル$\vec{F}$のモーメント**という。このとき、$\left|\vec{r}\times\vec{F}\right|$が力のモーメントとなる。

（注）そのものに力を加えても、伸びや縮み、その他、形を変えることをしないものを考え、これを「剛体」という。なお、剛体は変形を考えに入れないことから、主にその運動のみが扱われる。

6-7 勾配∇と回転 rot の関係は

ベクトル場$\vec{V}(x, y, z)=(V_x, V_y, V_z)$の回転 rot$\vec{V}$ は、微分演算子∇（ナブラ）を使うと、どのように表現されるのだろうか。

ナブラ演算子$\nabla=\left(\dfrac{\partial}{\partial x}, \dfrac{\partial}{\partial y}, \dfrac{\partial}{\partial z}\right)$と$\vec{V}(x, y, z)=(V_x, V_y, V_z)$の外積（§1−5）は、次のように表現される。

$$\nabla\times\vec{V}=\left(\frac{\partial}{\partial x}, \frac{\partial}{\partial y}, \frac{\partial}{\partial z}\right)\times(V_x, V_y, V_z)$$

$$=\left(\frac{\partial V_z}{\partial y}-\frac{\partial V_y}{\partial z}, \frac{\partial V_x}{\partial z}-\frac{\partial V_z}{\partial x}, \frac{\partial V_y}{\partial x}-\frac{\partial V_x}{\partial y}\right)=\mathrm{rot}\,\vec{V}$$

よって、次のように書ける。

$$\mathrm{rot}\,\vec{V}=\nabla\times\vec{V}$$

なお、rot$\vec{V}$ は行列式（§1−11）を使うと次のように表現できる。

$$\mathrm{rot}\,\vec{V}=\begin{vmatrix}\vec{i} & \vec{j} & \vec{k}\\ \dfrac{\partial}{\partial x} & \dfrac{\partial}{\partial y} & \dfrac{\partial}{\partial z}\\ V_x & V_y & V_z\end{vmatrix}=\begin{vmatrix}\dfrac{\partial}{\partial y} & \dfrac{\partial}{\partial z}\\ V_y & V_z\end{vmatrix}\vec{i}-\begin{vmatrix}\dfrac{\partial}{\partial x} & \dfrac{\partial}{\partial z}\\ V_x & V_z\end{vmatrix}\vec{j}+\begin{vmatrix}\dfrac{\partial}{\partial x} & \dfrac{\partial}{\partial y}\\ V_x & V_y\end{vmatrix}\vec{k}$$

∇と rot の関係

ベクトル場$\vec{V}$の回転rot$\vec{V}$は

$\nabla=\left(\dfrac{\partial}{\partial x}, \dfrac{\partial}{\partial y}, \dfrac{\partial}{\partial z}\right)$と

$\vec{V}=(V_x, V_y, V_z)$

の外積である。つまり、

$$\mathrm{rot}\,\vec{V}=\nabla\times\vec{V}$$

$\dfrac{\partial}{\partial x}$, $\dfrac{\partial}{\partial y}$, $\dfrac{\partial}{\partial z}$ $\dfrac{\partial}{\partial x}$

＋ − z成分 ＋ − x成分 ＋ − y成分

V_x , V_y , V_z V_x

第7章

「場の積分」を理解する

ここでは、「場の積分」について調べてみよう。スカラー場から得られる勾配ベクトルの積分と、ベクトル場の発散に関する積分定理であるガウスの定理を紹介する。いずれもベクトル解析の基本となる積分計算で、理工系だけでなく経済学などの社会科学系にも活用されている。

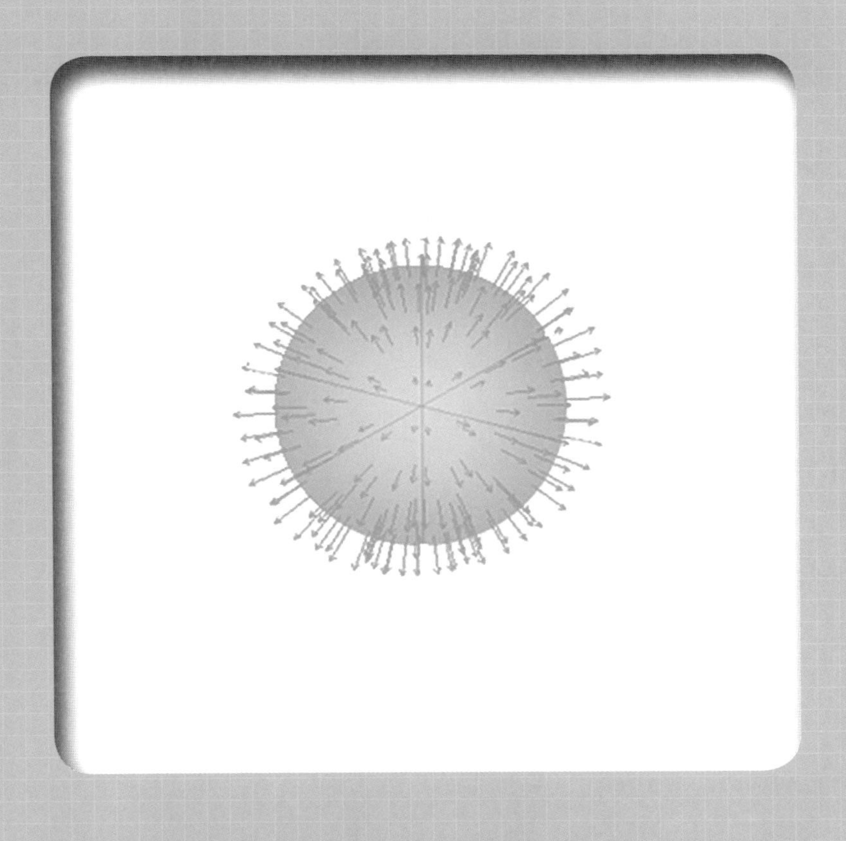

7-1 勾配ベクトルの線積分とは

スカラー場fの勾配ベクトル∇fを曲線Cに沿って接線線積分（§4-3）したらどうなるだろうか。

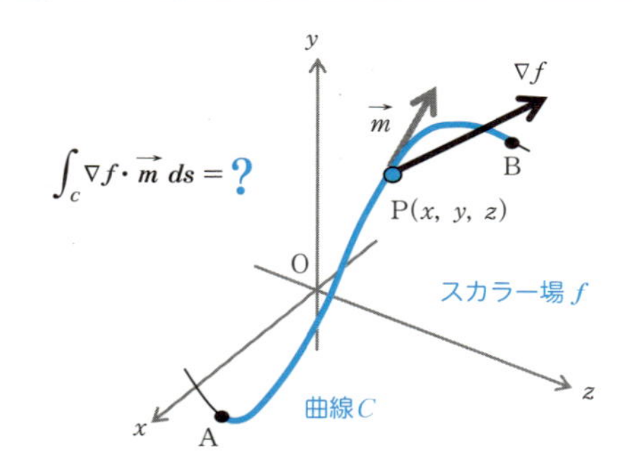

●勾配ベクトルの線積分が積分経路によらない理由

線積分の場合、たとえ始点Aと終点Bが同じであっても、積分する曲線の形状（**積分経路**という）が異なれば、積分の結果も一般には異なる。しかし、スカラー場 $f(x, y, z)$の勾配ベクトルを接線線積分した場合、始点Aと終点Bさえ同じであれば、たとえ積分経路が異なっても積分した結果は同じになる。

それはなぜだろうか。このことを、以下に、計算で示しておこう。

スカラー場$f(x, y, z)$の勾配ベクトル∇fは次の式で定義される。

$$\nabla f = \left(\frac{\partial f}{\partial x}, \frac{\partial f}{\partial y}, \frac{\partial f}{\partial z}\right)$$

また、曲線Cがその上の定点からこの曲線Cに沿って測った曲線の長さsをパラメータとして、

$$\vec{r} = \vec{r}(s) = (x(s),\ y(s),\ z(s))$$

と表わされているとき、単位接線ベクトル$\vec{m}$は次のようになる。

$$\vec{m} = \frac{d\vec{r}}{ds} = \left(\frac{dx}{ds}, \frac{dy}{ds}, \frac{dz}{ds}\right)$$

よって、曲線 C に沿った勾配ベクトル ∇f の接線線積分は（§4−3）、

$$\int_C \nabla f \cdot \vec{m}\, ds = \int_C \left(\frac{\partial f}{\partial x}\frac{dx}{ds} + \frac{\partial f}{\partial y}\frac{dy}{ds} + \frac{\partial f}{\partial z}\frac{dz}{ds} \right) ds$$

$$= \int_C \left(\frac{\partial f}{\partial x}dx + \frac{\partial f}{\partial y}dy + \frac{\partial f}{\partial z}dz \right)$$

となる。また、全微分（§3−6）の考え方から、

$df = \dfrac{\partial f}{\partial x}dx + \dfrac{\partial f}{\partial y}dy + \dfrac{\partial f}{\partial z}dz$ ゆえに、$\displaystyle\int_C \nabla f \cdot \vec{m}\, ds = \int_C df$ となる。

ここで、曲線 C の始点を $\mathrm{A}(x_{\mathrm{A}},\ y_{\mathrm{A}},\ z_{\mathrm{A}})$、終点を $\mathrm{B}(x_{\mathrm{B}},\ y_{\mathrm{B}},\ z_{\mathrm{B}})$ とすれば、

$$\int_C \nabla f \cdot \vec{m}\, ds = \int_C df = [f(x,\ y,\ z)]_{\mathrm{A}}^{\mathrm{B}}$$

$$= f(x_{\mathrm{B}},\ y_{\mathrm{B}},\ z_{\mathrm{B}}) - f(x_{\mathrm{A}},\ y_{\mathrm{A}},\ z_{\mathrm{A}}) \qquad \cdots\cdots①$$

この結果は、**勾配ベクトルの接線線積分は始点と終点のみに依存し、積分経路に無関係である**、ということを意味している。

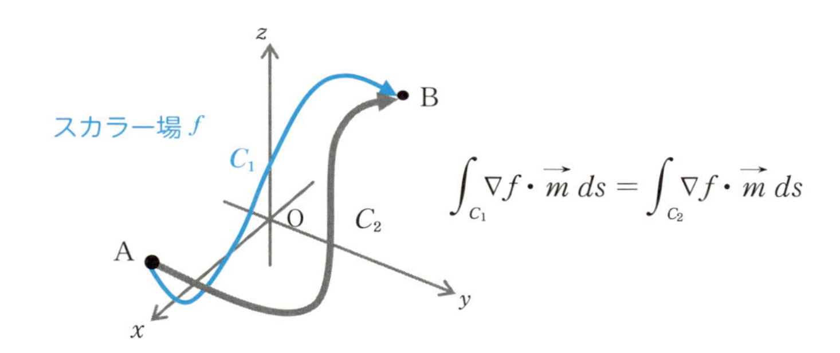

なお、曲線 C が閉曲線の場合は始点と終点が一致するので、①より、閉曲線に沿って一周した勾配ベクトルの接線線積分は 0 になる。

ここで、閉曲線に関する線積分を $\oint$ と書けば、次のようになる。

$$\oint_C \nabla f \cdot \vec{m}\,ds = 0$$

なお、閉曲線の周りを一周する積分 $\oint_C$ は**周回積分**と呼ばれている。

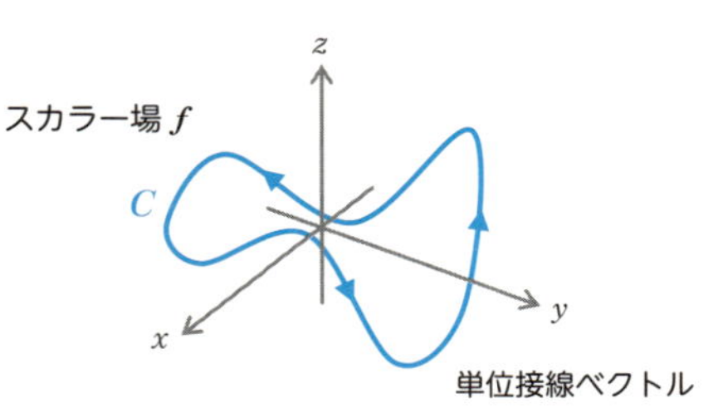

> **問** スカラー場 $f(x, y, z) = xyz + z^3$ に対し、この勾配ベクトルの接線線積分を次の2つの曲線について各々求めてみよう。
> (1) 曲線 C：$\vec{r} = \vec{r}(t) = (t, t, t)$ $0 \leqq t \leqq 1$ に沿っての線積分
> (2) 曲線 C：$\vec{r} = \vec{r}(t) = (t, t^2, t^3)$ $0 \leqq t \leqq 1$ に沿っての線積分

(解) $f(x, y, z) = xyz + z^3$ の勾配ベクトル ∇f を求めると次のようになる。

$$\nabla f = \left(\frac{\partial f}{\partial x}, \frac{\partial f}{\partial y}, \frac{\partial f}{\partial z}\right) = (yz, xz, xy + 3z^2)$$

(1) の場合について線積分を求めてみる。

$$\vec{r} = \vec{r}(t) = (t, t, t) \quad \text{より} \quad \frac{dx}{dt} = 1、\frac{dy}{dt} = 1、\frac{dz}{dt} = 1$$

ここで、$\vec{V} = (V_x, V_y, V_z) = \nabla f$ とみなすと、§4−3 の〈note〉より

$$\begin{aligned}\int_C \nabla f \cdot \vec{m}\,ds &= \int_0^1 \left(V_x \frac{dx}{dt} + V_y \frac{dy}{dt} + V_z \frac{dz}{dt}\right) dt \\ &= \int_0^1 \left(yz\frac{dx}{dt} + xz\frac{dy}{dt} + (xy + 3z^2)\frac{dz}{dt}\right) dt \\ &= \int_0^1 \{t \times t \times 1 + t \times t \times 1 + (t \times t + 3t^2) \times 1\} dt \\ &= \int_0^1 6t^2\,dt = \left[2t^3\right]_0^1 = 2\end{aligned}$$

次に、(2) の場合の線積分を求めてみる。

$\vec{r}=\vec{r}(t)=(t,\ t^2,\ t^3)$ より $\dfrac{dx}{dt}=1$、$\dfrac{dy}{dt}=2t$、$\dfrac{dz}{dt}=3t^2$

ここで、$\overrightarrow{V}=(V_x,\ V_y,\ V_z)=\nabla f$ とみなすと、§4−3 の〈note〉より

$$\begin{aligned}\int_C \nabla f\cdot\vec{m}\,ds &= \int_0^1\left(V_x\frac{dx}{dt}+V_y\frac{dy}{dt}+V_z\frac{dz}{dt}\right)dt\\ &= \int_0^1\left(yz\frac{dx}{dt}+xz\frac{dy}{dt}+(xy+3z^2)\frac{dz}{dt}\right)dt\\ &= \int_0^1\{t^2\times t^3\times 1+t\times t^3\times 2t+(t\times t^2+3t^6)\times 3t^2\}dt\\ &= \int_0^1(6t^5+9t^8)dt=\left[t^6+t^9\right]_0^1=2\end{aligned}$$

(1)、(2) の積分結果はともに 2 である。これは決して、偶然ではない。

曲線 C の形状は (1)、(2) では違うが、ともに始点は $(0,\ 0,\ 0)$、終点は $(1,\ 1,\ 1)$ で一致している。**勾配ベクトルの線積分では「始点と終点が同じであれば、積分経路に関係なく積分結果は同じ値となる」**ということである。

直観的な説明をすれば、「どのルートを辿って山に登っても、スタート地点とゴール地点が同じであれば、稼いだ高度は同じ」ということである。

勾配ベクトルの線積分

勾配ベクトルの接線線積分は始点と終点のみに依存し、積分経路には無関係である。

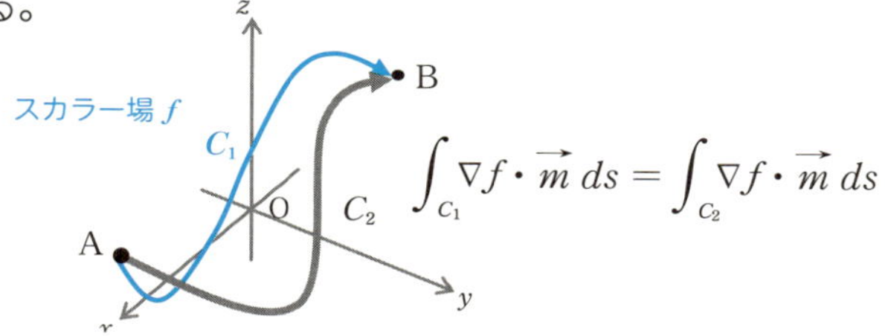

もう一歩進んで 社会科学とベクトル解析

ベクトル解析は社会科学の分野においても頻繁に利用されている。そのことを実感するために、以下の経済の問題に挑戦してみよう。

問題 財Xをx、財Yをyだけ消費するAさんの満足度uは、

$$u(x,\ y)=x^2y^3$$

で得られるという。Aさんのこれらの財に対する支出の合計が20、財Xの価格が1、財Yの価格が2であるとする。このとき、Aさんの満足度uを最大にするには財Xと財Yの量x、yをどのくらいにしたらよいか。

(解) この問題に対して、ベクトル解析では次のように答える。

$u(x,\ y)=x^2y^3$の勾配ベクトルは$\mathrm{grad}u=(2xy^3,\ 3x^2y^2)$である。条件より、$x+2y=20$（この直線の法線の傾きは2)で、勾配ベクトルは満足度uの最大傾斜方向を向いている。また、$u(x,\ y)=x^2y^3$の$(x,\ y)$を通る等位曲線は勾配ベクトルに垂直である。

よって、$\dfrac{3x^2y^2}{2xy^3}=2$、$x+2y=20$　これを解いて$(x,\ y)=(8,\ 6)$

このuを**効用関数**と呼んでいる。

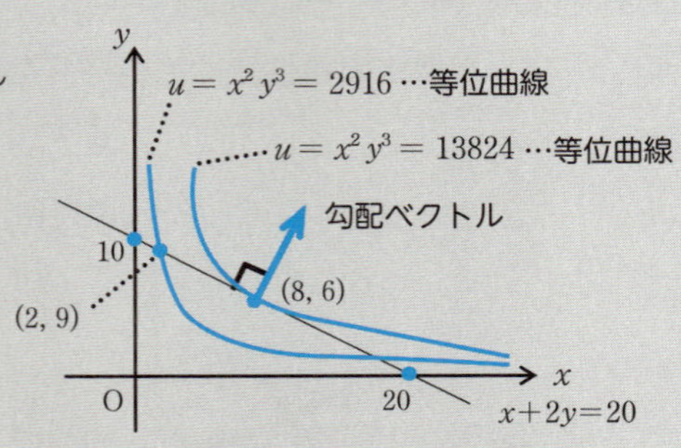

7-2 ガウスの発散定理とは

面積分を体積分に、逆に、体積分を面積分に置き換えることが可能な計算がある。それが、ガウスの発散定理である。これは、その名の通り、ベクトル場 $\vec{A}$ *注) の発散 $\mathrm{div}\vec{A} = \dfrac{\partial A_x}{\partial x} + \dfrac{\partial A_y}{\partial y} + \dfrac{\partial A_z}{\partial z}$ に関する積分定理である。

ベクトル場$\vec{A}(x, y, z) = (A_x, A_y, A_z)$において、そこでの閉曲面を$S$、その内部の立体（領域）を$V$とする。このとき、**ガウスの発散定理**とは次の面積分と体積分が等しいというものである。

$$\iint_S \vec{A} \cdot \vec{n}\, dS = \iiint_V \mathrm{div}\vec{A}\, dV \quad \cdots\cdots①$$

（ただし、$\vec{n}$は曲面Sに対する単位法線ベクトル）

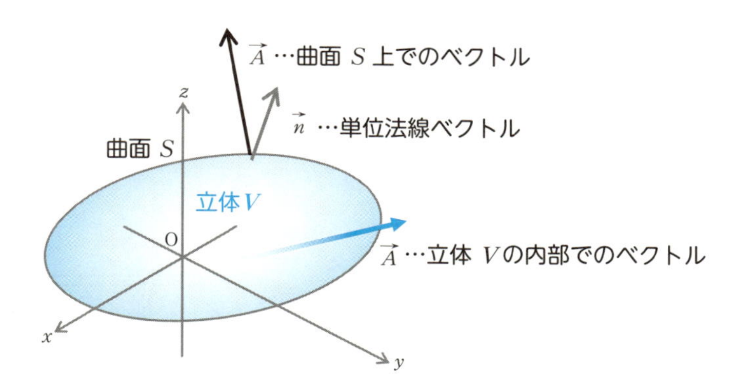

（注） 本書ではベクトル場のベクトルを基本的に$\vec{V}$と表現してきたが、この節では$\vec{A}$を使うことにする。理由は、ここではVを体積（volume）の意味で使い、紛らわしいからである。

●ガウスの発散定理の直観的理解

上記の①式の意味は、次の通りである。

「曲面 S 上におけるベクトル $\vec{A}$ のこの曲面に垂直な成分、つまり、$\vec{A}$ と単位法線ベクトル $\vec{n}$ との内積 $\vec{A}\cdot\vec{n}$ に着目し、これを曲面 S 全体で足し合わせた総量（積分）を考える。これは曲面に囲まれた領域 V の各点におけるベクトル $\vec{A}$ の湧き出し、つまり、発散 $\mathrm{div}\vec{A}$ を領域 V 全体で足し合わせた総量（積分）に等しくなる」

このことを立体的に表現したのが下図である。ただし、内積 $\vec{A}\cdot\vec{n}$ はスカラーなのでその大きさを記号「——●」の長さで表わしている。また、ベクトル $\vec{A}$ の発散 $\mathrm{div}\vec{A}$ もスカラーなので、その大きさを記号「——●」の長さで表現している（ただし、この記号はここだけのもの）。

したがって、**ガウスの発散定理を直観的に表現すると、「立体の表面からあふれ出た量の総和は、立体内の各点から湧き出した量の総和に等しい」**ということになる。

この定理を日常の生活で見てみると、シャワーや金魚などの水槽用エアーポンプがある。つまり、表面から外部へ発散される水や空気の量は内側から発生する水や空気の量に等しいというものである。

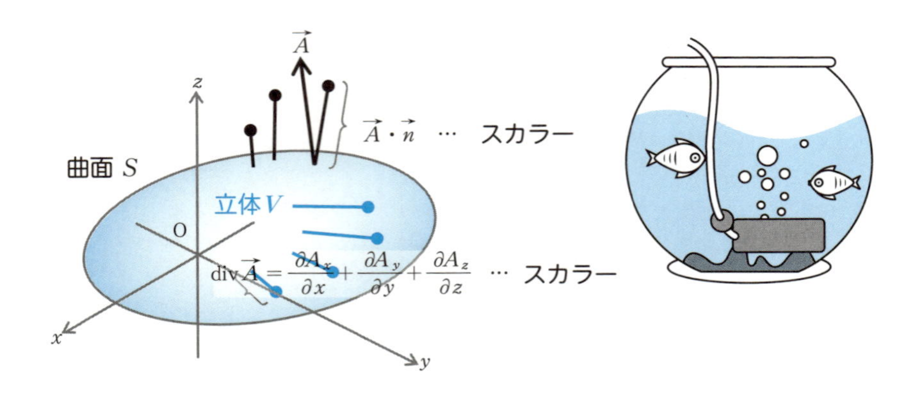

●なぜガウスの発散定理は成り立つのか

ガウスの発散定理をもう一度見てみよう。

$$\iint_S \vec{A}\cdot\vec{n}\,dS = \iiint_V \mathrm{div}\,\vec{A}\,dV \quad \cdots\cdots①$$

①の右辺は次のように書ける。

$$\iiint_V \mathrm{div}\,\vec{A}\,dV = \iiint_V \left(\frac{\partial A_x}{\partial x} + \frac{\partial A_y}{\partial y} + \frac{\partial A_z}{\partial z}\right)dV$$

$$= \iiint_V \frac{\partial A_x}{\partial x}dV + \iiint_V \frac{\partial A_y}{\partial y}dV + \iiint_V \frac{\partial A_z}{\partial z}dV \quad \cdots\cdots②$$

ここで、たとえば②式の最後の項 $\iiint_V \frac{\partial A_z}{\partial z}dV$ に着目してみよう。

閉曲面 S の xy 平面への正射影を D とすれば、閉曲面 S は D を底面とする柱面に接する。その接する点からなる曲線を L とすると、閉曲面 S は L によって上下2つに分けられる（上側曲面を S_1、下側曲面を S_2 とする）。そして、

S_1 の方程式を $z = f_1(x,\ y)$

S_2 の方程式を $z = f_2(x,\ y)$

とする。

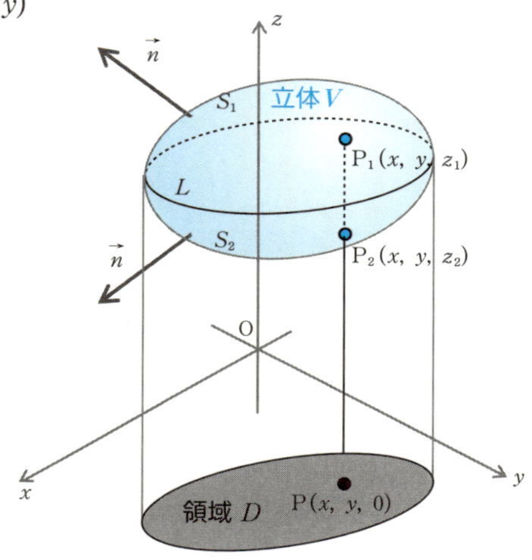

また、モデルを単純化し、曲面 S_1 上では法線ベクトルは上を向き（z 成分が0以上）、曲面 S_2 上では法線ベクトルは下を向いている（z 成分が負）とする。

ここで、D 内の点 $\mathrm{P}(x,\ y,\ 0)$ を通り z 軸に平行な直線が S_1、S_2 と交わる点を各々

$P_1(x,\ y,\ z_1)$、$P_2(x,\ y,\ z_2)$とする。ただし、$z_1=f_1(x,\ y)$、$z_2=f_2(x,\ y)$。このとき、先ほどの②式の最後の項$\iiint_V \frac{\partial A_z}{\partial z}dV$を計算する。

$$
\begin{aligned}
&\iiint_V \frac{\partial A_z}{\partial z}dV\\
&=\iiint_V \frac{\partial A_z}{\partial z}dxdydz\\
&=\iint_D\left(\int_{z_2}^{z_1}\frac{\partial A_z}{\partial z}dz\right)dxdy=\iint_D[A_z]_{z_2}^{z_1}dxdy\\
&=\iint_D\{A_z(x,\ y,\ z_1)-A_z(x,\ y,\ z_2)\}dxdy\\
&=\iint_D A_z(x,\ y,\ z_1)dxdy-\iint_D A_z(x,\ y,\ z_2)dxdy\\
&=\iint_D A_z(x,\ y,\ f_1(x,\ y))dxdy-\iint_D A_z(x,\ y,\ f_2(x,\ y))dxdy \quad \cdots\cdots③
\end{aligned}
$$

となる。

次に、①の左辺$\iint_S \vec{A}\cdot\vec{n}dS$を調べてみよう。$\vec{n}$は単位法線ベクトルだから、方向余弦（§1−7）を用いて

$\vec{n}=(\cos\alpha,\ \cos\beta,\ \cos\gamma)$　　（α、β、γは$\vec{n}$がx軸、y軸、z軸となす角）

と書ける。ゆえに

$$
\begin{aligned}
\iint_S \vec{A}\cdot\vec{n}dS&=\iint_S(A_x\cos\alpha+A_y\cos\beta+A_z\cos\gamma)dS\\
&=\iint_S A_x\cos\alpha dS+\iint_S A_y\cos\beta dS+\iint_S A_z\cos\gamma dS \quad \cdots\cdots④
\end{aligned}
$$

ここで、最後の項$\iint_S A_z\cos\gamma dS$に着目してみよう。これは、x、y、zの関数であるA_zを閉曲面S（上側が曲面S_1、下側が曲面S_2）に沿って面積分したものである。したがって、次の式が成立する。

$$
\begin{aligned}
&\iint_S A_z\cos\gamma dS\\
&=\iint_{S_1} A_z(x,\ y,\ f_1(x,\ y))\cos\gamma dS+\iint_{S_2} A_z(x,\ y,\ f_2(x,\ y))\cos\gamma dS \quad \cdots\cdots⑤
\end{aligned}
$$

ここで、微小曲面dSの領域Dに正射影された微小領域の面積を$dxdy$とすると、$\cos\gamma dS = dxdy$となる（§1−8）。しかし、曲面S_2上では単位法線ベクトルのz成分の$\cos\gamma$は負になっているので、$\cos\gamma dS = -dxdy$となる。

したがって、⑤の積分範囲を曲面Sから領域Dに書き換えると、

$$\iint_S A_z \cos\gamma dS$$
$$= \iint_D A_z(x, y, f_1(x, y))dxdy - \iint_D A_z(x, y, f_2(x, y))dxdy$$

これは、③と一致する。したがって、

$$\iiint_V \frac{\partial A_z}{\partial z} dV = \iint_S A_z \cos\gamma dS \quad \cdots\cdots ⑥$$

となる。同様にして、

$$\iiint_V \frac{\partial A_x}{\partial x} dV = \iint_S A_x \cos\alpha dS \quad \cdots\cdots ⑦$$

$$\iiint_V \frac{\partial A_y}{\partial y} dV = \iint_S A_y \cos\beta dS \quad \cdots\cdots ⑧$$

となる。よって、②、④、⑥、⑦、⑧より、

$$\iint_S \vec{A} \cdot \vec{n} dS = \iiint_V \mathrm{div}\vec{A} dV$$

となることがわかる。これが**ガウスの発散定理**である。

問 ベクトル場$\vec{A}=(x,\ 2y,\ 3z)$において、
球面S：$x^2+y^2+z^2=a^2$に沿った法線面積分$\iint_S \vec{A}\cdot\vec{n}dS$を求めてみよう。ただし、$a>0$とする。

(解)　ガウスの発散定理を使った場合

この場合、$\iint_S \vec{A}\cdot\vec{n}dS$の計算は簡単ではない。そこで、ガウスの発散定理を用いて体積分の計算に置き換えてみる。

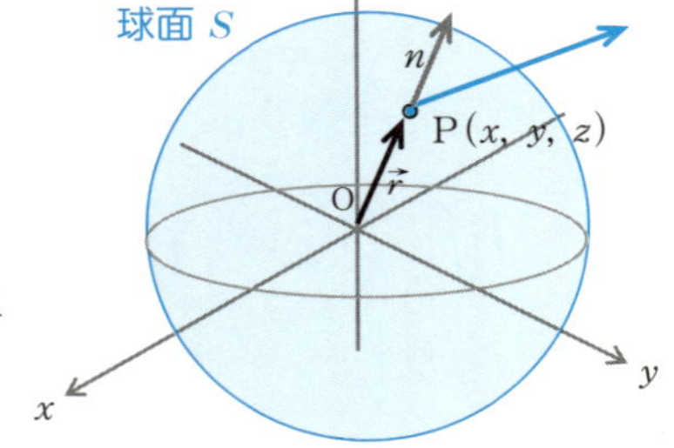

$\vec{A}=(A_x,\ A_y,\ A_z)=(x,\ 2y,\ 3z)$

より、

$$\mathrm{div}\vec{A}=\frac{\partial A_x}{\partial x}+\frac{\partial A_y}{\partial y}+\frac{\partial A_z}{\partial z}$$
$$=1+2+3=6$$

よって、

$$\iint_S \vec{A}\cdot\vec{n}dS=\iiint_V \mathrm{div}\vec{A}dV=\iiint_V 6dV$$
$$=6\times\frac{4\pi}{3}\times a^3=8\pi a^3 \text{（答）}$$

（ここでVは球面の内部なので$\iiint_V dV$は球の体積を表わしている）

(別解)　ガウスの発散定理を使わない場合

最初の解では、「$\iint_S \vec{A}\cdot\vec{n}dS$の計算は簡単ではない」としてガウスの発散定理を利用したが、もし、$\iint_S \vec{A}\cdot\vec{n}dS$をそのまま計算した場合、どれほど大変なのかを体験してみよう。

球面Sの方程式はパラメータu、vを用いて次のように書ける。

$\vec{r} = \vec{r}(u,\ v)$

$=(a\sin u\cos v,\ a\sin u\sin v,\ a\cos u)$　（ただし、$0 \leqq u \leqq \pi$、$0 \leqq v \leqq 2\pi$）

このとき、

$$\frac{\partial \vec{r}}{\partial u} = (a\cos u\cos v,\ a\cos u\sin v,\ -a\sin u)$$

$$\frac{\partial \vec{r}}{\partial v} = (-a\sin u\sin v,\ a\sin u\cos v,\ 0)$$

よって、

$$\frac{\partial \vec{r}}{\partial u} \times \frac{\partial \vec{r}}{\partial v} = (a^2\sin^2 u\cos v,\ a^2\sin^2 u\sin v,\ a^2\sin u\cos u)$$

ここで、球面Sの法線ベクトル$\dfrac{\partial \vec{r}}{\partial u} \times \dfrac{\partial \vec{r}}{\partial v}$の$z$成分$a^2\sin u\cos u$に着目してみよう。

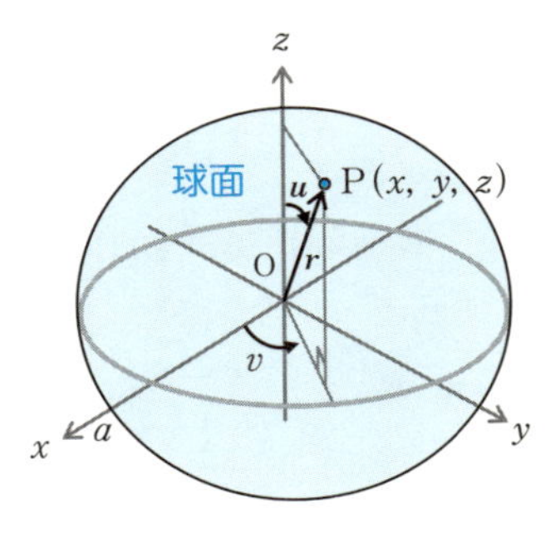

この符号は、$0 < u < \dfrac{\pi}{2}$のとき正で、$\dfrac{\pi}{2} < u < \pi$のとき負である。このことは、上半球では法線ベクトルが上を向き、下半球では下を向いていることを示している。つまり、法線ベクトル$\dfrac{\partial \vec{r}}{\partial u} \times \dfrac{\partial \vec{r}}{\partial v}$は球面$S$の外側を向いていることがわかる。ここで、

$$\vec{A} = (A_x,\ A_y,\ A_z) = (x,\ 2y,\ 3z) = (a\sin u\cos v,\ 2a\sin u\sin v,\ 3a\cos u)$$

よって、ベクトル場の法線面積分の公式（§5－3）より、

$$\iint_S A \cdot ndS$$

ガウスの発散定理を使わないと、
以下のような計算をすることになる

$$= \iint_D \left((A_x(u,\ v),\ A_y(u,\ v),\ A_z(u,\ v)) \cdot \left(\frac{\partial \vec{r}}{\partial u} \times \frac{\partial \vec{r}}{\partial v} \right) \right) dudv$$

$$= \iint_D (a^3 \sin^3 u \cos^2 v + 2a^3 \sin^3 u \sin^2 v + 3a^3 \sin u \cos^2 u) dudv$$

$$= a^3 \int_0^{2\pi} \int_0^{\pi} (\sin^3 u + \sin^3 u \sin^2 v + 3 \sin u \cos^2 u) dudv$$

$$= a^3 \int_0^{2\pi} \int_0^{\pi} \sin u (\sin^2 u + \sin^2 u \sin^2 v + 3 \cos^2 u) dudv$$

$$= a^3 \int_0^{2\pi} \int_0^{\pi} \sin u \{1 + 2\cos^2 u + (\sin^2 v)(1 - \cos^2 u)\} dudv$$

$$= a^3 \int_0^{2\pi} \int_1^{-1} - \{1 + 2t^2 + (\sin^2 v)(1 - t^2)\} dtdv \qquad \cdots\cdots t = \cos u$$

$$= a^3 \int_0^{2\pi} \int_0^1 2\{1 + 2t^2 + (\sin^2 v)(1 - t^2)\} dtdv$$

$$= 2a^3 \int_0^{2\pi} \left[t + \frac{2}{3}t^3 + (\sin^2 v)\left(t - \frac{1}{3}t^3 \right) \right]_0^1 dv$$

$$= 2a^3 \int_0^{2\pi} \left(\frac{5}{3} + \frac{2}{3}\sin^2 v \right) dv \qquad \cdots\cdots \sin^2 v = \frac{1 - \cos 2v}{2}$$

$$= 2a^3 \int_0^{2\pi} \frac{1}{3}(6 - \cos 2v) dv$$

$$= \frac{2a^3}{3} \left[6v - \frac{1}{2}\sin 2v \right]_0^{2\pi} = 8\pi a^3$$

やっと同じ答にたどり着いたが、この問の場合、ガウスの発散定理を使わずに、$\iint_S \vec{A} \cdot \vec{n} dS$の計算をそのまま行なうのは非常に大変であることを実感できる。

ガウスの発散定理

ベクトル場 $\vec{A}=(A_x,\ A_y,\ A_z)$ において、そこでの閉曲面 S とその内部の立体 V に対して次の等式が成り立つ。

$$\iint_S \vec{A}\cdot\vec{n}\,dS=\iiint_V \mathrm{div}\,\vec{A}\,dV$$

ただし、$\vec{n}$ は曲面 S に対する単位法線ベクトルでその向きは立体の外側へ向いているものとする。

なお、ナブラ演算子を使えば $\mathrm{div}\,\vec{A}=\nabla\cdot\vec{A}$ なのでガウスの発散定理は次のようにも書ける。

$$\iint_S \vec{A}\cdot\vec{n}\,dS=\iiint_V \nabla\cdot\vec{A}\,dV$$

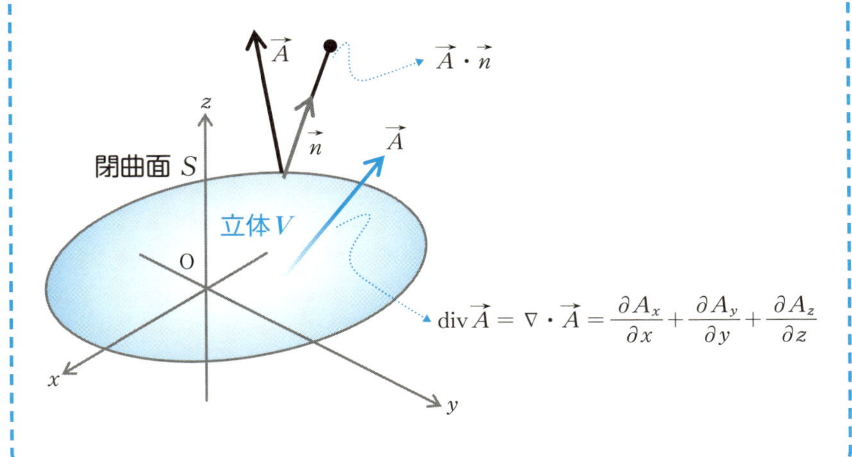

7-3 ストークスの定理とは

面積分を体積分に、体積分を面積分に置き換えることが可能な計算がガウスの発散定理だった。これに対して、面積分を線積分に、線積分を面積分に置き換えることが可能な計算としてストークスの定理がある。

●法線面積分 ＝ 接線線積分を示す

ストークスの定理とは、**ベクトル場 $\vec{A}$ における回転 $\mathrm{rot}\vec{A}$ の法線面積分と、ベクトル場 $\vec{A}$ の接線線積分が等しい**ことを主張するものである。

たとえば、ベクトル場 $\vec{A}$ として

$$\vec{A}(x,\ y,\ z)=(A_x,\ A_y,\ A_z)=(-y,\ x,\ 0)$$

を、曲面 S として xy 平面上の原点を中心とした半径 a の円の内部を、曲線 C はその円周を想定してみよう。

まず、ベクトル場 $\vec{A}$ で回転 $\mathrm{rot}\vec{A}$ の法線面積分 $\iint_S \vec{n}\cdot\mathrm{rot}\vec{A}\,dS$ と、ベクトル $\vec{A}$ の接線線積分 $\int_C \vec{A}\cdot\vec{m}\,ds$ 計算してみよう。

(1) $\mathrm{rot}\vec{A}$ の法線面積分 $\iint_S \vec{n}\cdot\mathrm{rot}\vec{A}\,dS$ を求める

$\vec{A}=(A_x,\ A_y,\ A_z)=(-y,\ x,\ 0)$ より

$$\mathrm{rot}\vec{A}=\left(\frac{\partial A_z}{\partial y}-\frac{\partial A_y}{\partial z},\ \frac{\partial A_x}{\partial z}-\frac{\partial A_z}{\partial x},\ \frac{\partial A_y}{\partial x}-\frac{\partial A_x}{\partial y}\right)=(0,\ 0,\ 2)$$

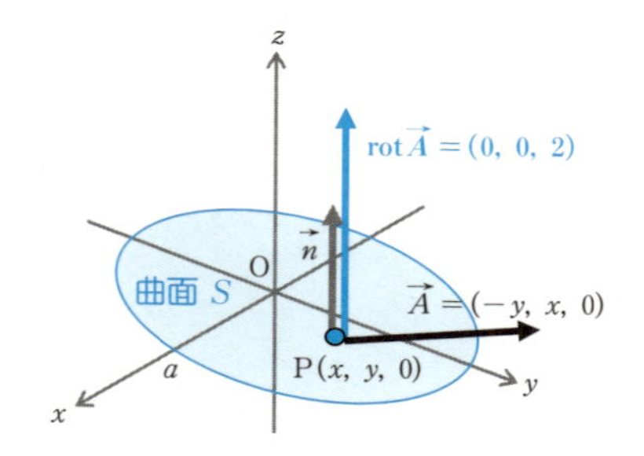

$\vec{n}=(0,\ 0,\ 1)$より$\vec{n}\cdot\mathrm{rot}\vec{A}=(0,\ 0,\ 1)\cdot(0,\ 0,\ 2)=2$となる。よって、

$$\iint_S \vec{n}\cdot\mathrm{rot}\vec{A}\,dS=\iint_S 2dS=2\pi a^2 \quad \cdots\cdots①$$

（注）$\iint_S dS$はここでは円の面積πa^2である。

(2) 接線線積分 $\int_C \vec{A}\cdot\vec{m}\,ds$を求める

上式で、Cは曲面Sを囲む閉曲線、C上の点を$\mathrm{P}(x,\ y,\ 0)$とすると$\vec{A}=(A_x,\ A_y,\ A_z)=(-y,\ x,\ 0)$よりベクトル$\vec{A}$は$\overrightarrow{\mathrm{OP}}=(x,\ y,\ 0)$に垂直である。したがって、$\vec{A}$は単位接線ベクトル$\vec{m}$に平行になる。

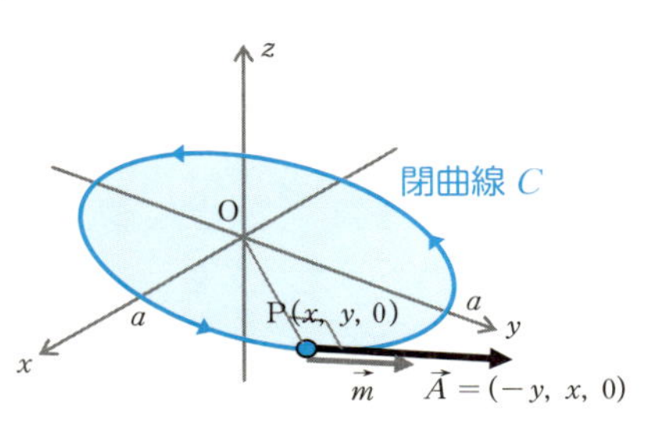

よって、

$$\vec{A}\cdot\vec{m}=|\vec{A}|=\sqrt{(-y)^2+x^2+0^2}=\sqrt{a^2}=a \quad \leftarrow \quad x^2+y^2=a^2$$

ゆえに、$$\int_C \vec{A}\cdot\vec{m}\,ds=\int_C a\,ds=a\times 2\pi a=2\pi a^2 \quad \cdots\cdots②$$

（注）$\int_C ds$はここでは円周の長さ$2\pi a$である。

こうして、(1) の①と (2) の②より、次の式が成り立つ。

$$\iint_S \vec{n}\cdot\mathrm{rot}\vec{A}\,dS=\int_C \vec{A}\cdot\vec{m}\,ds \quad \cdots\cdots③$$

つまり、ベクトル場の回転 $\mathrm{rot}\vec{A}$ の法線面積分 $\iint_S \vec{n}\cdot\mathrm{rot}\vec{A}\,dS$ と、ベクトル $\vec{A}$ の接線線積分 $\int_C \vec{A}\cdot\vec{m}\,ds$ は等しいことになる。実は、これは偶然ではない。このことは、ベクトル場 $\vec{A}$ と、そこにおける曲面 S、それを囲む閉曲線 C がどんな場合でも、

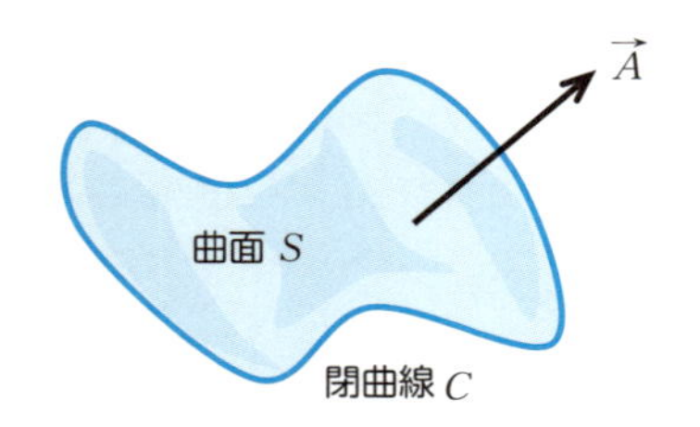

$$\iint_S \vec{n}\cdot\mathrm{rot}\vec{A}\,dS = \int_C \vec{A}\cdot\vec{m}\,ds$$

の関係が成立する。これが、**ストークスの定理**である。

●なぜストークスの定理が成り立つのか

ここでストークスの定理、つまり、

(ストークスの定理) $\iint_S \vec{n}\cdot\mathrm{rot}\vec{A}\,dS = \int_C \vec{A}\cdot\vec{m}\,ds$

が成立する理由を調べてみよう。

簡単にするために、曲面 S として xy 平面に平行な平面を想定してみる。この平面 S を x 軸、および、y 軸に平行な1辺が Δx, Δy の微小な n 個の長方形に分割し、i 番目の微小長方形を S_i、これを囲む閉曲線を C_i とする。このとき、周辺では完全な長方形でないが、もとの曲線 C の一部を採用したゆがんだ長方形とみなすことにする。次ページの図は z 軸方向からこの平面 S を見たものである。

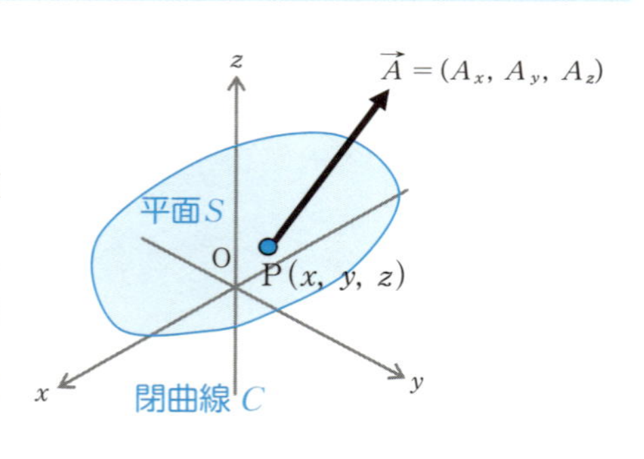

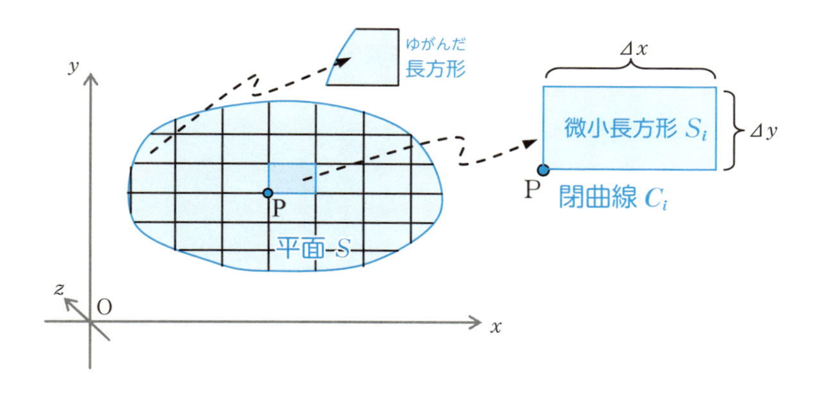

ここで、各微小長方形S_iについて、閉曲線C_iに沿って内積$\vec{A}\cdot\vec{m}$を反時計回りに線積分した$\int_{C_i}\vec{A}\cdot\vec{m}ds$を求め、それらを総和したものを調べてみよう。つまり、$\sum_{i=1}^{n}\int_{C_i}\vec{A}\cdot\vec{m}ds$の計算である。このとき、隣り合う微小長方形同士が接する辺上では、ベクトル$\vec{A}$は同じだが積分の向きが逆になるため、そこでの線積分は打ち消しあって消えてしまう。

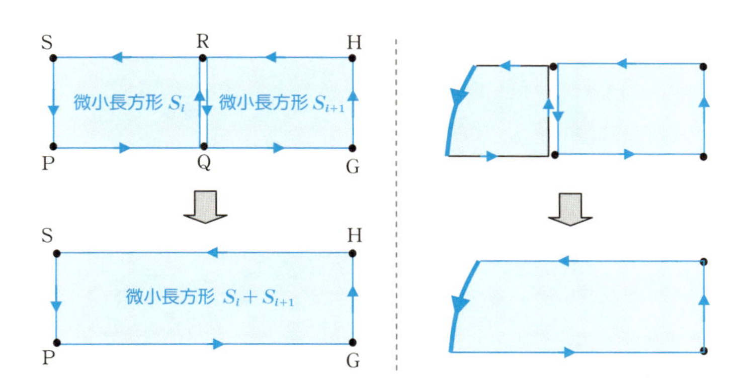

よって、

$$\int_{C_i}\vec{A}\cdot\vec{m}ds+\int_{C_{i+1}}\vec{A}\cdot\vec{m}ds=\int_{\mathrm{PGHS}}\vec{A}\cdot\vec{m}ds$$

となる。このことは、辺を接するすべての微小長方形で成り立つから

$\sum_{i=1}^{n}\int_{C_i}\vec{A}\cdot\vec{m}\,ds$ は周辺の閉曲線 C に沿う積分だけが残ることになる。したがって、次の式が成り立つ。

$$\sum_{i=1}^{n}\int_{C_i}\vec{A}\cdot\vec{m}\,ds=\int_{C}\vec{A}\cdot\vec{m}\,ds \quad \cdots\cdots④$$

次に、1つの微小長方形 S_i について、閉曲線 C_i に沿っての反時計回りの線積分を調べてみよう。閉曲線 C_i の囲む微小長方形 S_i を PQRS（下の図）とすると、次の式が成り立つ。

$$\int_{C_i}\vec{A}\cdot\vec{m}\,ds=\int_{\mathrm{PQ}}\vec{A}\cdot\vec{m}\,ds+\int_{\mathrm{QR}}\vec{A}\cdot\vec{m}\,ds+\int_{\mathrm{RS}}\vec{A}\cdot\vec{m}\,ds+\int_{\mathrm{SP}}\vec{A}\cdot\vec{m}\,ds \quad \cdots⑤$$

ここで、⑤の右辺の計算をするとき、長方形の各辺上では場所によってベクトル $\vec{A}$ は異なるが、各辺上ではその中点におけるベクトル $\vec{A}$ で代表させることにする。

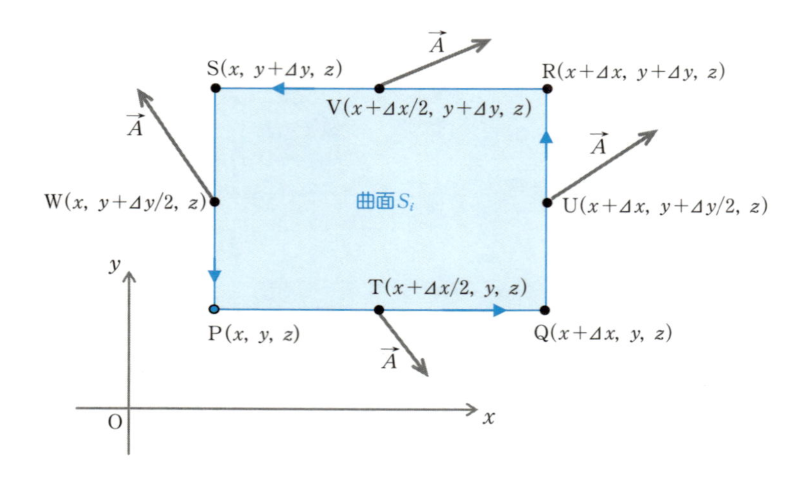

すると、積分の向き（軸方向かどうか）に気をつけると、

$$
\begin{aligned}
\int_{C_i}\vec{A}\cdot\vec{m}\,ds &= \int_{\mathrm{PQ}}\vec{A}\cdot\vec{m}\,ds+\int_{\mathrm{QR}}\vec{A}\cdot\vec{m}\,ds+\int_{\mathrm{RS}}\vec{A}\cdot\vec{m}\,ds+\int_{\mathrm{SP}}\vec{A}\cdot\vec{m}\,ds \\
&= \int_{\mathrm{PQ}}\vec{A}\cdot\vec{m}\,ds+\int_{\mathrm{QR}}\vec{A}\cdot\vec{m}\,ds-\int_{\mathrm{SR}}\vec{A}\cdot\vec{m}\,ds-\int_{\mathrm{PS}}\vec{A}\cdot\vec{m}\,ds \\
&\fallingdotseq A_x\left(x+\frac{\Delta x}{2},\ y,\ z\right)\Delta x+A_y\left(x+\Delta x,\ y+\frac{\Delta y}{2},\ z\right)\Delta y \\
&\qquad -A_x\left(x+\frac{\Delta x}{2},\ y+\Delta y,\ z\right)\Delta x-A_y\left(x,\ y+\frac{\Delta y}{2},\ z\right)\Delta y \\
&= -\left(A_x\left(x+\frac{\Delta x}{2},\ y+\Delta y,\ z\right)-A_x\left(x+\frac{\Delta x}{2},\ y,\ z\right)\right)\Delta x \\
&\qquad +\left(A_y\left(x+\Delta x,\ y+\frac{\Delta y}{2},\ z\right)-A_y\left(x,\ y+\frac{\Delta y}{2},\ z\right)\right)\Delta y \\
&= -\left(\frac{A_x\left(x+\frac{\Delta x}{2},\ y+\Delta y,\ z\right)-A_x\left(x+\frac{\Delta x}{2},\ y,\ z\right)}{\Delta y}\right)\Delta x\Delta y \\
&\qquad +\left(\frac{A_y\left(x+\Delta x,\ y+\frac{\Delta y}{2},\ z\right)-A_y\left(x,\ y+\frac{\Delta y}{2},\ z\right)}{\Delta x}\right)\Delta x\Delta y
\end{aligned}
$$

となる。したがって、ΔxとΔyが十分小さければ次の式が成立する。

$$
\begin{aligned}
\int_{C_i}\vec{A}\cdot\vec{m}\,ds &= -\frac{\partial A_x}{\partial y}\Delta x\Delta y+\frac{\partial A_y}{\partial x}\Delta x\Delta y \\
&= \left(-\frac{\partial A_x}{\partial y}+\frac{\partial A_y}{\partial x}\right)\Delta x\Delta y \qquad \cdots\cdots⑥
\end{aligned}
$$

ゆえに、$\displaystyle\sum_{i=1}^{n}\int_{C_i}\vec{A}\cdot\vec{m}\,ds=\sum_{i=1}^{n}\left(-\frac{\partial A_x}{\partial y}+\frac{\partial A_y}{\partial x}\right)\Delta x\Delta y$

よって、nを限りなく大きくして分割を限りなく細かくすると、④と面積分の定義より次の式が成立することがわかる。

$$
\int_C\vec{A}\cdot\vec{m}\,ds=\iint_S\left(\frac{\partial A_y}{\partial x}-\frac{\partial A_x}{\partial y}\right)dS \qquad \cdots\cdots⑦
$$

また、$\vec{A}=(A_x, A_y, A_z)$に対して

$$\mathrm{rot}\,\vec{A}=\left(\frac{\partial A_z}{\partial y}-\frac{\partial A_y}{\partial z}, \frac{\partial A_x}{\partial z}-\frac{\partial A_z}{\partial x}, \frac{\partial A_y}{\partial x}-\frac{\partial A_x}{\partial y}\right)$$

であることと平面 S の単位法線ベクトル $\vec{n}$ が $(0, 0, 1)$ であることより*注)、

$$\vec{n}\cdot\mathrm{rot}\,\vec{A}=\frac{\partial A_y}{\partial x}-\frac{\partial A_x}{\partial y} \quad \cdots\cdots⑧$$

となる。

よって、⑦、⑧より $\int_C \vec{A}\cdot\vec{m}\,ds=\iint_S \vec{n}\cdot\mathrm{rot}\,\vec{A}\,dS$ となり、ストークスの定理を得る。

(注)ここでは曲面 S は xy 平面に平行としたので、単位法線ベクトル $\vec{n}$ は z 軸に平行となる。

●平面だけでなく、曲面でもストークスの定理が成り立つ

ストークスの定理は空間の閉曲線 C によって囲まれた曲面 S について、$\iint_S \vec{n}\cdot\mathrm{rot}\,\vec{A}\,dS=\int_C \vec{A}\cdot\vec{m}\,ds$ が成り立つ、というものである。しかし、先ほど調べたのは平面の場合であった。そこで、次のように考えると、**ストークスの定理が一般の曲面 S についても成り立つ**ことがわかる。

つまり、曲面 S を縦横に細かく分割した微小曲面(面要素)を、ほぼ長方形(平面)とみなしてしまうのである。すると、この長方形(平面)については、$\int_{C_i} \vec{A}\cdot\vec{m}\,ds=\iint_{S_i} \vec{n}\cdot\mathrm{rot}\,\vec{A}\,dS$ が成り立つと考えられるので、これを曲面 S 全体で積分すれば、次のストークスの定理を得ることができる。

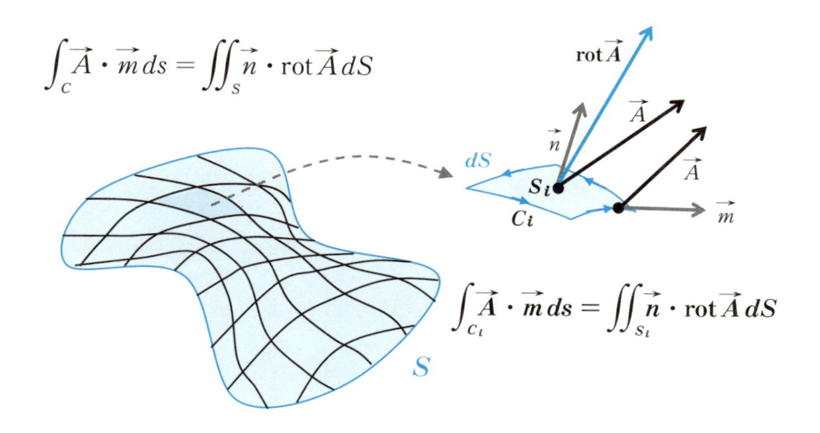

問1 ベクトル場$\vec{A}(x,\ y,\ z)=(y^2,\ xy,\ xz)$が与えられたとする。曲面$S$を半球面$x^2+y^2+z^2=a^2\quad z\geqq 0$としたとき、ストークスの定理の両辺の積分の値を別個に求め、この定理の成り立つことを実感してみよう。なお、曲面Sの向きは$\vec{n}\cdot\vec{k}>0$を満たす$\vec{n}$の向きとする。ここで、$\vec{n}$は曲面の単位法線ベクトル、$\vec{k}$はz軸方向の基本ベクトル$(0,\ 0,\ 1)$とする。

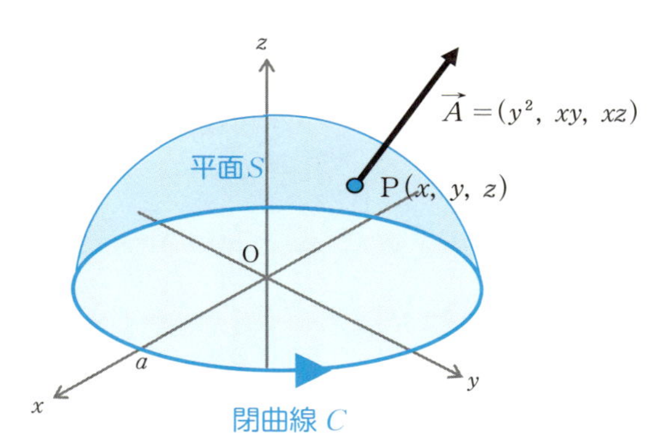

(解) まずは、ベクトル場$\vec{A}$の接線線積分$\int_C \vec{A}\cdot\vec{m}\,ds$を求めてみよう。

半球面Sの閉曲線Cは円で、その方程式はパラメータtを用いて次のように書ける。

$$\vec{r}=\vec{r}(t)=(x(t),\ y(t),\ z(t))=(a\cos t,\ a\sin t,\ 0) \qquad 0 \leqq t \leqq 2\pi$$

ここで閉曲線 C、つまり、円の向きは t の増加する向きとする。このとき、C 上のベクトル $\vec{A}$ はパラメータ t を用いて次のように書ける。

$$\vec{A}(x,\ y,\ z)=(A_x(t),\ A_y(t),\ A_z(t))=(y^2,\ xy,\ xz)$$
$$=(a^2\sin^2 t,\ a^2\cos t\sin t,\ 0)$$

したがって、接線線積分の公式（§4−3）より、

$$\int_C \vec{A}\cdot\vec{m}\,ds=\int_0^{2\pi}\left(A_x\frac{dx}{dt}+A_y\frac{dy}{dt}+A_z\frac{dz}{dt}\right)dt$$
$$=\int_0^{2\pi}\{a^2\sin^2 t(-a\sin t)+a^2\cos t\sin t(a\cos t)+0\}dt$$
$$=\int_0^{2\pi}a^3(2\cos^2 t-1)\sin t\,dt$$
$$=\int_1^1 a^3(2u^2-1)(-du)=0$$

$u=\cos t$ と置換すると、
$du=-\sin t\,dt$

次に、$\iint_S \vec{n}\cdot\mathrm{rot}\vec{A}\,dS$ を計算してみよう。

半球面 S の方程式はパラメータ u、v を用いて次のように書ける（§2−2）。

$$\vec{r}=\vec{r}(u,\ v)=(a\sin u\cos v,\ a\sin u\sin v,\ a\cos u)$$

ただし、$0 \leqq u \leqq \dfrac{\pi}{2}$、$0 \leqq v \leqq 2\pi$

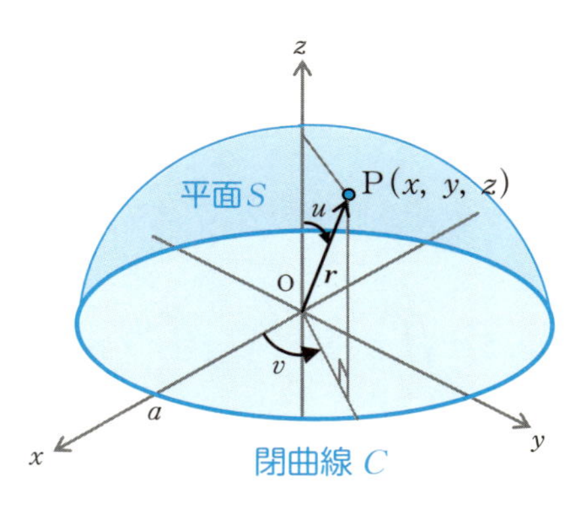

このとき、

$$\frac{\partial \vec{r}}{\partial u}=(a\cos u\cos v,\ a\cos u\sin v,\ -a\sin u)$$

$$\frac{\partial \vec{r}}{\partial v}=(-a\sin u\sin v,\ a\sin u\cos v,\ 0)$$

ゆえに、

$$\frac{\partial \vec{r}}{\partial u}\times\frac{\partial \vec{r}}{\partial v}=(a^2\sin^2 u\cos v,\ a^2\sin^2 u\sin v,\ a^2\sin u\cos u)$$

よって、$\vec{k}=(0,\ 0,\ 1)$より、

$$\left(\frac{\partial \vec{r}}{\partial u}\times\frac{\partial \vec{r}}{\partial v}\right)\cdot\vec{k}=a^2\sin u\cos u\geqq 0 \qquad 0\leqq u\leqq\frac{\pi}{2}\text{より}$$

ここで、$\frac{\partial \vec{r}}{\partial u}\times\frac{\partial \vec{r}}{\partial v}$は半球面 S の法線ベクトルで、$\vec{k}$は z 軸方向の基本ベクトルだから、このことは、これらのなす角が鋭角であることを示している。したがって、法線ベクトル$\frac{\partial \vec{r}}{\partial u}\times\frac{\partial \vec{r}}{\partial v}$は半球面 S の上側を向いていることがわかる。ここで、

$$\mathrm{rot}\,\vec{A}=\left(\frac{\partial A_z}{\partial y}-\frac{\partial A_y}{\partial z},\ \frac{\partial A_x}{\partial z}-\frac{\partial A_z}{\partial x},\ \frac{\partial A_y}{\partial x}-\frac{\partial A_x}{\partial y}\right)$$
$$=(0,\ -z,\ -y)=(0,\ -a\cos u,\ -a\sin u\sin v)$$

よって、

$$(\mathrm{rot}\vec{A})\cdot\left(\frac{\partial\vec{r}}{\partial u}\times\frac{\partial\vec{r}}{\partial v}\right)=-2a^3\sin^2 u\cos u\sin v$$

したがって、ベクトルの法線面積分の公式（§5−3）より、

$$\iint_S(\mathrm{rot}\vec{A}\cdot\vec{n})dS=\iint_D\mathrm{rot}\vec{A}\cdot\left(\frac{\partial\vec{r}}{\partial u}\times\frac{\partial\vec{r}}{\partial v}\right)dudv$$

$$=\iint_D(-2a^3\sin^2 u\cos u\sin v)dudv$$

$$=-2a^3\int_0^{\frac{\pi}{2}}\left(\int_0^{2\pi}\sin^2 u\cos u\sin v dv\right)du$$

$$=-2a^3\int_0^{\frac{\pi}{2}}[-\sin^2 u\cos u\cos v]_0^{2\pi}du=-2a^3\int_0^{\frac{\pi}{2}}0du=0$$

よって、この例の場合、ともに 0 ということで

（ストークスの定理） $\displaystyle\iint_S\vec{n}\cdot\mathrm{rot}\vec{A}\,dS=\int_C\vec{A}\cdot\vec{m}\,ds$

が成立していることがわかる。

問 2 電流 $\vec{J}$ と磁場 $\vec{H}$ の関係を rot を使って表わしてみよう。

（解） 電流が流れると、その周りに磁場ができる。この関係を図示すると右図のようになる。

電流 $\vec{J}$

磁場 $\vec{H}$

単位断面積を流れる電流を $\vec{J}$ とすると、微小曲面 dS を通過する電流は $\vec{J}\cdot\vec{n}dS$ で表わせる（$\vec{n}$ は dS の単位法線ベクトル）。

アンペールの法則によれば、任意の閉曲線 C に沿って磁場の強さ $\vec{H}$ を接線線積分したものは C を縁（ふち）とする任意の曲面を通る全電流に等しい。

つまり、式で書けば次のようになる。

$$\int_C \vec{H}\cdot\vec{m}\,ds = \iint_S \vec{J}\cdot\vec{n}\,dS$$

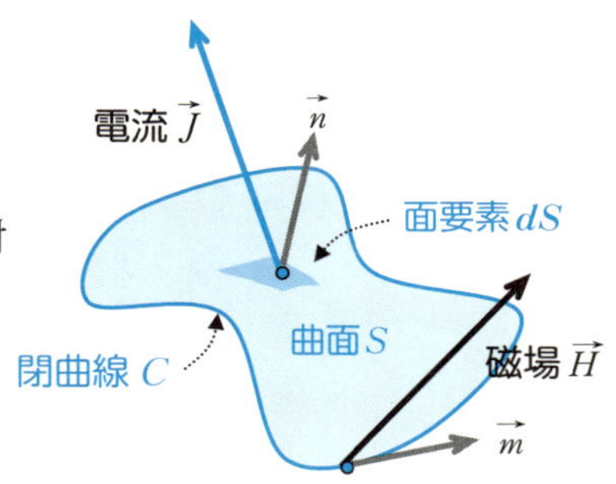

ここで、ストークスの定理を $\vec{H}$ に対して用いれば、

$$\int_C \vec{H}\cdot\vec{m}\,ds = \iint_S \vec{n}\cdot\mathrm{rot}\,\vec{H}\,dS$$

したがって、

$$\iint_S \vec{J}\cdot\vec{n}\,dS = \iint_S \vec{n}\cdot\mathrm{rot}\,\vec{H}\,dS = \iint_S \mathrm{rot}\,\vec{H}\cdot\vec{n}\,dS$$

閉曲線 C に縁(ふち)取られた任意の曲面 S についてこの式が成立するので、

$$\vec{J} = \mathrm{rot}\,\vec{H}$$

となる。これが、電流 $\vec{J}$ と磁場 $\vec{H}$ の関係である。

ストークスの定理

ベクトル場$\vec{A}$における曲面Sと、それを囲む閉曲線Cに対して次の等式が成り立つ。

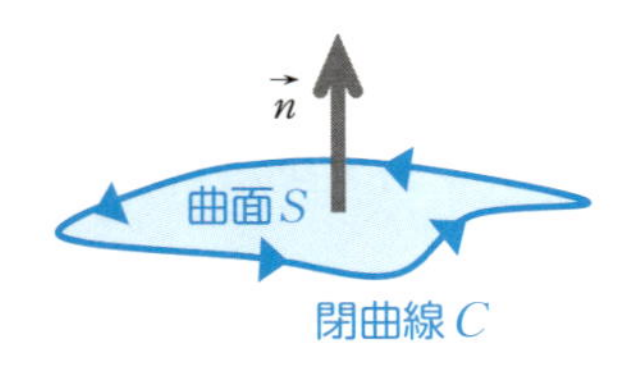

$$\iint_S \vec{n}\cdot \mathrm{rot}\vec{A}\,dS = \int_C \vec{A}\cdot\vec{m}\,ds$$

ただし、閉曲線Cの向きと曲面Sの法線ベクトル$\vec{n}$の向きとは右ネジの関係にあるものとする（右上図）。

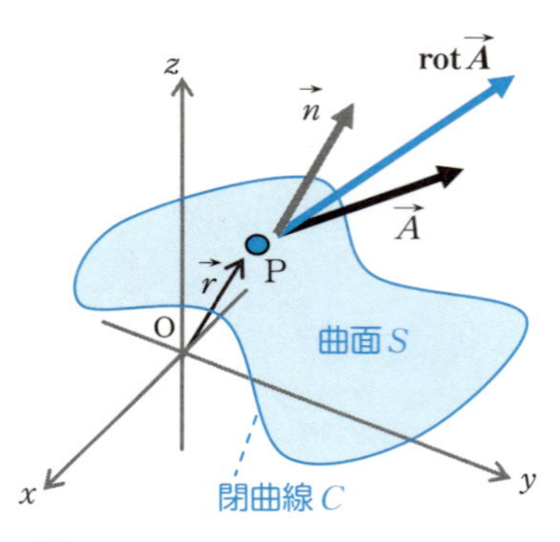

$\iint_S \vec{n}\cdot \mathrm{rot}\vec{A}\,dS$

＝ベクトル場の回転$\mathrm{rot}\vec{A}$と単位法線ベクトル$\vec{n}$の内積を曲面Sに沿って面積分。

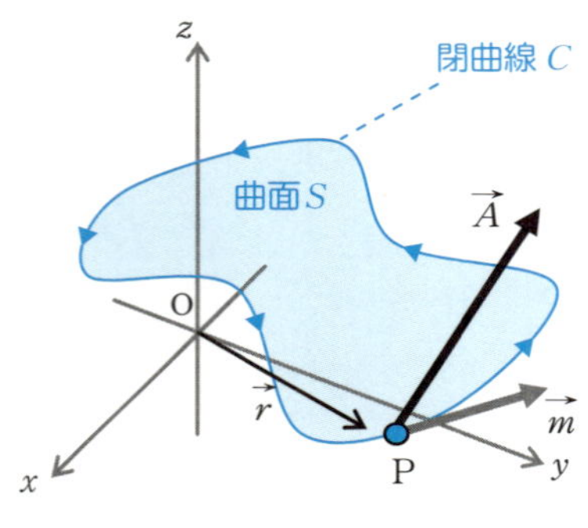

$\int_C \vec{A}\cdot\vec{m}\,ds$

＝ベクトル$\vec{A}$と単位接線ベクトル$\vec{m}$の内積を閉曲面Cに沿って線積分。

7-4 平面におけるグリーンの定理とは

ガウスの発散定理、ストークスの定理の2つを紹介したが、最後に「平面におけるグリーンの定理」*注)を紹介しよう。これは線積分と面積分の関係を表現したものである。

xy 平面における領域を D、その領域 D を囲む閉曲線を C とすると、次の関係が成立する。ただし、P、Q は、x、y の関数 $\mathrm{P}=\mathrm{P}(x, y)$、$\mathrm{Q}=\mathrm{Q}(x, y)$ である。

$$\int_C (\mathrm{P}dx+\mathrm{Q}dy)=\iint_D\left(\frac{\partial \mathrm{Q}}{\partial x}-\frac{\partial \mathrm{P}}{\partial y}\right)dxdy \quad \cdots\cdots ①$$

これを**平面におけるグリーンの定理**という。ここで、閉曲線 C の向きは、領域 D を左手に見て一周するものとする。

(注) 本来、「グリーンの定理」というのは、ここで紹介した「平面におけるグリーンの定理」とは違うものである。

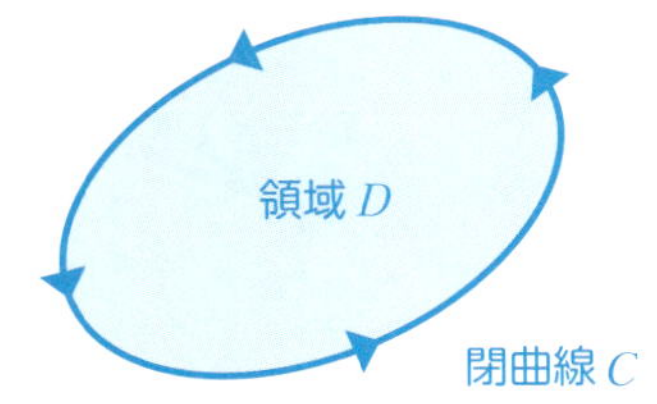

●具体例で「平面におけるグリーンの定理」を実感しよう

閉曲線 C を xy 平面における領域 D：$1\leqq x\leqq 2$、$0\leqq y\leqq 2$ を囲む閉曲線とするとき、線積分 $\int_C (xydx+x^2ydy)$ を計算してみよう。

この計算は積分区間を分けることにより、次のようになる。

$$\int_C (xydx+x^2ydy)=\int_{\mathrm{PQ}}(xydx+x^2ydy)+\int_{\mathrm{QR}}(xydx+x^2ydy)$$
$$+\int_{\mathrm{RS}}(xydx+x^2ydy)+\int_{\mathrm{SP}}(xydx+x^2ydy)$$

第7章 「場の積分」を理解する

ここで、

$$\int_{PQ}(xydx+x^2ydy)=\int_{PQ}(0\times dx+0\times 0)$$

$$=\int_1^2 0\times dx=0$$

$\cdots$PQ 上では $y=0$、$dy=0$

$$\int_{QR}(xydx+x^2ydy)=\int_{QR}(2y\times 0+4ydy)$$

$$=\int_0^2 4ydy=\left[2y^2\right]_0^2=8$$

$\cdots$QR 上では $x=2$ 、$dx=0$

$$\int_{RS}(xydx+x^2ydy)=\int_{RS}(2xdx+2x^2\times 0)$$

$$=\int_2^1 2xdx=\left[x^2\right]_2^1=-3$$

$\cdots$RS 上では $y=2$、$dy=0$

$$\int_{SP}(xydx+x^2ydy)=\int_{SP}(y\times 0+ydy)=\int_2^0 ydy=\left[\frac{1}{2}y^2\right]_2^0=-2$$

$\cdots$SP 上では $x=1$、$dx=0$

ゆえに、 $\displaystyle\int_C(xydx+x^2ydy)=0+8-3-2=3$

それでは、次にグリーンの定理①の右辺部分を計算してみよう。

$\displaystyle\int_C(xydx+x^2ydy)$ より、$P(x,\ y)=xy$、$Q(x,\ y)=x^2y$ の場合だから、

$\dfrac{\partial P}{\partial y}=x$、$\dfrac{\partial Q}{\partial x}=2xy$ となる。したがって、グリーンの定理①の右辺は、

$$\iint_D(2xy-x)dxdy=\int_0^2\left(\int_1^2(2y-1)xdx\right)dy=\int_0^2\left[(2y-1)\frac{x^2}{2}\right]_1^2dy$$

$$=\frac{3}{2}\int_0^2(2y-1)dy=\frac{3}{2}\left[y^2-y\right]_0^2=3$$

となり、これは $\int_C (xydx + x^2ydy) = 3$ と一致することがわかる。

●「平面におけるグリーンの定理」の成立理由を調べてみよう

$$\int_C (\mathrm{P}dx + \mathrm{Q}dy) = \iint_D \left(\frac{\partial \mathrm{Q}}{\partial x} - \frac{\partial \mathrm{P}}{\partial y} \right) dxdy \quad \cdots\cdots①$$

が成立することを次の場合で調べる。つまり、xy 平面における領域 D が、

「$a \leqq x \leqq b$、$f_2(x) \leqq y \leqq f_1(x)$」……②（下の左図）

「$c \leqq y \leqq d$、$g_2(y) \leqq x \leqq g_1(y)$」……③（下の右図）

の 2 通りに表現できる場合を考えてみる。このとき、

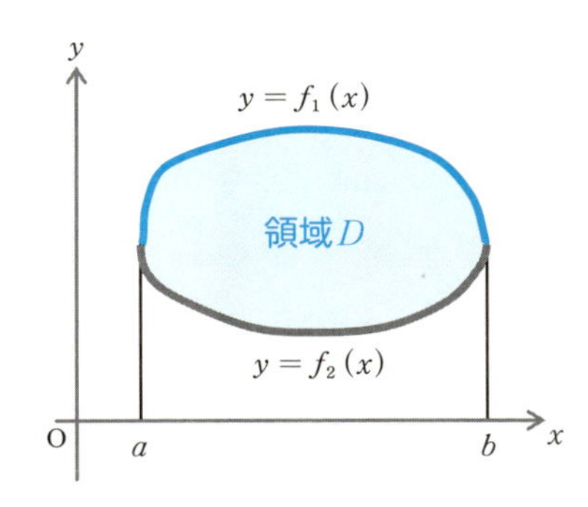

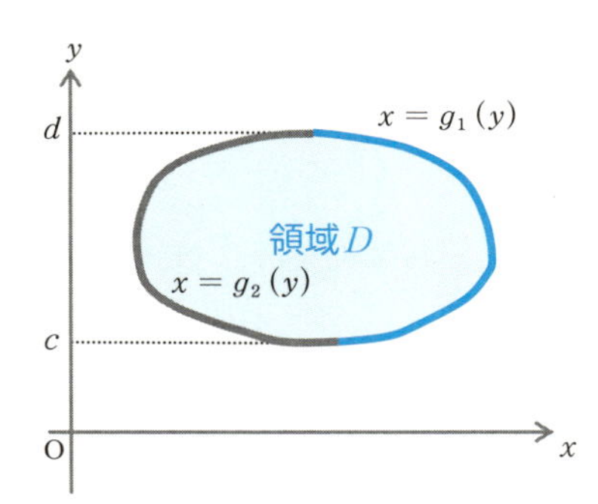

$$\iint_D \frac{\partial \mathrm{P}}{\partial y} dxdy = \int_a^b \left(\int_{f_2(x)}^{f_1(x)} \frac{\partial \mathrm{P}}{\partial y} dy \right) dx$$

$$= \int_a^b \Big[\mathrm{P}(x,\ y) \Big]_{f_2(x)}^{f_1(x)} dx = \int_a^b \{ \mathrm{P}(x,\ f_1(x)) - \mathrm{P}(x,\ f_2(x)) \} dx$$

$$= - \left\{ \int_a^b \mathrm{P}(x,\ f_2(x)) dx - \int_a^b \mathrm{P}(x,\ f_1(x)) dx \right\}$$

$$= - \left\{ \int_a^b \mathrm{P}(x,\ f_2(x)) dx + \int_b^a \mathrm{P}(x,\ f_1(x)) dx \right\}$$

$$= - \int_C \mathrm{P}(x,\ y) dx$$

となる。つまり、 $\iint_D \frac{\partial \mathrm{P}}{\partial y} dxdy = - \int_C \mathrm{P}(x,\ y) dx \quad \cdots\cdots④$

第7章
「場の積分」を理解する

また、

$$\iint_D \frac{\partial Q}{\partial x}dxdy = \int_c^d \left(\int_{g_2(y)}^{g_1(y)} \frac{\partial Q}{\partial x}dx \right)dy = \int_c^d \Big[Q(x,\ y) \Big]_{g_2(y)}^{g_1(y)} dy$$

$$= \int_c^d \{Q(g_1(y),\ y) - Q(g_2(y),\ y)\}dy$$

$$= \left\{ \int_c^d Q(g_1(y),\ y)dy + \int_d^c Q(g_2(y),\ y)dy \right\}$$

$$= \int_C Q(x,\ y)dy$$

となる。つまり、 $\iint_D \frac{\partial Q}{\partial x}dxdy = \int_C Q(x,\ y)dy$ ……⑤

よって、⑤－④より①式が成立する。なお、領域Dが次の図のような場合には、②や③のように領域Dを表現することはできないが、領域Dを分割し、各領域で②、③の表現ができるようにすればよい。このとき、各領域ではグリーンの定理が成り立つので、各部分領域で成り立っているグリーンの定理を足し合わせればよい。

$$\int_{C_1}(Pdx + Qdy) = \iint_{D_1}\left(\frac{\partial Q}{\partial x} - \frac{\partial P}{\partial y}\right)dxdy$$

$$\int_{C_2}(Pdx + Qdy) = \iint_{D_2}\left(\frac{\partial Q}{\partial x} - \frac{\partial P}{\partial y}\right)dxdy$$

$$\int_{C_3}(Pdx + Qdy) = \iint_{D_3}\left(\frac{\partial Q}{\partial x} - \frac{\partial P}{\partial y}\right)dxdy$$

$$\int_{C_4}(Pdx + Qdy) = \iint_{D_4}\left(\frac{\partial Q}{\partial x} - \frac{\partial P}{\partial y}\right)dxdy$$

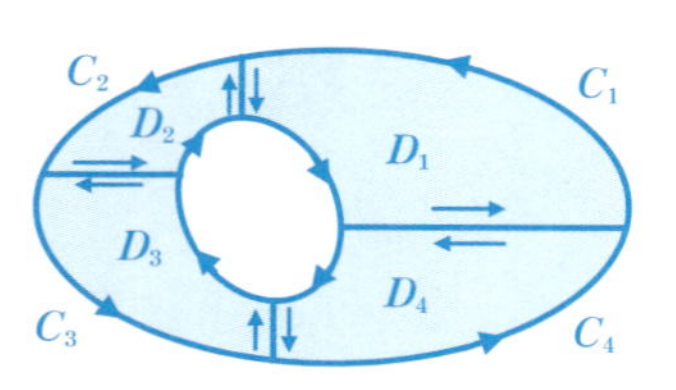

C_iは部分領域D_iを囲む閉曲線

これらを足し合わせたもの同士は等しいが、左辺については、もともとの境界以外の線積分のところでは逆向き同士の積分が打ち消し合って消えてしまうので、もとの境界Cでの線積分のみが残る。つまり、

$$\int_{C_1}(\mathrm{P}dx+\mathrm{Q}dy)+\int_{C_2}(\mathrm{P}dx+\mathrm{Q}dy)+\int_{C_3}(\mathrm{P}dx+\mathrm{Q}dy)+\int_{C_4}(\mathrm{P}dx+\mathrm{Q}dy)$$

$$=\int_{C}(\mathrm{P}dx+\mathrm{Q}dy)$$

また、右辺については次のように領域 D 全体での面積分となる。

$$\iint_{D_1}\left(\frac{\partial \mathrm{Q}}{\partial x}-\frac{\partial \mathrm{P}}{\partial y}\right)dxdy+\iint_{D_2}\left(\frac{\partial \mathrm{Q}}{\partial x}-\frac{\partial \mathrm{P}}{\partial y}\right)dxdy$$

$$+\iint_{D_3}\left(\frac{\partial \mathrm{Q}}{\partial x}-\frac{\partial \mathrm{P}}{\partial y}\right)dxdy+\iint_{D_4}\left(\frac{\partial \mathrm{Q}}{\partial x}-\frac{\partial \mathrm{P}}{\partial y}\right)dxdy$$

$$=\iint_{D}\left(\frac{\partial \mathrm{Q}}{\partial x}-\frac{\partial \mathrm{P}}{\partial y}\right)dxdy$$

よって、$\int_{C}(\mathrm{P}dx+\mathrm{Q}dy)=\iint_{D}\left(\frac{\partial \mathrm{Q}}{\partial x}-\frac{\partial \mathrm{P}}{\partial y}\right)dxdy$ が成立することがわかる。

問 xy 平面における領域を D、その領域 D を囲む閉曲線を C とする。このとき、$\frac{1}{2}\int_{C}(xdy-ydx)$ は領域 D の面積を表わすことを示せ。

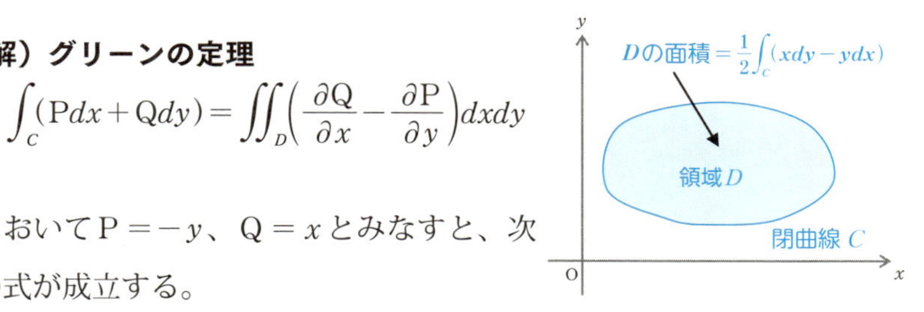

(解) グリーンの定理

$$\int_{C}(\mathrm{P}dx+\mathrm{Q}dy)=\iint_{D}\left(\frac{\partial \mathrm{Q}}{\partial x}-\frac{\partial \mathrm{P}}{\partial y}\right)dxdy$$

において $\mathrm{P}=-y$、$\mathrm{Q}=x$ とみなすと、次の式が成立する。

$$\frac{1}{2}\int_{C}(xdy-ydx)=\frac{1}{2}\iint_{D}(1+1)dxdy=\iint_{D}dxdy=\text{領域 } D \text{ の面積}$$

たとえば、閉曲線 C として半径 a の円を考えると、次のように書ける。

$$x=a\cos t、\ y=a\sin t \qquad 0\leqq t\leqq 2\pi$$

すると、$\dfrac{dx}{dt}=-a\sin t$、$\dfrac{dy}{dt}=a\cos t$

$$\frac{1}{2}\int_C(xdy-ydx)=\frac{1}{2}\int_0^{2\pi}\{(a\cos t)(a\cos t)dt-(a\sin t)(-a\sin t)dt\}$$

$$=\frac{1}{2}\int_0^{2\pi}a^2(\cos^2 t+\sin^2 t)dt=\pi a^2$$

平面におけるグリーンの定理

xy 平面における領域を D、その領域 D を囲む閉曲線を C とするとき、次の等式が成立する。

$$\int_C(\mathrm{P}dx+\mathrm{Q}dy)=\iint_D\left(\frac{\partial \mathrm{Q}}{\partial x}-\frac{\partial \mathrm{P}}{\partial y}\right)dxdy$$

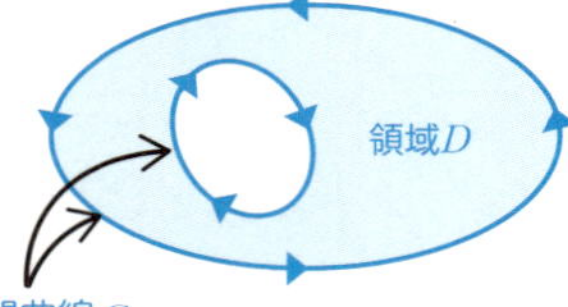

ただし、線積分の向きは、領域 D を左手に見て進むものとする。

第8章

曲線の曲がり具合と捻れ具合

ここでは、ベクトル解析の応用として曲線の曲がり具合や曲面の曲がり具合、さらに、曲線の捻れの度合いを数値で表わす方法を調べてみよう。

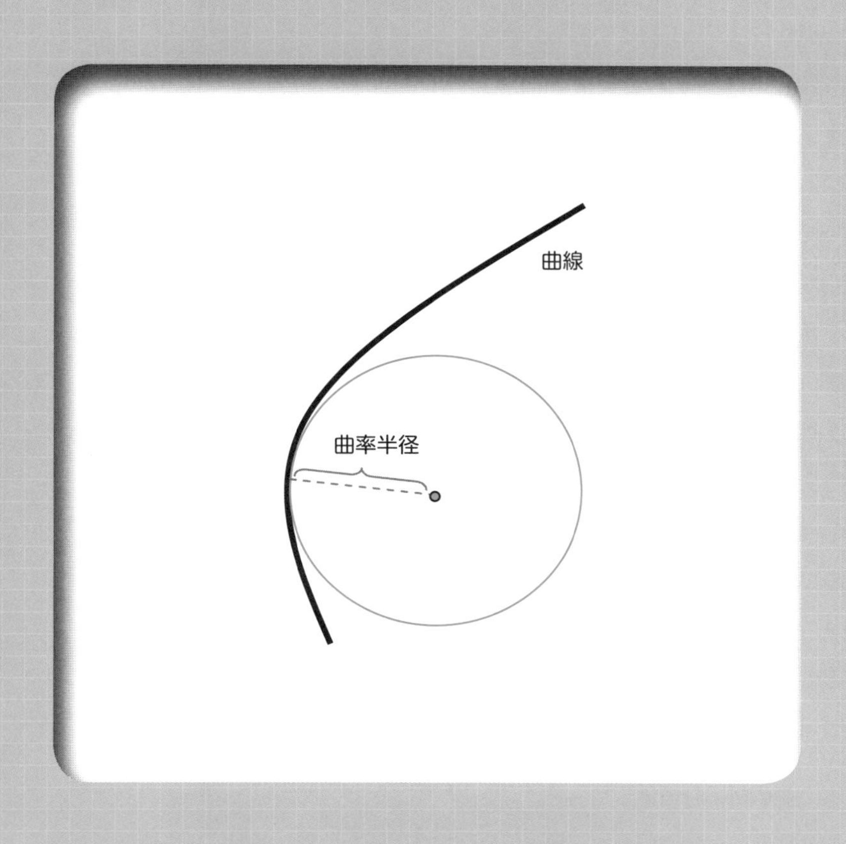

8-1 曲線の曲がり具合は

平面に曲線があるとき、「この曲線の点Pでの曲がり具合は3であり、これは半径1/3の円の曲がり具合に匹敵する」のように数値で表現できれば便利である。ここでは、曲線の曲がり具合を定量化する方法について調べてみることにする。

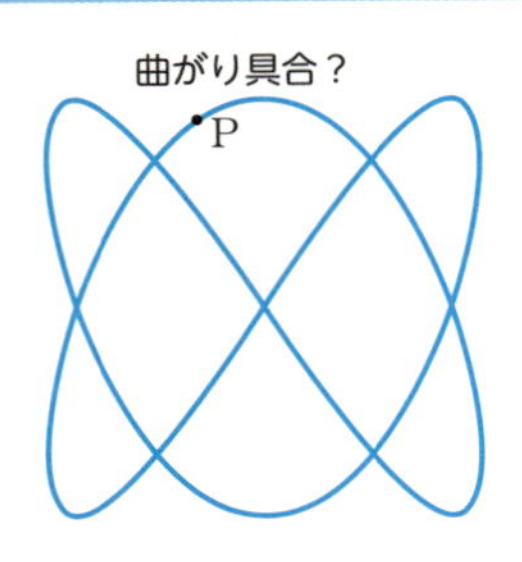

●曲線にフィットする円

曲線の曲がり具合を例えるのに一番わかりやすいのは円である。そこで、**曲線の曲がり具合をその曲線に一番フィットする円で表現する**ことにしよう。そのためにはどうしたらいいだろうか。そこで、次の工夫をしてみる。

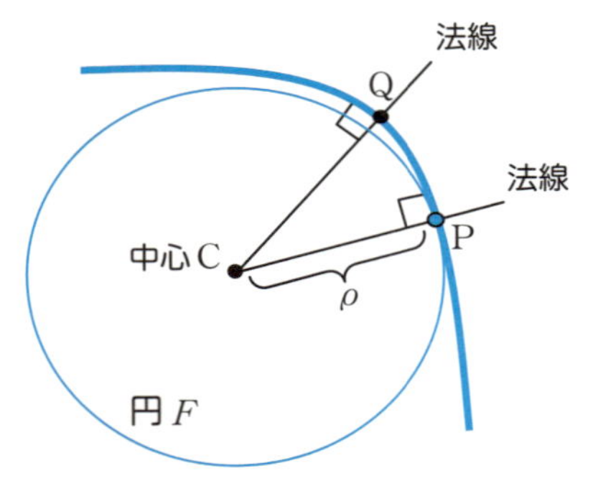

まず、点Pに近い位置に点Qをとり、各々の点における法線（接線に垂直な直線）を引く。これらの法線の交点をC、CPの長さをρとし、点Cを中心として点Pを通る円Fを描く（この円Fは点Qを通るとは限らない）。

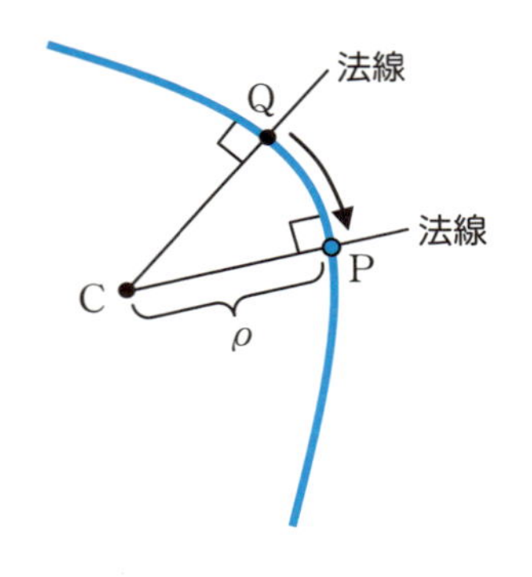

その後、点Qを点Pに限りなく近づけていく。このとき、円Fの

半径ρが一定の値に近づくのであれば、この値を半径とする円Fが点Pにおける曲線の曲がり具合に一番フィットした円と考えられる。

●曲線にフィットする円の半径ρを求める

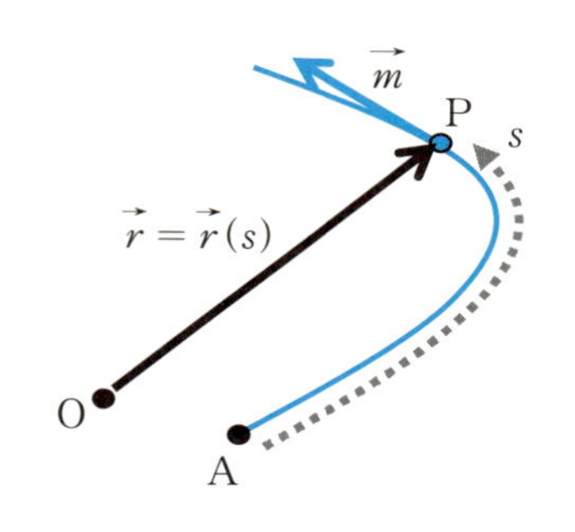

平面に曲線があり、その曲線上の点Pの位置ベクトル$\vec{r}$が曲線上のある定点Aから曲線に沿って測った長さsの関数$\vec{r}(s)$として与えられているとする。このとき、$\dfrac{d\vec{r}}{ds}$は点Pにおける単位接線ベクトルである（§4−1）。このベクトルを$\vec{m}$と書くことにする。

$$\vec{m}=\vec{m}(s)=\frac{d\vec{r}}{ds}、\left|\vec{m}(s)\right|=1$$

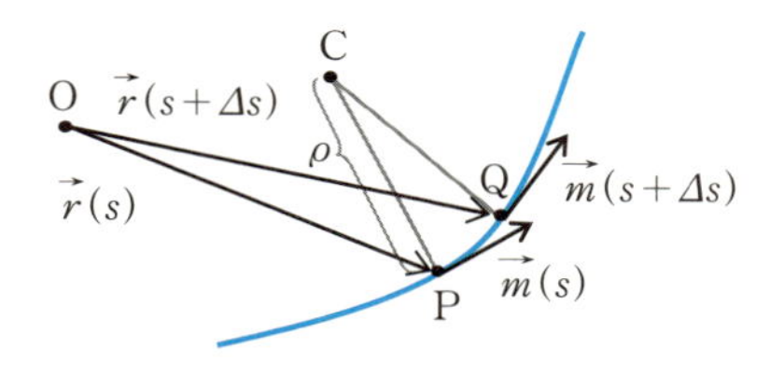

ここで、曲線の曲がり具合を調べるために位置ベクトル$\vec{r}(s)$、$\vec{r}(s+\Delta s)$に対応する曲線上の点をそれぞれP、Qとする。このとき点P、Qにおける単位接線ベクトルは各々$\vec{m}(s)$、$\vec{m}(s+\Delta s)$と書ける。また、点P、Qにおける法線の交点がCで、線分CPの長さがρである。ここで、弧PQ部分を拡大すると次ページの図1のようになる。このとき、Δsは弧PQの長さであるが、Δsが十分小さいので弦PQの長さとみなすことにする。

また$\vec{m}(s)$が水平方向となす角をθ、$\angle$PCQを$\Delta\theta$とし、点P、Qにおける接線の交点をRとすると、四角形PRQCは円（直径CR）に内接する四角形となり、$\angle$PRQは$\pi-\Delta\theta$となる。よって、2つの単位接線ベクトル$\vec{m}(s)$、$\vec{m}(s+\Delta s)$のなす角も$\Delta\theta$となる。次ページの図2は$\vec{m}(s)$、$\vec{m}(s+\Delta s)$の始点を一致させた図である。

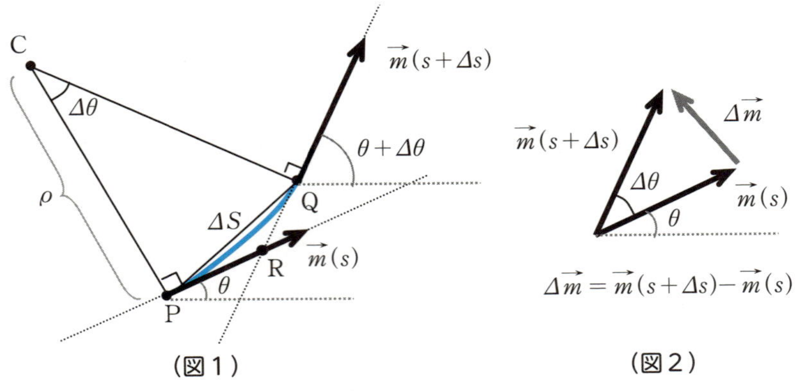

（図１）　（図２）

（注）　円に内接する四角形の内対角の和はπ。

ここで、Δsは0に近い数と考えれば、三角形CPQは底角がほぼ直角の二等辺三角形と考えられる。また、図2の三角形も等しい辺の長さが1の二等辺三角形と考えられる。ともに、頂角は$\Delta\theta$で等しいので、これら2つの三角形は相似である。したがって、次の比例式が成立する。

$$\rho:|\Delta s|=1:|\Delta\overrightarrow{m}| \qquad \text{ゆえに、}\rho=\frac{|\Delta s|}{|\Delta\overrightarrow{m}|}=\frac{1}{\left|\frac{\Delta\overrightarrow{m}}{\Delta s}\right|}$$

ここで、Δs を限りなく0に近づけると次の①式を得る。

$$\rho=\frac{1}{\left|\frac{d\overrightarrow{m}}{ds}\right|} \quad \cdots\cdots① \qquad \leftarrow \lim_{\Delta s\to 0}\frac{\Delta\overrightarrow{m}}{\Delta s}=\lim_{\Delta s\to 0}\frac{\overrightarrow{m}(s+\Delta s)-\overrightarrow{m}(s)}{\Delta s}=\frac{d\overrightarrow{m}}{ds}\text{より}$$

このρを曲線の$\overrightarrow{r}(s)$における**曲率半径**という。また、ρの逆数κを曲線の$r(s)$における**曲率**といい、点Cを**曲率の中心**という。

$$\kappa=\frac{1}{\rho}=\left|\frac{d\overrightarrow{m}}{ds}\right| \quad \cdots\cdots②$$

ちなみに$\overrightarrow{m}=\dfrac{d\overrightarrow{r}}{ds}$より　$\dfrac{d\overrightarrow{m}}{ds}=\dfrac{d}{ds}\left(\dfrac{d\overrightarrow{r}}{ds}\right)=\dfrac{d^2\overrightarrow{r}}{ds^2}$である。つまり、$\dfrac{d\overrightarrow{m}}{ds}$

は曲線上の点Pを表わす位置ベクトル$\vec{r}(s)$をsで2回微分したものである。したがって、次のようにまとめられる。

$$曲率\kappa=\left|\frac{d^2\vec{r}}{ds^2}\right| \quad \cdots\cdots ③ \quad 、\quad 曲率半径\rho=\frac{1}{\kappa} \quad \cdots\cdots ④$$

（注）変数sは曲線上の定点から点Pまでの弧の長さである。

なお、図1からわかるように、$\Delta\theta$が十分小さければρは点Cを中心とし2点P、Qを通る円の半径とみなせるので、曲線が曲がっているほど曲率半径ρは小さくなり、したがって、曲率κは大きくなる。また、曲線が直線に近いほど曲率半径ρは大きくなり、したがって、曲率κは0に近くなる。これが、曲率半径ρと曲率κの意味である。

なお、**半径aの円の場合、曲率半径はaで、曲率は$1/a$となる**。（後述）

●曲率は接線単位ベクトルの回転角の変化率

前ページの図2より、$|\Delta\vec{m}|=|\Delta\theta|$とみなせる。なぜならば図2の三角形は等辺の長さが1の二等辺三角形で半径1の円に内接しているからである。このとき弧の長さは$\Delta\theta$（弧の長さ＝半径×円周角）で、これが$\Delta\vec{m}$の大きさとほぼ等しいとみなせるからである。

したがって、$\left|\dfrac{\Delta\vec{m}}{\Delta s}\right|=\dfrac{|\Delta\vec{m}|}{|\Delta s|}=\left|\dfrac{\Delta\theta}{\Delta s}\right|$となる。

これと前ページの①より、

$$\rho=\frac{1}{\left|\dfrac{d\vec{m}}{ds}\right|}=\lim_{\Delta s\to 0}\frac{1}{\left|\dfrac{\Delta m}{\Delta s}\right|}=\lim_{\Delta s\to 0}\frac{1}{\left|\dfrac{\Delta\theta}{\Delta s}\right|}=\frac{1}{\left|\dfrac{d\theta}{ds}\right|}$$

ゆえに、$\kappa=\dfrac{1}{\rho}=\left|\dfrac{d\theta}{ds}\right| \quad \cdots\cdots ⑤$

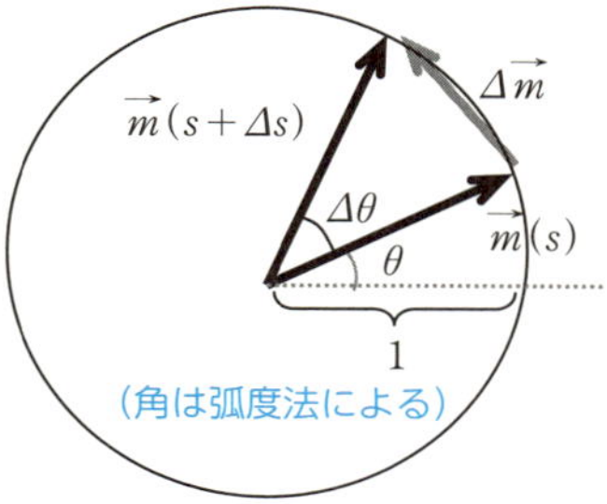

図2

したがって、曲率κは、単に曲率半径の逆数というだけでなく、接線の向きを表わす角度θが曲線の長さsとともに変化する割合を表わしているとも考えられる。このことからもκが曲率とされる理由がわかる。つまり、**曲率が大きければ曲がり方が大きく、曲率が小さければ曲がり方は小さい**からである。

●半径 a の円の場合、曲率半径は a、曲率は $1/a$

この理由を以下に調べてみよう。

理由 1　原点Oを中心とした半径aの円上の任意の点Pの位置ベクトル$\vec{r}=\vec{r}(s)$は$|\vec{r}|=a$を満たす。点Pから長さΔsだけ移動した点Qの位置ベクトル$\vec{r}=\vec{r}(s+\Delta s)$と点Pの位置ベクトル$\vec{r}=\vec{r}(s)$のなす角を$\Delta\theta$とすれば、

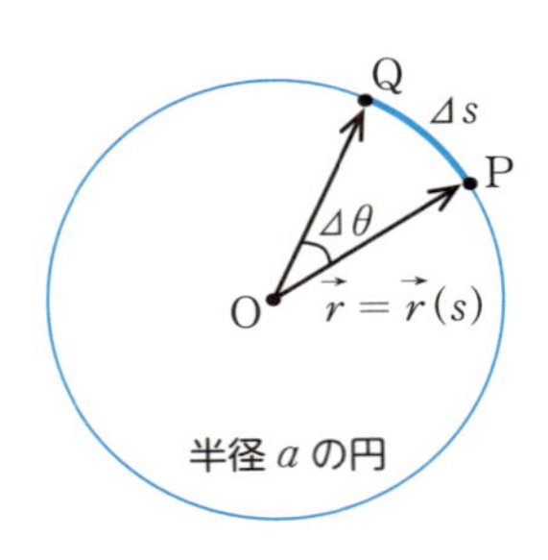

$$\Delta s=|\vec{r}|(\Delta\theta)=a(\Delta\theta)$$

である。$\Delta\theta$を0に近づけると、$\dfrac{d\theta}{ds}=\dfrac{1}{a}$である。よって、前ページ⑤より、次を得る。

$$\kappa=\frac{1}{a}、\rho=a \qquad （曲率\frac{1}{a}、曲率半径a）$$

理由 2　原点Oを中心とした半径aの円の点Pの位置ベクトル$\vec{r}$はパラメータtを用いて次のように書ける。

$$\vec{r}=\vec{r}(t)=(a\cos t,\ a\sin t)$$

このとき、$s=at$（次ページの図参照）　より　$ds=adt$

$$\frac{d\vec{r}}{ds}=\frac{d\vec{r}}{dt}\frac{dt}{ds}=(-a\sin t,\ a\cos t)\frac{1}{a}=(-\sin t,\ \cos t)$$

$$\frac{d^2\vec{r}}{ds^2}=\frac{d}{ds}\left(\frac{d\vec{r}}{ds}\right)=\frac{d}{dt}\left(\frac{d\vec{r}}{ds}\right)\frac{dt}{ds}=(-\cos t,\ -\sin t)\frac{1}{a}$$

ゆえに、③より

$$\kappa = \left|\frac{d^2\vec{r}}{ds^2}\right| = \sqrt{(-\cos t)^2 + (-\sin t)^2} \times \frac{1}{a} = \frac{1}{a}$$

また、④より　$\rho = a$　（曲率$\dfrac{1}{a}$、曲率半径 a）

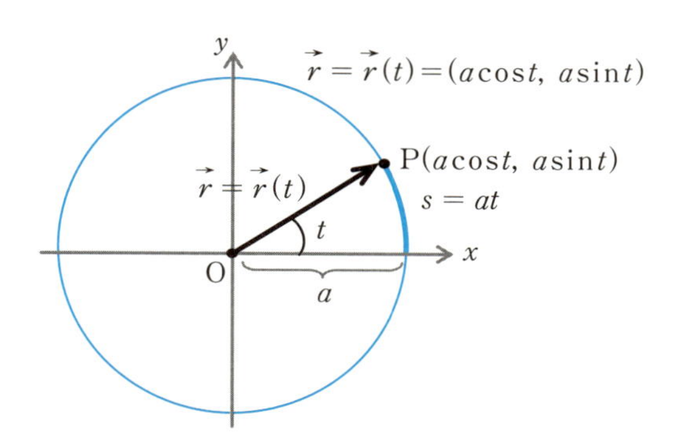

●曲線 $y=f(x)$ の曲率

曲線上の任意の点 P の位置ベクトル $\vec{r}$ が曲線上のある定点 A からこの曲線に沿って測った長さ s の関数 $\vec{r}(s)$ として与えられているとき、曲率 κ は次の式で与えられる（③式）。

$$曲率\,\kappa = \left|\frac{d^2\vec{r}}{ds^2}\right|$$

また、この曲率 κ は、曲線の接線の向きを表わす角度 θ が曲線の長さ s に対して変化する割合を表わしているとも考えられる（⑤式）。

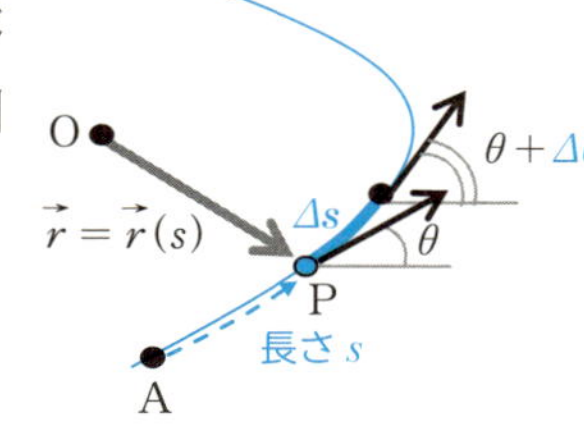

つまり、

$$\kappa = \left|\frac{d\theta}{ds}\right| \quad \cdots\cdots ⑤$$

それでは、曲線の式が $y = f(x)$ で与えられたときの曲率はどう表わされるのだろうか。そこで、$y = f(x)$ 上の 2 点 $P(x,\ f(x))$、$Q(x + \Delta x,\ f(x + \Delta x))$ における接線が x 軸となす角をそれぞれ θ、$\theta + \Delta\theta$ とし、また PQ 間の弧の長さをΔsとした右下の図をもとに曲率を調べてみることにする。

$f'(x)$は点$P(x, f(x))$における接線の傾きだから次の式が成立する。

$$\tan\theta = f'(x)、$$

$$\tan(\theta + \Delta\theta) = f'(x + \Delta x)$$

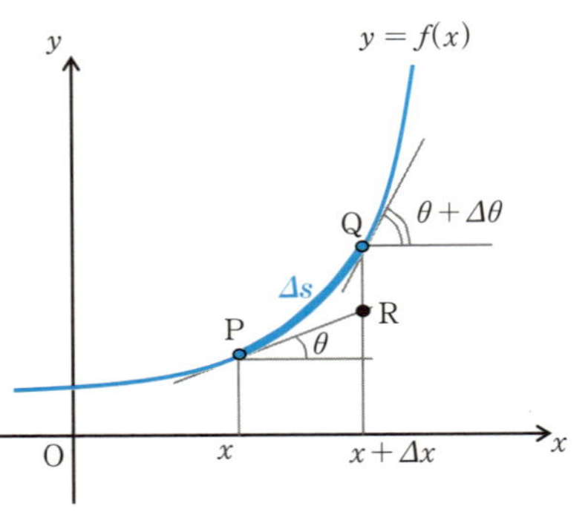

O

ゆえに、

$$\tan(\theta + \Delta\theta) - \tan\theta = f'(x + \Delta x) - f'(x)$$

両辺を$\Delta\theta$で割ると、

$$\frac{\tan(\theta + \Delta\theta) - \tan\theta}{\Delta\theta} = \frac{f'(x + \Delta x) - f'(x)}{\Delta x} \times \frac{\Delta x}{\Delta\theta}$$

ここで、$\Delta x \to 0$　とすると、$\Delta\theta \to 0$　なので

$$\lim_{\Delta\theta \to 0} \frac{\tan(\theta + \Delta\theta) - \tan\theta}{\Delta\theta} = \lim_{\Delta x \to 0} \frac{f'(x + \Delta x) - f'(x)}{\Delta x} \lim_{\Delta\theta \to 0} \frac{\Delta x}{\Delta\theta}$$

ゆえに、$\dfrac{d}{d\theta}(\tan\theta) = \dfrac{d}{dx}(f'(x))\dfrac{dx}{d\theta}$

よって、$\sec^2\theta = f''(x)\dfrac{dx}{d\theta}$　……⑥

ここで、

$$\sec^2\theta = \frac{1}{\cos^2\theta} = 1 + \tan^2\theta = 1 + \{f'(x)\}^2 \quad \cdots\cdots ⑦$$

また、Δxが小さければ、$\overline{PQ} = \Delta s$、$\overline{PQ} = \overline{PR}$とみなせるので、

$$\cos\theta = \frac{\Delta x}{PR} \fallingdotseq \frac{\Delta x}{PQ} \fallingdotseq \frac{\Delta x}{\Delta s}$$ （図を参照）

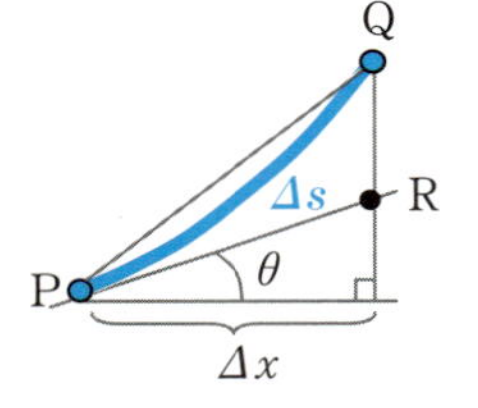

ここで、$\Delta x \to 0$　とすると　$\cos\theta = \dfrac{dx}{ds}$

よって、これと⑦より

$$dx = (\cos\theta)ds = \frac{ds}{\sec\theta} = \frac{ds}{\sqrt{1+\{f'(x)\}^2}}$$

ここで両辺を$d\theta$で割ると、

$$\frac{dx}{d\theta} = \frac{1}{\sqrt{1+\{f'(x)\}^2}}\frac{ds}{d\theta} \quad \cdots\cdots ⑧$$

⑦、⑧を⑥の $\sec^2\theta = f''(x)\dfrac{dx}{d\theta}$ に代入すると、

$$1+\{f'(x)\}^2 = f''(x)\frac{1}{\sqrt{1+\{f'(x)\}^2}}\frac{ds}{d\theta}$$

よって、$\dfrac{ds}{d\theta} = \dfrac{[1+\{f'(x)\}^2]^{\frac{3}{2}}}{f''(x)}$

ゆえに、⑤より、

$$曲率\,\kappa = \left|\frac{d\theta}{ds}\right| = \frac{|f''(x)|}{[1+\{f'(x)\}^2]^{\frac{3}{2}}}$$

〔例〕 放物線$y = ax^2$上の点$\mathrm{P}(x,\ ax^2)$における曲率κを求めてみよう。

$y = f(x) = ax^2$ より $f'(x) = 2ax$、$f''(x) = 2a$

よって、曲率$\kappa = \dfrac{|f''(x)|}{[1+\{f'(x)\}^2]^{\frac{3}{2}}} = \dfrac{|2a|}{(1+4a^2x^2)^{\frac{3}{2}}}$

参考までに、放物線$y = ax^2$上の頂点$(0,\ 0)$における曲率κは$|2a|$となる。

曲率と曲率半径

●曲線上の点Pの位置ベクトル$\vec{r}$が曲線上のある定点Aから曲線に沿って測った長さsの関数$\vec{r}(s)$として与えられているとする。このとき、曲率と曲率半径の定義は次のようになる。

曲率$\kappa=\left|\dfrac{d^2\vec{r}}{ds^2}\right|$ ……③

曲率半径$\rho=\dfrac{1}{\kappa}$ ……④

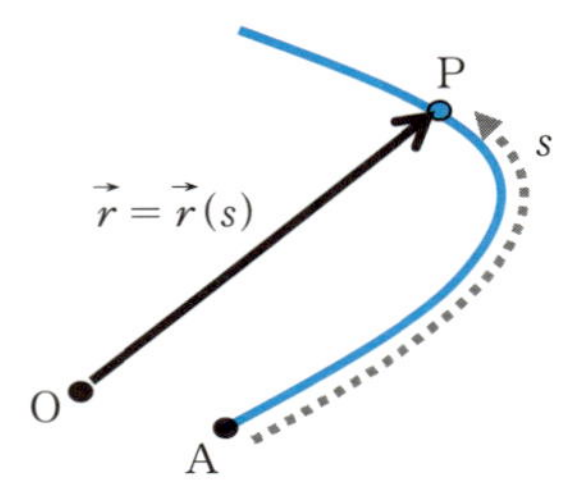

なお、空間曲線の場合にも曲率と曲率半径は③、④で定義される。

（注）曲線のベクトル方程式が一般のパラメータtを用いて$\vec{r}=\vec{r}(t)$と表わされているときは

$\dfrac{d^2\vec{r}(t)}{ds^2}=\dfrac{d^2\vec{r}(t)}{dt^2}\left(\dfrac{dt}{ds}\right)^2+\dfrac{d\vec{r}(t)}{dt}\dfrac{d^2t}{ds^2}$ を利用する。なぜならば、

$$\frac{d^2\vec{r}(t)}{ds^2}=\frac{d}{ds}\left(\frac{d\vec{r}(t)}{ds}\right)=\frac{d}{ds}\left(\frac{d\vec{r}(t)}{dt}\frac{dt}{ds}\right)=\frac{d}{ds}\left(\frac{d\vec{r}(t)}{dt}\right)\frac{dt}{ds}+\frac{d\vec{r}(t)}{dt}\frac{d}{ds}\left(\frac{dt}{ds}\right)$$

$$=\frac{d^2\vec{r}(t)}{dt^2}\frac{dt}{ds}\frac{dt}{ds}+\frac{d\vec{r}(t)}{dt}\frac{d^2t}{ds^2}=\frac{d^2\vec{r}(t)}{dt^2}\left(\frac{dt}{ds}\right)^2+\frac{d\vec{r}(t)}{dt}\frac{d^2t}{ds^2}$$

●曲線の式が$y=f(x)$で与えられたとき、点$P(x,\ f(x))$における曲率と曲率半径は次のようになる。

曲率 $\kappa=\dfrac{|f''(x)|}{[1+\{f'(x)\}^2]^{\frac{3}{2}}}$

曲率半径 $\rho=\dfrac{1}{\kappa}$

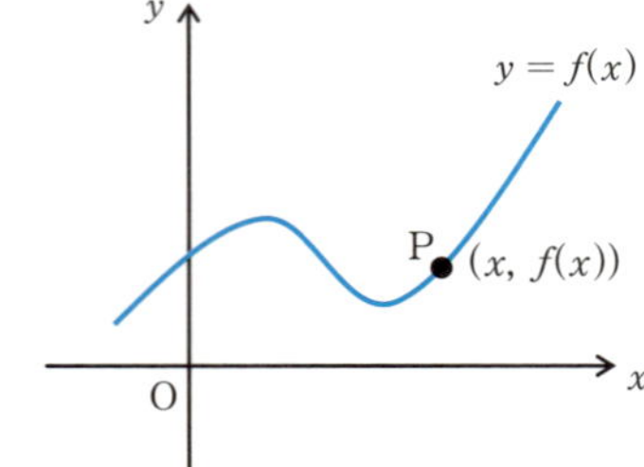

8-2 曲線の捩れ具合は

平面曲線の曲がり具合は曲率でわかった。しかし、空間の場合、曲線が立体的に曲がっている可能性があるため、曲率だけでは曲がり具合がわからない。この立体的な曲がりの状態を捩（ねじ）れと呼んでいる。その捩れの度合いを数値で表現する方法を調べよう。

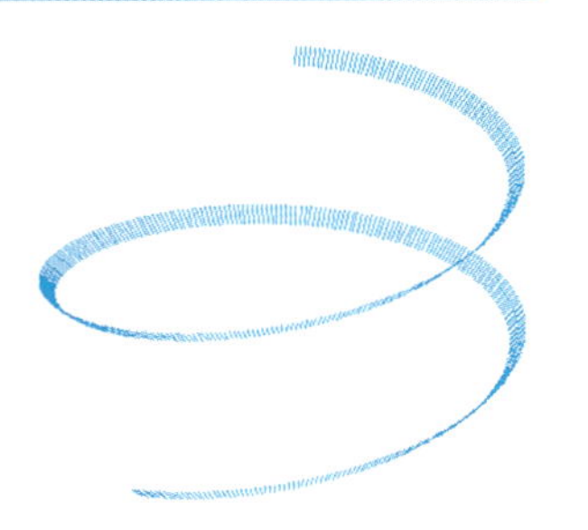

空間に曲線があり、その曲線上の点Pの位置ベクトル$\vec{r}$が曲線上のある定点Aから曲線に沿って測った長さsの関数$\vec{r}(s)$として与えられているとする。捩れを調べるに当たって、まずは、$\vec{r}(s)$から得られる3つのベクトルを紹介する。

(1) 単位接線ベクトル　…$\vec{m}$

$\dfrac{d\vec{r}}{ds}$は点Pにおける単位接線ベクトルである（§4−1）。このベクトルを$\vec{m}$と書くことにする。つまり、$\vec{m}=\dfrac{d\vec{r}}{ds}$である。*注）

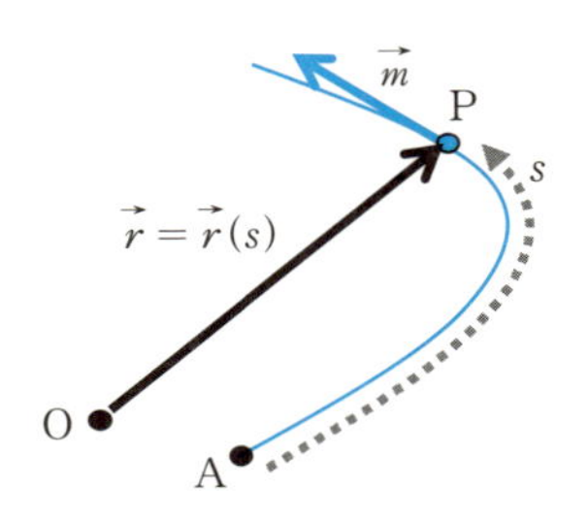

（注）接線ベクトル（tangential vector）なので$\vec{t}$を使うテキストが多いが、本書ではtをパラメータとして使っているため、$\vec{m}$を使用した。

(2) 主法線ベクトル　…$\vec{n}$

$\vec{m}$は単位接線ベクトルで大きさが一定だから、これをsで微分して得られる$\dfrac{d\vec{m}}{ds}$は$\vec{m}$に垂直なベクトルである（§3−8）。そこで、$\dfrac{d\vec{m}}{ds}$と同じ

向きの単位ベクトル $\frac{d\vec{m}}{ds}\Big/\left|\frac{d\vec{m}}{ds}\right|$ を $\vec{n}$ とし、これを**主法線ベクトル**と呼ぶ。平面上の曲線と同じように曲率 κ を $\kappa=\left|\frac{d^2\vec{r}}{ds^2}\right|=\left|\frac{d\vec{m}}{ds}\right|$ と定義すると、

$$\vec{n}=\frac{d\vec{m}}{ds}\Big/\left|\frac{d\vec{m}}{ds}\right|=\frac{1}{\kappa}\frac{d\vec{m}}{ds}$$

となる。なお、$\vec{n}$ の延長線上に曲率の中心Cが存在する。

(3) 従法線ベクトル　…$\vec{b}$

$\vec{m}$ と $\vec{n}$ の外積 $\vec{m}\times\vec{n}$ を $\vec{b}$ とする。つまり、$\vec{b}=\vec{m}\times\vec{n}$ とする。外積の性質より、$\vec{b}$ は $\vec{m}$ と $\vec{n}$ に垂直な単位ベクトルである。この $\vec{b}$ を**従法線ベクトル**という。

以上、3つのベクトル $\vec{m}$、$\vec{n}$、$\vec{b}$ を紹介したが、$\vec{m}$ と $\vec{n}$ で定まる平面を接触平面、$\vec{b}$ と $\vec{n}$ で定まる平面を法平面ということにする。

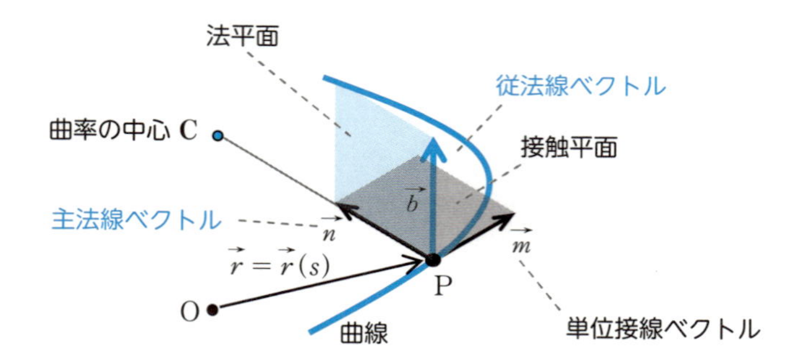

●従法線ベクトル $\vec{b}$ の変化率に着目

xy 平面上で針金を曲げて円にするとき、接線の向きを表わす角度が曲率にしたがってって変化するように曲げればよい。このとき $\vec{m}$ と $\vec{n}$ は曲線上の点の位置によって向きを変えて変化するが、従法線ベクトル $\vec{b}$ は変化しない（次ページの図）。それは、この曲線に捩れがないからだと判断される。

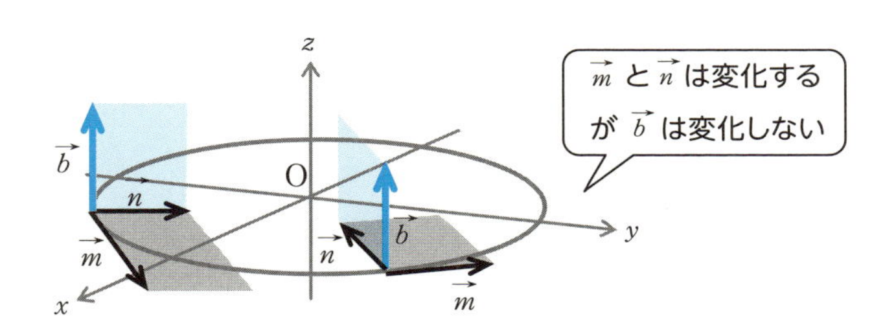

これに対し、針金で螺旋(らせん)をつくるときは針金を単に平面上で曲げるだけでは無理である。どうしても立体的に曲げる必要が生じる。このことをベクトルで見ると下図のようになる。

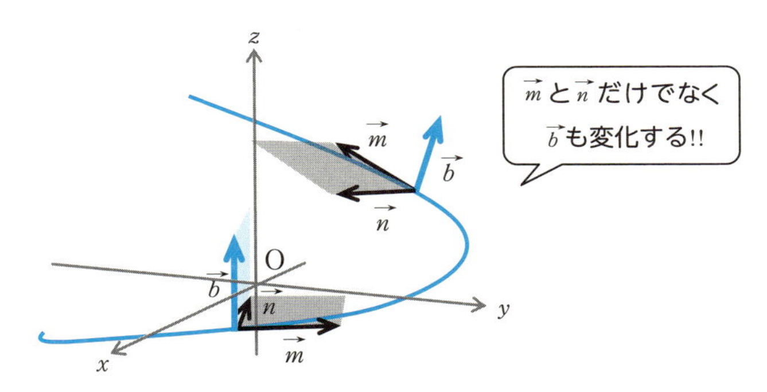

すると、平面曲線の場合に比べ、$\vec{m}$ や $\vec{n}$ だけでなく従法線ベクトル $\vec{b}$ も変化していることがわかる。そこで、捩れを調べるときには、この従法線ベクトル $\vec{b}$ の変化率に着目することになる。そこで、**従法線ベクトル $\vec{b}$ を s で微分した $\dfrac{d\vec{b}}{ds}$ を考える。**

従法線ベクトル $\vec{b}$ は単位ベクトルで大きさが一定だから、$\dfrac{d\vec{b}}{ds}$ は $\vec{b}$ に垂直である（§3−8)。つまり、$\dfrac{d\vec{b}}{ds} \perp \vec{b}$ ……①

次に、$\dfrac{d\vec{b}}{ds} \perp \vec{m}$ を示そう。

$\vec{b}=\vec{m}\times\vec{n}$ より、$\vec{b}$ と $\vec{m}$ は垂直だから $\vec{m}\cdot\vec{b}=0$ である。この式の両辺を s で微分すると次の式を得る。

$$\frac{d\vec{m}}{ds}\cdot\vec{b}+\vec{m}\cdot\frac{d\vec{b}}{ds}=0 \quad \cdots\cdots②$$

また、$\vec{b}=\vec{m}\times\vec{n}$ より

$$\vec{b}\perp\vec{n} \quad \cdots\cdots③$$

主法線ベクトル $\vec{n}$ は定義より、$\vec{n}\,/\!/\,\dfrac{d\vec{m}}{ds}$ ……④

③、④より　$\vec{b}\perp\dfrac{d\vec{m}}{ds}$　よって、$\dfrac{d\vec{m}}{ds}\cdot\vec{b}=0$

これと②より　$\vec{m}\cdot\dfrac{d\vec{b}}{ds}=0$　よって、$\dfrac{d\vec{b}}{ds}\perp\vec{m}$ ……⑤

①、⑤より、$\dfrac{d\vec{b}}{ds}$ は $\vec{b}$ にも $\vec{m}$ にも垂直だから $\vec{n}$ に平行となる。

$\dfrac{d\vec{b}}{ds}\,/\!/\,\vec{n}$　よって、実数 τ を用いて、$\dfrac{d\vec{b}}{ds}=-\tau\vec{n}$

と書くことができる。この τ（タウ）を曲線の**捩れ率**（ねじれりつ）と呼ぶことにする。

〔例〕 次の円柱螺旋の捩れ率を求めてみよう。

$$\vec{r}=\vec{r}(t)=(a\cos t,\ a\sin t,\ ct) \quad ただし、a>0$$

（解） この曲線上の点 $P(x,\ y,\ z)$ における捩れ率を求めるために、点Pにおける従法線ベクトル $\vec{b}$ を求めることにする。

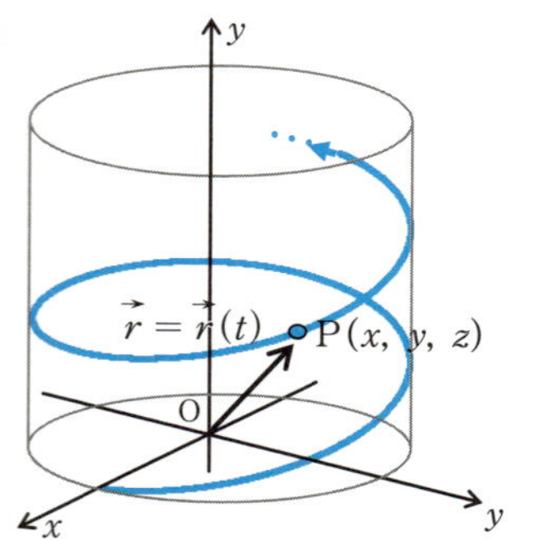

螺旋の式のパラメータ t を螺旋上の長さ s のパラメータに変換する式は、

$$ds=\sqrt{\left(\frac{dx}{dt}\right)^2+\left(\frac{dy}{dt}\right)^2+\left(\frac{dz}{dt}\right)^2}\,dt$$

$$=\sqrt{(-a\sin t)^2+(a\cos t)^2+c^2}\,dt$$

$$=\sqrt{a^2+c^2}\,dt$$

となる（§4−1）。よって $\dfrac{dt}{ds}=\dfrac{1}{\sqrt{a^2+c^2}}$ となる。

$\vec{b}=\vec{m}\times\vec{n}$を求めるために、まずは単位接線ベクトル$\vec{m}$を求める。

$\vec{m}=(m_x,\ m_y,\ m_z)$とおくと、

$$\vec{m}=\frac{d\vec{r}}{ds}、\vec{r}=(x,\ y,\ z)=(a\cos t,\ a\sin t,\ ct)\text{より、}$$

$$m_x=\frac{dx}{ds}=\frac{dx}{dt}\frac{dt}{ds}=\frac{-a\sin t}{\sqrt{a^2+c^2}}、\ m_y=\frac{dy}{ds}=\frac{dy}{dt}\frac{dt}{ds}=\frac{a\cos t}{\sqrt{a^2+c^2}}$$

$$m_z=\frac{dz}{ds}=\frac{dz}{dt}\frac{dt}{ds}=\frac{c}{\sqrt{a^2+c^2}}$$

ゆえに、

$$\vec{m}=(m_x,\ m_y,\ m_z)=\left(\frac{-a\sin t}{\sqrt{a^2+c^2}},\ \frac{a\cos t}{\sqrt{a^2+c^2}},\ \frac{c}{\sqrt{a^2+c^2}}\right)\quad\cdots\cdots⑥$$

次に主法線ベクトル$\vec{n}=(n_x,\ n_y,\ n_z)$を求めてみる。

そのために、まず、$\dfrac{d\vec{m}}{ds}=\left(\dfrac{dm_x}{ds},\ \dfrac{dm_y}{ds},\ \dfrac{dm_z}{ds}\right)$を求める。

$$\frac{dm_x}{ds}=\frac{dm_x}{dt}\frac{dt}{ds}=\frac{-a\cos t}{\sqrt{a^2+c^2}}\frac{1}{\sqrt{a^2+c^2}}=\frac{-a\cos t}{a^2+c^2}$$

$$\frac{dm_y}{ds}=\frac{dm_y}{dt}\frac{dt}{ds}=\frac{-a\sin t}{\sqrt{a^2+c^2}}\frac{1}{\sqrt{a^2+c^2}}=\frac{-a\sin t}{a^2+c^2}$$

$$\frac{dm_z}{ds}=\frac{dm_z}{dt}\frac{dt}{ds}=0\times\frac{1}{\sqrt{a^2+c^2}}=0$$

ゆえに

$$\left|\frac{d\vec{m}}{ds}\right|=\sqrt{\left(\frac{dm_x}{ds}\right)^2+\left(\frac{dm_y}{ds}\right)^2+\left(\frac{dm_z}{ds}\right)^2}=\frac{a}{a^2+c^2}\quad\cdots\text{これは曲率である}$$

よって、主法線ベクトル$\vec{n}$は

$$\vec{n}=(n_x,\ n_y,\ n_z)=\frac{d\vec{m}}{ds}\Big/\left|\frac{d\vec{m}}{ds}\right|=(-\cos t,\ -\sin t,\ 0)\quad\cdots\cdots⑦$$

ゆえに、⑥、⑦より従法線ベクトル$\vec{b}$は次のようになる。

$$\vec{b}=(b_x,\ b_y,\ b_z)=\vec{m}\times\vec{n}$$
$$=(m_y n_z-m_z n_y,\ m_z n_x-m_x n_z,\ m_x n_y-m_y n_x)$$
$$=\left(\frac{c\sin t}{\sqrt{a^2+c^2}},\ \frac{-c\cos t}{\sqrt{a^2+c^2}},\ \frac{a}{\sqrt{a^2+c^2}}\right)$$

これをもとに、$\dfrac{d\vec{b}}{ds}=\left(\dfrac{db_x}{ds},\ \dfrac{db_y}{ds},\ \dfrac{db_z}{ds}\right)$の各成分を求めてみると、

$$\frac{db_x}{ds}=\frac{db_x}{dt}\frac{dt}{ds}=\frac{c\cos t}{\sqrt{a^2+c^2}}\frac{1}{\sqrt{a^2+c^2}}=\frac{c\cos t}{a^2+c^2}$$

$$\frac{db_y}{ds}=\frac{db_y}{dt}\frac{dt}{ds}=\frac{c\sin t}{\sqrt{a^2+c^2}}\frac{1}{\sqrt{a^2+c^2}}=\frac{c\sin t}{a^2+c^2}$$

$$\frac{db_z}{ds}=\frac{db_z}{dt}\frac{dt}{ds}=0\times\frac{1}{\sqrt{a^2+c^2}}=0$$

よって、$\dfrac{d\vec{b}}{ds}=\dfrac{c}{a^2+c^2}(\cos t,\ \sin t,\ 0)$

ここで、$\vec{n}=(-\cos t,\ -\sin t,\ 0)$　なので、

$$\frac{d\vec{b}}{ds}=\frac{c}{a^2+c^2}(\cos t,\ \sin t,\ 0)=\frac{-c}{a^2+c^2}\vec{n}$$

振れ率τは$\dfrac{\overrightarrow{db}}{ds}=-\tau\vec{n}$を満たす値のことだから、

$$\tau=\frac{c}{a^2+c^2}$$

となる（$a=c=1/2$　のとき、$\tau=1$）。

●なぜ、$d\vec{b}/ds=-\tau\vec{n}$で$\vec{n}$の係数に「－」をつけるのか？

$\dfrac{\overrightarrow{db}}{ds}=-\tau\vec{n}$ を満たすτ（タウ）を曲線の振れ率と定義した。その結果、

円柱螺旋：$\vec{r}=\vec{r}(t)=(a\cos t,\ a\sin t,\ ct)$　……⑧

の場合、その捩れ率は$\tau=\dfrac{c}{a^2+c^2}$となる。したがって、円柱螺旋の捩れ率は、$c>0$であればτも正となる。しかし、もし、捩れ率τの定義が$\dfrac{\overrightarrow{db}}{ds}=\tau\vec{n}$であれば、円柱螺旋⑧の捩れ率は負になる。

このことからすると、$c>0$である円柱螺旋⑧の捩れ率が正になるようにするため、捩れ率の$\vec{n}$の係数に「−」を付けたと考えられる。そこで、$c>0$である円柱螺旋⑧と右ネジを比較してみよう。すると、円柱螺旋⑧は右ネジのネジ山に沿う形となっている。

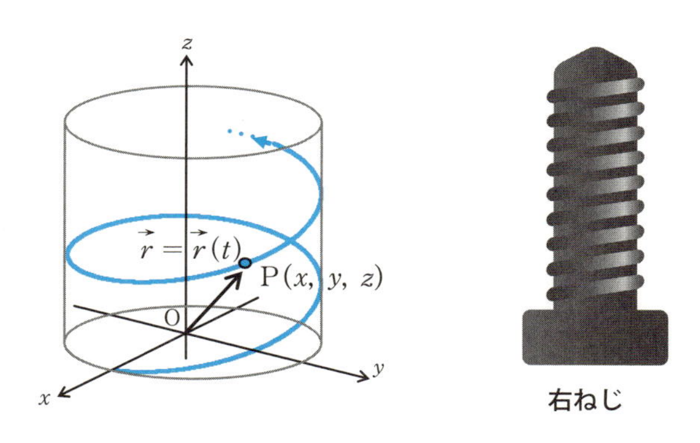

もし、⑧において$c<0$であれば円柱螺旋⑧は次の図のようになり、左ネジのネジ山に沿う形になる。このときは捩れ率τは負になっている。

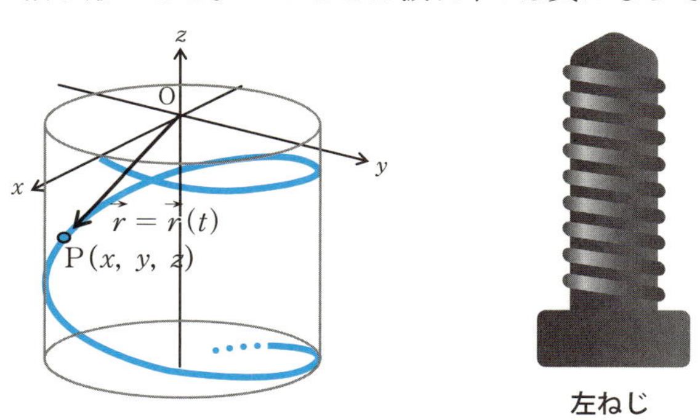

〔例〕 平面曲線の捩れ率は0である。なぜならば、平面曲線の場合、従法線ベクトル$\vec{b}$はxy平面に垂直な単位ベクトルで変化しないからである。

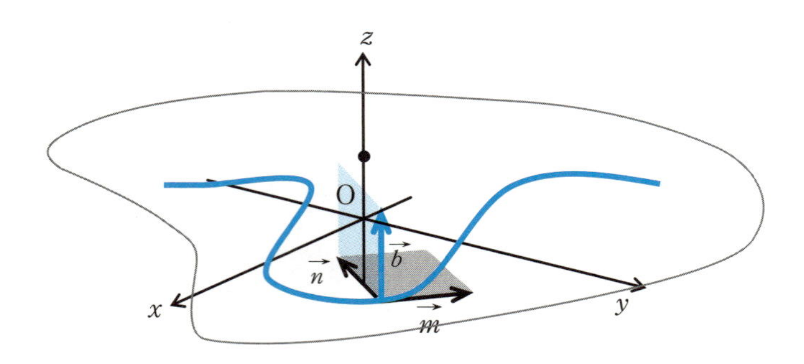

●フルネー・セレーの公式

曲率κと捩れ率τに関する次の3つの関係式を**フルネー・セレーの公式**という。

$$\frac{d\vec{m}}{ds} = \kappa\vec{n} \quad \cdots\cdots ⑨$$

$$\frac{d\vec{b}}{ds} = -\tau\vec{n} \quad \cdots\cdots ⑩$$

$$\frac{d\vec{n}}{ds} = -\kappa\vec{m} + \tau\vec{b} \quad \cdots\cdots ⑪$$

曲線
従法線ベクトル
主法線ベクトル
単位接線ベクトル
$\vec{b}$
$\vec{n}$
$\vec{m}$
$\vec{r} = \vec{r}(s)$
P
O

ここで、$\vec{n}$は主法線ベクトル、$\vec{m}$は単位接線ベクトル、$\vec{b} = \vec{m} \times \vec{n}$は従法線ベクトル、$\kappa$は曲率、$\tau$は捩れ率とする。

これは、空間曲線に関する基本的な公式である。⑨、⑩についてはそれぞれ本節で紹介した。つまり、これは曲率と捩れ率の定義そのものである。そこで、ここでは⑪について調べてみよう。

上図からわかるように$\vec{n} = \vec{b} \times \vec{m}$ という関係がある。そこで、この両辺をsで微分すると、外積の微分に関する性質（§3−8）から次の式を得る。

$$\frac{d\vec{n}}{ds}=\frac{d\vec{b}}{ds}\times\vec{m}+\vec{b}\times\frac{d\vec{m}}{ds}=-\tau\vec{n}\times\vec{m}+\vec{b}\times\kappa\vec{n}$$

ここで、$\vec{n}\times\vec{m}=-\vec{b}$、$\vec{b}\times\vec{n}=-\vec{m}$　より $\dfrac{d\vec{n}}{ds}=\tau\vec{b}-\kappa\vec{m}$

すなわち、⑪式を得る。

曲線の捩れ率

曲線上の点Pの位置ベクトル$\vec{r}$が曲線上のある定点Aから曲線に沿って測った長さsの関数$\vec{r}(s)$として与えられているとする。このとき、曲線の捩れ率τは次の式で与えられる。

$$\frac{d\vec{b}}{ds}=-\tau\vec{n}$$

ただし、$\vec{b}$は単位従法線ベクトル、$\vec{n}$は単位主法線ベクトル。

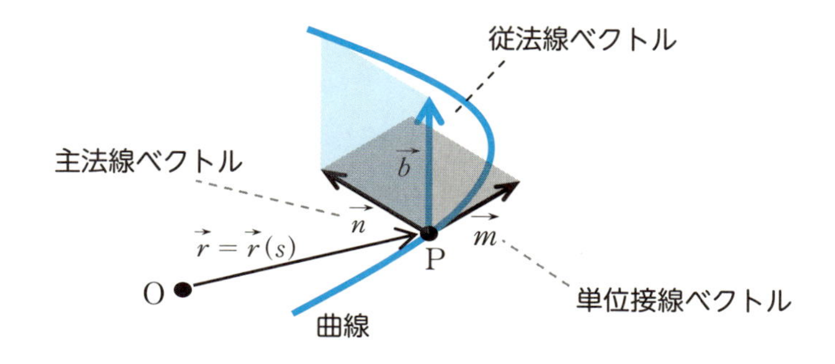

8-3 曲面の曲がり具合は

曲線の曲がり具合を数値で表現したのが曲率κであった。直観的には、曲率とは曲線上の点Pの付近を円で近似した場合の円の半径の逆数である。それでは、空間における曲面の曲がり具合を数値で表わすにはどうしたらいいのだろうか。

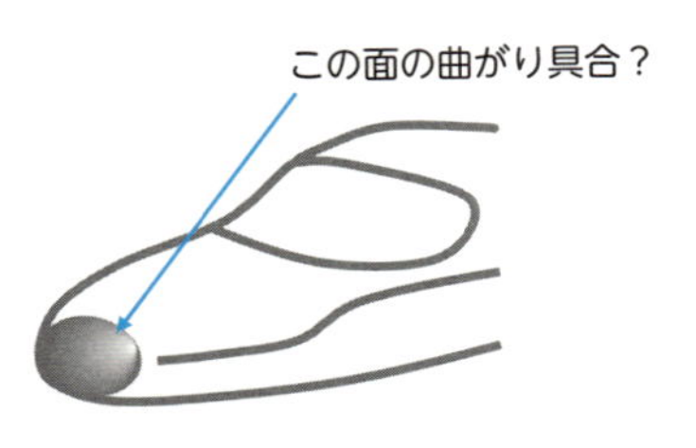

曲面上の点Pにおける曲率を導入するに当たっては曲線の曲率の考えをとり入れることにする。そのため、曲面上の点Pにおける法線（接平面に垂直な直線）を含む平面αで曲面を切ったときの切り口に表われる曲線を考える。この曲線の点Pにおける曲率半径をρ、曲率をκとする。

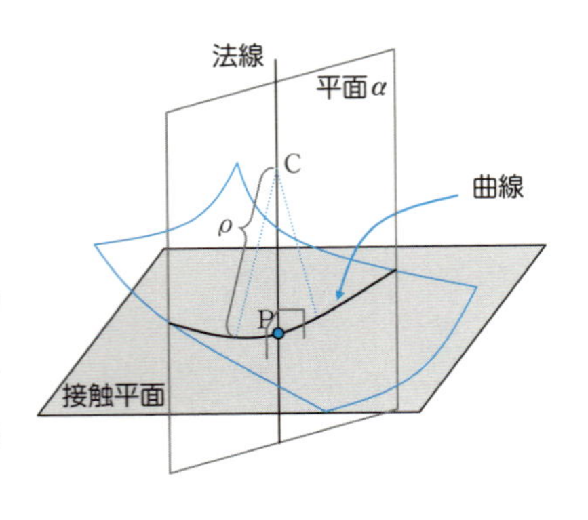

次に、平面αを法線を中心に180°回転してみるとこの間、曲線が変化するので、この曲線の点Pにおける曲率半径ρ、曲率κも変化する。そこで、このときの

曲率κの最大値を

$\kappa_1\left(=\dfrac{1}{\rho_1}\right)$、最小値を

$\kappa_2\left(=\dfrac{1}{\rho_2}\right)$とする。

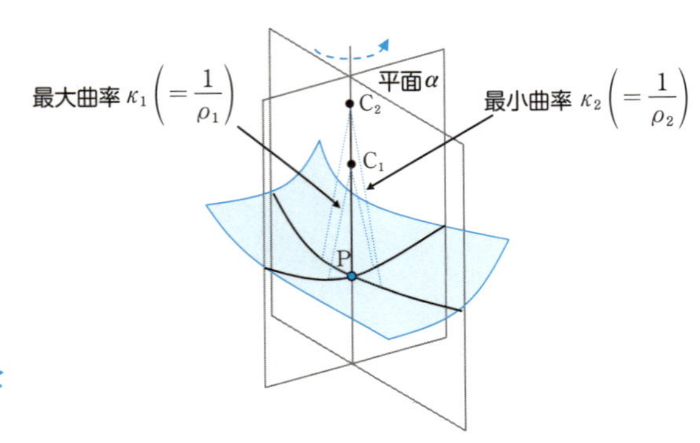

このとき、以下の式で曲面の**平均曲率**Hと**全曲率**Kを定義する。*注）

（平均曲率）　$H=\dfrac{\kappa_1+\kappa_2}{2}$　……①

（全曲率）　$K=\kappa_1\kappa_2$　……②

（注）平均曲率を$H=\kappa_1+\kappa_2$とする定義もある。全曲率は「ガウスの曲率」とも呼ばれる。

なお、曲面によっては曲率の中心C_1、C_2の一方が曲面の上側で他方が下側に位置することがある。この場合、どちらか一方の曲率半径が正で、他方が負であると解釈する。このとき、①、②で定義された曲率は負になることがある。

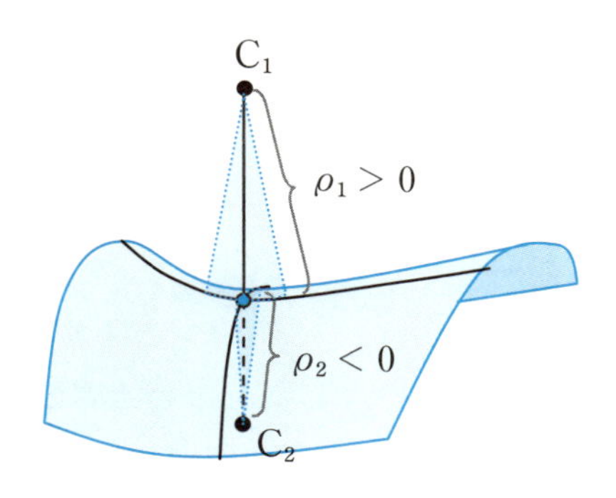

問　半径aの球面と円柱面の曲率を求めてみよう。

（解）

(1) 球面の場合

半径aの球面の場合、球面上の点Pにおける曲率は一定だから、その最大値も最小値も曲率半径aの逆数$\dfrac{1}{a}$と考えられる。したがって、点Pにおける平均曲率は、

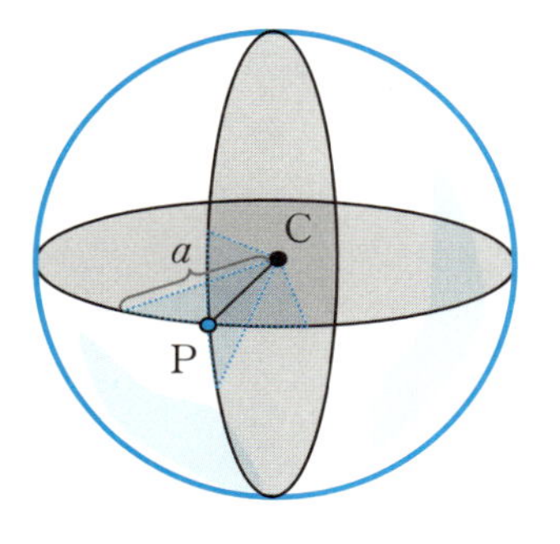

$$H=\frac{1}{2}\left(\frac{1}{a}+\frac{1}{a}\right)=\frac{1}{a}\text{、全曲率は}K=\frac{1}{a}\times\frac{1}{a}=\frac{1}{a^2}$$

(2) 円柱面の場合

半径aの円柱の場合、円柱面上の点Pに対して曲率の算定となる2つ

の曲線は半径 a の円と直線である。半径 a の円の曲率半径は a で直線の曲率半径は∞なので、それぞれの曲率は $\dfrac{1}{a}$ と $\dfrac{1}{\infty}=0$ である、したがって、点Pにおける平均曲率は

$$H=\frac{1}{2}\left(\frac{1}{a}+0\right)=\frac{1}{2a}$$

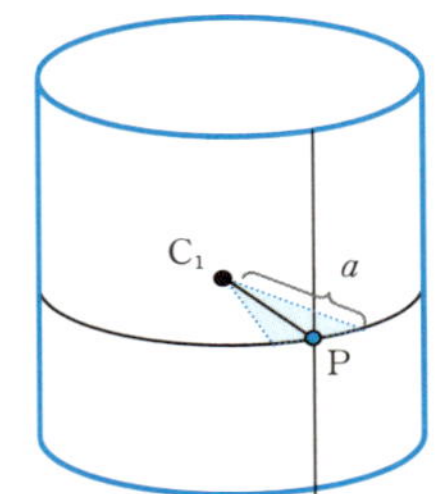

また、全曲率は次のとおりである。

$$K=\frac{1}{a}\times 0=0$$

曲面の曲率

曲面上の点Pにおける法線を含む平面で、曲面を切ったときの切り口の曲線の点Pにおける曲率の最大値と最小値をそれぞれ κ_1, κ_2 とする。

このとき、この曲面の平均曲率 H と全曲率 K を次の式で定義する。

平均曲率　$H=\dfrac{\kappa_1+\kappa_2}{2}$　……①

全曲率　$K=\kappa_1\kappa_2$　……②

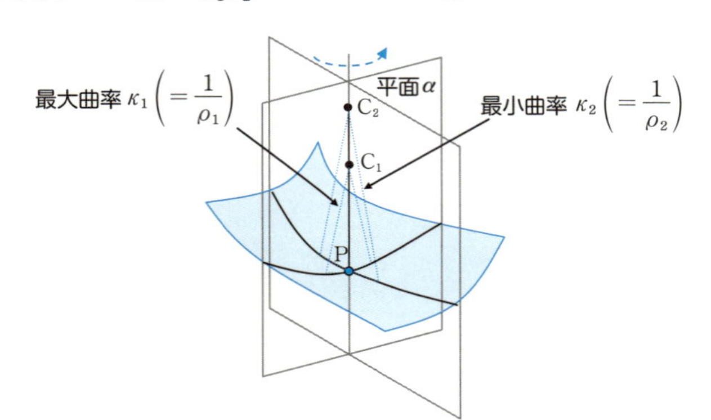

索　引

た

な

は

ま

ら

著者紹介

涌井 良幸（わくい・よしゆき）
1950年、東京都生まれ。東京教育大学（現・筑波大学）数学科を卒業後、高等学校の教職に就く。現在はコンピューターを活用した教育法や統計学の研究を行なっている。
【著書】『多変量解析がわかった』、『道具としてのベイズ統計』（日本実業出版社）、『統計学図鑑』（技術評論社）、『「数学」の公式・定理・決まりごとがまとめてわかる事典』（ベレ出版）ほか。

高校生からわかるベクトル解析

2017年12月25日　初版発行

著者	涌井 良幸
カバーデザイン	三枝 未央
本文イラスト	三枝 未央
本文図版	涌井 良幸／あおく企画
編集協力	編集工房シラクサ（畑中 隆）
図版・DTP	あおく企画
発行者	内田 真介
発行・発売	ベレ出版 〒162-0832　東京都新宿区岩戸町12 レベッカビル TEL.03-5225-4790 FAX.03-5225-4795 ホームページ　http://www.beret.co.jp/
印刷	モリモト印刷株式会社
製本	根本製本株式会社

ISBN 978-4-86064-531-1 C0041　　編集担当　坂東一郎